군 유휴시설 활용과
세 마리 토끼

4차산업혁명 시대 군사시설 활용 전략

군 유휴시설 활용과 세 마리 토끼

김현종 지음

군 유휴시설의 효과적인 활용은 더 이상 선택이 아닌, 국가 차원에서 반드시 풀어야 할 핵심 과제이다. 우리 군이 과거에 활용했거나 지금 활용하고 있는 공간의 효율성을 높이는 전략을 추진하여 세 마리의 토끼(국방, 지역, 국민 지원)를 잡아야 한다.

좋은땅

책의 서문

이 책은 군이 과거에 사용했거나 지금 사용하고 있는 시설과 공간을 활용하여 세 마리 토끼를 잡는 전략에 관한 내용이다.

대한민국 군의 유휴시설 및 현재 사용 중인 공간의 활용 패러다임을 전환하여, 군 본연의 임무 수행 여건 보장, 지역 경제 활성화 및 일자리 창출, 국민 재산권 보장 및 민군 갈등 해소라는 '세 마리 토끼'를 잡아야 한다는 것이 이 책의 핵심 주장이다.

우리 군은 국토의 대략 10%의 공간을 사용하는 것으로 알려져 있다. 이러한 군의 공간 사용에 많은 변화가 있다. 더 이상 사용할 필요가 없는 공간이 많아지고 있고, 새로운 기능에 필요한 공간의 확보 필요성도 높아지고 있다. 군의 성공적인 임무 수행과 기능 발휘가 보장되고 국토의 효과적인 활용이 되어야 한다. 여기에 관한 생각을 공유하기 위해서 이 책을 쓴다.

유휴시설을 포함해서 군이 사용하는 공간의 효과적인 활용 방안의 모색이 이제는 군은 물론 국가 차원의 숙제가 되었다.

우리 사회는 국방 환경의 변화와 기술 발전, 인구 구조의 변동 속에서 군사시설의 효과적인 활용이라는 새로운 과제에 직면하고 있다. 군사시설 중 일부는 이제 그 기능을 다 하거나 축소되어, 때로는 지역 발전의 걸림돌로 여겨지기도 한다. 이러한 군 유휴시설과 비효율적으로 사용되는 공간을 문제로만 치부할 것이 아니라, 대한민국의 새로운 도약을 위한 소중한 기회로 바라보아야 한다. 방치되거나 관리 부담만 가중하는 공간이 아니라, 창의적이고 전략적인 활용을 통해 잠재된 가치를 현실로 만들 수 있다.

이 책에서 답을 구하고자 하는 핵심 사안은 다음의 세 가지이다.

첫째, 안보 환경의 변화에 맞게 군이 주둔하고 있거나 더는 사용하지 않는 공간의 사용 개념을 변화시켜 본연의 임무 수행에 전념할 수 있는 여건을 조성하는 방안을 모색해 보고자 한다. 군이 생활하는 기본 울타리의 크기를 변화시켜서 관리에 드는 노력을 최소화하는 방안의 모색이 절실하다. 무기체계의 변화와 함께 새로운 군 기능에 맞는 공간의 요구가 늘어나고 있다. 이러한 요구를 충족하는 지혜로운 방안의 접목도 필요하다.

둘째, 군이 통제하고 있거나 군이 더는 점령하지 않은 공간을 활용하여 지역경제 활성화를 촉진하는 방안을 찾아보고자 한다. 한반도 작전환경의 특성을 고려할 때, 평상시에 사용하지 않는 공간을 전시에 사용하겠다는 용도로 지정하고 있는 접근을 과감하게 재검토해야 한다. 군의 대규모 훈련장이나 사격장과 관련하여 발생하는 갈등의 해결을 위해서는 민·관·군이 긍정적인 접근을 해야 상생할 수 있다.

셋째, 일반 국민의 재산권을 보장하고 접근의 편리성을 높이되, 군의 임무 수행에 꼭 필요한 공간은 국민이 양보하여 사용이 가능하도록 보장하는 방안을 제시해 보고자 한다. 도로망의 발달, 이동 수단의 발달, 통신 수단의 발달 등을 고려할 때 지금까지 군이 공간을 통제하던 방법과 내용이 많이 달라질 수 있다. 군이 통제하는 공간에 효율적이고 과학적인 방법을 접목하여 국민의 불편함을 최소화하면서 군이 필요로 하는 핵심 공간은 반드시 확보되는 방향으로 발전된다면, 더욱 튼튼한 국방의 초석이 될 것이다.

앞에서 제시한 세 가지 사안에 대한 답을 구하기 위해서 이 책에서는 분야별로 현상을 살펴보고 대안을 제시하고자 한다.

먼저, 유휴시설을 포함한 군의 시설과 공간에 대한 일반적인 내용을 개관할 것이다. 군의 공간 활용은 어떻게 하고 있는지? 군의 유휴시설과 공간이란 무엇인지? 군에서 유휴시설이나 공간은 왜 발생하는지? 우리나라 군 유휴시설이나 공간의 발생 규모는 어느 정도 되는지 등을 살펴볼 것이다.

이어서 유휴시설을 포함해서 우리나라 군사시설 활용의 과거와 현재를 사례 위주로 알아보고자 한다. 그동안 우리 군의 시설이나 공간은 어떻게 사용되고 개발되었는지를 10가지 실제 사례를 통해 살펴보고자 한다.

다른 나라의 군사시설 활용 상황도 짚어 보고자 한다. 해외의 실제 사례

10가지를 찾아서 그 내용을 확인해 보고자 한다.

이러한 사례의 분석을 토대로 우리 군의 시설과 공간 활용전략을 제시할 것이다. 앞으로 군의 시설이나 공간은 어떻게 활용하면 좋을지? 민·관·군 상생과 국토의 효율적인 활용을 위한 다양한 제언을 하고자 한다.

이 책에서는 '밀지 말고 당겨라', '모아라', '함께하라', '혐오시설 역발상 하라' 등 혁신적인 10가지 활용전략을 구체적으로 제안한다. 군사시설의 효과적인 활용은 단순히 남는 공간을 처리하는 소극적인 관점을 넘어, 미래 가치를 창출하는 능동적이고 창의적인 접근을 요구한다. 이를 위해서는 기존의 관리·처리 방식에서 벗어나, 민·관·군이 협력하여 가치를 창출하는 능동적 '활용'으로 패러다임을 전환해야 한다. 시설 통합(규모의 경제), 혐오시설의 명소화(역발상), 국가 차원의 접근, 신속한 추진, 4차산업혁명 시대에 맞는 시설 구축 등 구체적인 전략의 실행이 필요하다. 궁극적으로, 관료주의를 극복하고 미래지향적인 관점에서 군 시설 활용 문제를 다룸으로써 국가 안보 강화, 국토의 효율적 이용, 지속 가능한 발전을 도모해야 한다.

우리나라 군사시설의 효과적인 활용에 대한 포괄적이고 실용적인 접근과 정책적인 해결 방안에 대한 시도는 찾아보기가 쉽지 않다. 군의 시설과 공간 활용은 이제 군과 국가의 핵심 과제가 되었다. 국가자원의 효율적 활용과 함께 나라의 생존을 위한 군 본연의 임무 수행 전념 여건을 보장해야 한다. 그래서 이 사안은 선택이 아닌 필수이다. 여기에 이 책을 쓰는 의미가 있다. 이 책이 국방 관계자, 정책 입안자, 지방자치단체, 그리고 지역 주민에게 군사시설 활용에 대한 새로운 통찰을 제공하고, 지속 가능한 발전과 상생의 미래를 여는 논의의 출발점이 되기를 기대한다.

 군사시설의 효과적인 활용으로 세 마리 토끼를 잡아서 새로운 미래를 열어야 한다.

목차

책의 서문   5

1장 들어가기 (군사시설과 세 마리 토끼)

1. 세 마리 토끼   14
2. 군의 공간 활용과 파생되는 문제   17
3. 그러면 어떻게?   24

2장 군 유휴시설과 공간

1. 군의 유휴시설과 공간이란?   28
2. 군에서 유휴시설이나 공간은 왜 발생하는가?   35
   ① 유휴시설과 공간 발생의 논리 구조   35
   ② 안보 환경의 변화   36
   ③ 용산 미군기지 이전에 따른 군 유휴시설과 공간 사례   43
3. 우리나라 군 유휴시설이나 공간의 발생 규모는?   47
4. 소결론   50

3장 우리나라 군사시설 활용의 과거와 현재

1. 우리나라 군의 공간 활용   52
2. 우리나라 군 유휴시설의 활용   58

3. 우리나라의 군사시설 활용 사례 10가지   66
    ① 안양시 군사시설 지하화 이전   66
    ② 원주시 도심 군사시설 통합 이전   73
    ③ 인천 도심 군부대 이전 통합 후 기존 공간의 개발   83
    ④ 오산시 군 유휴시설을 활용한 첨단 산업단지 조성   94
    ⑤ 미군 이전 부지의 가치 창출 : 서울 용산 유엔사 부지   103
    ⑥ 서울 도봉구 미사용 대전차 방호시설을 복합문화공간으로 조성   113
    ⑦ 군 검문소 활용한 지역 감염병 격리시설 확보   123
    ⑧ 군의 미활용 공간을 활용한 기념관 건립 추진   131
    ⑨ 작전시설을 활용한 지역 주민 힐링 공간 만들기   137
    ⑩ 접경지역 군 훈련장 유휴지의 활용   145

4. 소결론   154

4장 다른 나라 군사시설 활용의 과거와 현재

1. 다른 나라 군 유휴시설과 공간 활용   156
2. 다른 나라 군사시설 활용 사례 10가지   157
    ① 미국 콜로라도주 공군기지 개발   157
    ② 중국 베이징 무기공장 지대 재생   166
    ③ 싱가포르 공군기지 개발   175
    ④ 폴란드 레그니차 지역 군사시설 재생   187
    ⑤ 리투아니아 플록스틴 미사일 기지 재생   197
    ⑥ 독일 베를린 템펠호프 공항 재활용   205
    ⑦ 일본 오키나와 미하마 아메리칸 빌리지 조성   218
    ⑧ 미국 루이지애나주 공군기지 개발   228

⑨ 체코 밀로비체 훈련장 재활용   246

⑩ 그리스 벨리사리오 군사기지 재활용   263

5장 효율적인 군사시설 활용 전략

1. 유휴시설을 포함한 군의 시설이나 공간은 어떻게 활용하면 좋을까?   **280**
2. 군사시설 활용 전략 10가지   **282**

① 밀지 말고 당겨라!   282

② 모아라!   290

③ 함께하라!   305

④ 혐오시설 역발상하라!   317

⑤ 총대를 메라!   330

⑥ 명소화로 소득 창출하라!   347

⑦ 국가 차원에서 접근하라!   359

⑧ 군사시설보호구역 다시 보라!   366

⑨ 지금 당장 하라!   379

⑩ 4차산업혁명 시대형 군사시설을 만들어라!   387

6장 마무리(세 마리 토끼를 잡아 미래를 열자!)

1. 세 마리 토끼 잡기!   400
2. Top-down 방식으로 속도감 있게 추진!   402
3. 지속 가능한 발전과 상생의 미래 만들기!   404

1장

들어가기
(군사시설과 세 마리 토끼)

1. 세 마리 토끼

우리 군이 과거에 활용했거나 지금 활용하고 있는 공간의 효율성을 높이는 전략을 추진하여 세 마리의 토끼를 잡아야 한다.

첫 번째 토끼(국방)는 '군 본연의 임무 수행에 전념할 수 있는 여건의 조성'이다.

두 번째 토끼(지역·중앙정부)는 '지역 경제의 활성화와 일자리 창출'이다.

세 번째 토끼(국민)는 '개인재산권 보장과 민군갈등 해소'이다.

〈그림 1〉 세 마리 토끼(국방·지역·국민 지원)

군이 과거에 활용했거나 지금 활용하고 있는 시설과 공간을 잘 활용하면 첫 번째 토끼(국방 지원)를 잡을 수 있다. 우리 군이 본연의 임무 수행에 전념할 수 있는 여건의 조성이 가능해진다. 세 마리 토끼 중에서 어쩌면 가장 크고 중요한 토끼이다. 군의 효과적인 시설과 공간 활용으로 규모의 경제(economy of scale) 효과가 발휘되어 시설관리, 울타리 경계, 숙식 준비 등 부대 관리의 소요를 대폭 줄일 수 있다. 이렇게 되면, 군은 전투준비와 훈련, 체력 단련과 같은 본연의 임무에 집중할 수 있게 된다.

군이 과거에 활용했거나 지금 활용하고 있는 시설과 공간을 잘 활용하면 두 번째 토끼(지역·중앙정부 지원)를 잡을 수 있다. 지역 경제의 활성화와 일자리 창출이 가능해져서 지방정부에 큰 도움이 되고, 궁극적으로는 중앙정부에도 많은 도움이 될 수 있다. 군의 시설과 공간을 효과적으로 활용하면, 군의 임무 수행과 기능 발휘에 전혀 지장을 주지 않으면서 지역개발에 활용할 수 있다. 가용한 공간을 활용하여 경제적인 가치 창출이 가능해지기 때문이다. 국토의 효과적인 활용과 관련되는 사안이면서, 지역의 경제 활성화는 물론 연관되는 일자리 창출이 가능해진다.

군이 과거에 활용했거나 지금 활용하고 있는 시설과 공간을 잘 활용하면 세 번째 토끼(국민 지원)를 잡을 수 있다. 국민의 개인재산권 보장과 민군갈등 해소가 가능해진다. 이 사안은 두 번째 토끼와 서로 관련이 된다. 가용한 시설과 공간을 효과적으로 활용하여 경제적인 가치를 창출하면 지역의 경제가 활성화되고 지역주민의 삶이 더 윤택해진다. 부대의 주둔을 포함한 군이 사용하는 시설이 국민에게 불편함을 주는 대상에서 경제적 이득을 주는 공간이 되면서 지역주민과 군의 갈등을 완화하는 데 도움이 될 수 있다. 군의 시설과 공간을 효과적으로 활용하면 국민의 재산권을 제한하는 범위가 줄어들게 된다. 군사시설보호와 관련된 법규의 적용 범위가 달라지고 크게 줄일 수 있기 때문이다.

이 책은 군이 과거에 사용했거나 지금 사용하고 있는 시설과 공간을 활용하여 위의 세 마리 토끼를 잡는 전략에 관한 내용이다.

2. 군의 공간 활용과 파생되는 문제

국방부에서 맡아 관리하는 토지의 규모는 2023년 12월 31일 기준으로 1,332㎢이다. 우리나라 국토의 면적인 100,449㎢의 1.3%를 차지하고 있다. 군이 사용하고 있는 공간 중에는 국방부 소관이 아닌 국유지와 일부 사유지도 포함되어 있다. 실제 군대가 사용하고 있는 공간은 국방부 소관 토지보다는 더 많을 것이다. 군이 창설되어 제 모습을 갖추는 과정에서 군의 필요로 사용되고 있는 공간의 전체 규모는 과거와 현재를 비교할 때 큰 변화는 없다고 할 수 있다. 국방부 소관 토지의 분포를 보면, 지역별로는 접경지역인 강원도와 경기도가 60% 이상을 차지하고 있다.

지 역	면 적(㎡)	지 역	면 적(㎡)
서울	13,342,962	강원	335,825,032
부산	28,682,115	경기	454,336,058
대구	21,907,340	경남	73,733,710
인천	32,033,738	경북	81,195,315
광주	19,335,014	전남	64,463,747
대전	12,363,057	전북	37,845,234
울산	1,432,560	충남	64,245,531
세종	13,161,866	충북	73,130,897
제주	5,223,564	해외	9,829

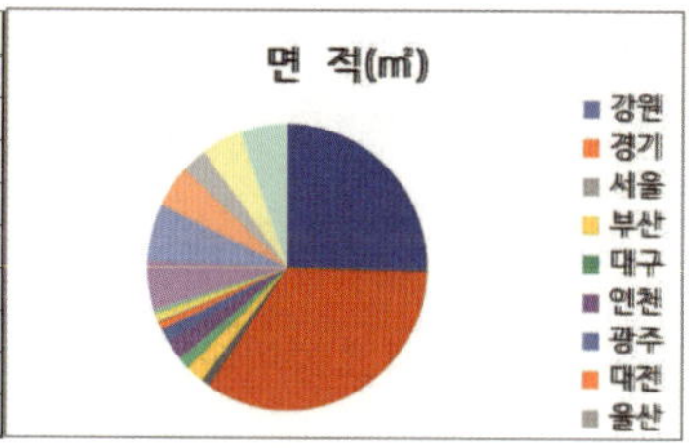

〈그림 2〉 지역별 국방부 소관 토지 현황(국방부)

군이 사용하고 있는 공간과 관련된 요소들이 지난 수십 년의 시간이 지나면서 많이 변화되었다. 군의 물리적인 규모가 변화되면서 유휴시설이나 공간이 증가했다. 새로운 군의 기능에 맞는 공간의 요구도 생겨나고 있다. 군이 과거에 활용했거나 지금 사용하고 있는 시설이나 공간과 관련하여 파생되는 문제는 크게 군(軍), 관(官), 민(民)으로 구분할 수 있다.

군이 직면한 문제는 크게 두 가지이다. 첫째는 급증하는 군 유휴시설의 관리이다. 둘째는 소규모로 수천 개의 울타리를 유지하는 군 주둔개념의 변화 필요성이다.

첫째, 급증하는 유휴시설이나 공간의 관리가 군이 풀어야 할 숙제이다. 우리 군의 상비군 규모가 대폭 줄어들면서 시설과 공간의 재조정 소요가 많이 발생하고 있다. 부대구조의 재조정 과정에서 유휴시설이나 공간이 발생한다. 국방부에 유휴시설이나 공간을 관리하는 전담 조직이 있다. 해당 조직이 관련 법규와 절차에 따라 유휴시설과 공간을 관리하고 있지만, 조직의 업무 처리 역량을 초과할 정도의 빠른 속도와 규모로 유휴시설과 공간이 생기고 있다. 그래서 유휴시설과 공간의 관리도 군이 해결해야 할 숙제 중 하나이다.

둘째, 소규모로 수천 개의 울타리를 유지함에 따른 관리 소요의 증가에 대한 조치의 필요성이다. 이에 따라서 군 본연의 임무인 작전과 훈련에 집중하기 어려운 구조이다. 일부는 대규모 군사기지 형태로 주둔하는 곳도 있지만, 군의 많은 부대가 여전히 소규모로 울타리를 유지하고 있다.

소규모 울타리를 많이 유지하고 있는 군의 모습을 살펴보자.

 울타리별로 울타리를 지키는 경계 소요가 발생한다. 여기에는 울타리 출입 인원을 통제하는 위병소 운영, 울타리를 불법으로 침입하는 행위를 통제하는 울타리 경계, 울타리 안에 있는 탄약 보관시설을 포함한 중요시설을 보호하는 소요, 이러한 제반 경계에 필요한 작전을 통제하는 상황실 운영 등이 포함된다.

 울타리별로 숙식을 해결하기 위해 식사를 준비하는 식당이 있어야 한다. 작은 규모로라도 울타리 안에서 생활하는 사람들에게 필요한 물건을 파는 상점도 있어야 한다. 잠을 자야 하므로 냉난방 시설도 유지되어야 한다. 울타리 안에서 생활하는 사람들의 일과 이후의 활동을 통제하기 위해 당직 근무 체계도 운용해야 한다.

 울타리의 규모가 작을수록, 울타리 안에서 생활하는 군인 중에서 이러한 군 본연의 임무가 아닌 관리에 투입되는 비중이 높아진다. 위병근무, 외곽 경계초소 근무, 탄약고 근무, 상황실 근무, 식사를 준비하는 식당에 필요한 인원, 냉난방을 포함한 시설을 관리하는 사람이 꼭 필요하기 때문이다. 이 중에서 경계와 관련되는 장소는 24시간 운영이 되어야 하므로 소요되는 인원은 더 많아진다.

 기술의 변화 관점에서 보면 그래서 우리 군(특히 소규모 울타리가 많은 육군)은 여전히 2차산업혁명 시대의 주둔 개념을 유지하고 있다고 할 수 있다. 기동 수단이 충분하지 않고 기동로 상태가 좋지 않으면 원하는 목표 지점이나 근처에 미리 가 있어야 한다. 이를 반영하여 육군은 소대, 중대, 대대급의 소규모 주둔 개념을 적용하였다.

시간이 많이 지나면서 군대의 주둔에 영향을 주는 환경이 변화되었다. 군대는 빠르고 다양한 이동 수단을 갖추었다. 군대의 이동에 사용되는 도로도 획기적으로 개선되었다. 그런데 아쉽게도, 이동 수단과 이동로 변화에 맞게 군의 주둔 개념이 신속하게 조정되지 않고 있다.

소규모로 수많은 주둔지를 유지하는 주둔 개념은 4차산업혁명 시대 군에 요구되는 임무 수행에 걸림돌이 될 수 있다. 앞의 단락에서 제시한 대로, 소규모 부대별로 많은 주둔지가 유지되면서 본연의 임무 외에 수행해야 할 과업이 너무 많다. 작은 규모의 많은 울타리의 유지로 본연의 일에 집중하는 구조가 안 되는 현실이 여전히 계속되고 있다. 새로운 군의 공간 활용을 위한 전략이 필요한 이유의 하나이다.

행정관서가 직면한 문제는 지역개발, 지역민 재산권 보장, 지역경제 활성화 등의 목적 달성을 위해 다양한 사업의 추진을 모색하는 과정에서 군의 통제와 관련 법규의 엄격한 적용과 관련된 어려움의 호소이다.

접경지역인 파주시의 LCD 산단 개발이나 김포시의 대규모 주거단지 개발과 같이 중앙정부 차원의 개입과 주도로 이러한 어려움을 해소하고 효과적인 개발이 진행된 경우도 종종 있었다. 하지만, 여전히 행정관서는 군에서 통제하고 있는 공간의 활용과 관련하여 어려움을 호소하고 있다. 군의 작전 수행 개념이 변화하고 군의 구조 변화로 사용하지 않는 공간이 대폭 증가한 상황에서도 여전히 과거의 방식으로 통제하고 있기 때문이다.

군이 작전목적 달성을 위해, 관련 법규에 따라 행정관서나 국민에 의한 국토의 공간 활용을 제한하고 있다. 군이 직접 점령하지 않은 공간은 '군사시설보호구역'이라는 명목으로 통제하고 있다. 통제의 규모는 2023년 기준으로 대략 국토의 약 8% 내외로 알려져 있다. 물론 매년 보호구역이 해제되거나 완화되는 추세다. 2024년에만 해도 사상 최대 규모로 군에서 통제하고 있는 공간을 해제하였다.

[2024. 11. 30. 기준]

연번	시·군	행정구역 (A)	군사시설 보호구역(B)				보호구역 비율 (B/A)
			합계 (B=b1+b2)	통제보호 (b1)	제한보호 (b2)		
	총 계	10,199.73	2,083.28	462.03	1,621.25		20.4%
	경기남부	5,930.53	368.27	49.36	318.91		6.2%
	경기북부	4,269.20	1,715.01	412.67	1,302.34		40.2%

〈그림 3〉 경기도 군사시설보호구역(2024 경기 규제지도, 경기도청)

행정관서에서 활용을 모색하는 또 다른 공간은 군이 더 사용하거나 점령하지 않아서 빈 곳으로 남아 있는 영역이다. 이러한 공간을 군 유휴시설이라고 한다. 2006년부터 시작된 '국방개혁'이라는 군의 구조 조정에 따라서 우리나라 상비군 규모가 1/3 줄어들었다. 대부분 육군 부대이다. 이와 연계하여 육군이 사용하던 많은 공간이 비었다.

행정관서에는 여러 가지 이유로 이러한 공간을 활용하려고 한다. 그러나 군이 전시에라도 이러한 공간을 사용하겠다고 하면 행정관서나 일반 국민의 활용은 불가능하다. 행정관서나 일반 국민의 처지에서는 지나치게 많은 공간을 전시의 사용까지를 고려하면서 군이 통제하고 있다고 인식하고 있다.

변화되는 전쟁의 양상, 과학기술의 변화와 연계한 군 무기체계의 변화, 작전 수행 개념의 변화, 국토의 효율적인 사용을 위해서 군의 유휴시설 통제에 대한 접근의 전환이 필요하다. 새로운 군의 공간 활용을 위한 전략이 필요한 두 번째 이유이다.

일반 국민이 직면한 문제는 군의 목적에 의해 제한되고 있는 개인재산권 보장의 요구이다. 군의 주둔과 시설 배치, 훈련 등에 의해 유발되는 소음, 분진, 재산권 침해 등의 고통 호소도 계속되고 있다.

민간인출입통제선 안에서 거주하거나 재산권을 행사해야 하는 국민의 통행을 포함한 불편 호소가 계속되고 있다. 접적 지역으로의 민간인 출입은 엄격하게 통제되어야 하지만 수단과 방법의 변화와 적용으로 효율성과 편리성이 개선될 수 있다고 국민은 생각하고 있다.

대규모 훈련장이나 사격장 인근에서 거주하는 국민의 불편 호소도 계속되고 있다. 무기체계의 변화로 사거리가 증가하거나 화기의 위력이 증가하면서 소음이 커지는 일도 있다. 농촌 마을까지도 많은 차량이 통행하는 시대에 군 장비의 훈련장으로의 이동이 국민의 생활에 미치는 불편함도 증가하고 있다.

〈그림 4〉 민간인출입통제선 출입 불편 해소를 요구하는 주민 시위
(2022.3.11. 기사, 신아일보 제공)

훈련이나 사격과 관련된 변화 사항인 장비의 변화, 소음의 변화 등에 비례한 군의 공간 활용 조치가 충분하지 않다고 국민은 느끼고 있다. 이러한 국민의 불편함이 여전히 계속되고 있다. 새로운 군의 공간 활용을 위한 전략이 필요한 세 번째 이유이다.

3. 그러면 어떻게?

유휴시설을 포함해서 군이 사용하는 공간의 효과적인 활용 방안의 모색이 이제는 군은 물론 국가 차원의 숙제가 되었다.

이 책에서 답을 구하고자 하는 핵심 사안은 다음의 세 가지이다.

첫째, 안보 환경의 변화에 맞게 군이 주둔하고 있거나 더는 사용하지 않는 공간의 사용 개념을 변화시켜 **본연의 임무 수행에 전념할 수 있는 여건을 조성하는 방안을 모색**해 보고자 한다.

군이 생활하는 기본 울타리의 크기를 변화시켜서 관리에 드는 노력을 최소화하는 방안의 모색이 절실하다. 무기체계의 변화와 함께 새로운 군 기능에 맞는 공간의 요구가 늘어나고 있다. 이러한 요구를 충족하는 지혜로운 방안의 접목도 필요하다. 훈련장이나 사격장 사용 여건을 개선하여 효과적으로 전투력을 높이는 여건을 조성해 주어야 한다.

둘째, 군이 통제하고 있거나 군이 더는 점령하지 않은 **공간을 활용하여 지역경제 활성화를 촉진하는 방안을 찾아보고자** 한다.

전쟁이 시작되면 우리 국토의 어디라도 군의 작전목적 달성을 위해서 사용할 수 있다고 생각한다. 이러한 한반도 작전환경의 특성을 고려할 때, 평상시에 사용하지 않는 공간을 전시에 사용하겠다는 용도로 지정하고 있는 접근을 과감하게 재검토해야 한다. 군의 대규모 훈련장이나 사격장과 관련하여 발생하는 갈등의 해결을 위해서는 민·관·군이 긍정적인 접근을 해야 상생할 수 있다.

이제는 군이 제일 먼저 다가서야 한다. 이러한 새로운 방식을 모색할 수 있다면, 해당 지역의 발전은 물론 국가 차원에서 국토의 효율적인 활용에 도움이 될 수 있다.

셋째, 일반 국민의 **재산권을 보장하고 접근의 편리성을 높이되, 군의 임무 수행에 꼭 필요한 공간은 국민이 양보하여 사용이 가능하도록 보장하는 방안을 제시**해 보고자 한다.

특정 지역으로의 민간인의 출입 통제 방법도 4차산업혁명 시대의 기술을 접목하면 편리하면서 보안은 강화되는 방향으로 발전시킬 수 있다. 군인이 일반 국민과 직접 상대하여 통제하는 방식에서 민간인이 민간인을 통제하고, 군은 현장에서 우발상황에 대비하는 방식으로의 전환도 검토할 수 있다. 도로망의 발달, 이동 수단의 발달, 통신 수단의 발달 등을 고려할 때 지금까지 군이 공간을 통제하던 방법과 내용이 많이 달라질 수 있다.

군이 통제하는 공간의 효율적이고 보다 과학적인 방법의 접목으로 국민의 불편함을 최소화하면서 군이 필요로 하는 핵심 공간은 반드시 확보되는 방향으로 발전된다면, 더욱 튼튼한 국방의 초석이 될 것이다.

앞에서 제시한 세 가지 사안에 대한 답을 구하기 위해서 이 책에서는 분야별로 현상을 살펴보고 대안을 제시하고자 한다.

먼저, 유휴시설을 포함한 군의 시설과 공간에 대한 일반적인 내용을 개관할 것이다.

이어서 유휴시설을 포함해서 우리나라 군사시설 활용의 과거와 현재를 사례 위주로 알아보고자 한다. 그동안 우리 군의 시설이나 공간은 어떻게 사용되고 개발되었는지를 10가지 실제 사례를 통해 살펴보고자 한다.

다른 나라의 군사시설 활용 상황도 짚어 보고자 한다. 해외의 실제 사례 10가지를 찾아서 그 내용을 확인해 보고자 한다.

이러한 사례의 분석을 토대로 장차 우리 군의 시설과 공간 활용 전략을 제시할 것이다. 앞으로 군의 시설이나 공간은 어떻게 활용하면 좋을지? 민·관·군 상생과 국토의 효율적인 활용을 위한 다양한 제언을 하고자 한다.

2장

군 유휴시설과 공간

1. 군의 유휴시설과 공간이란?

군의 유휴시설과 공간이란 군이 보유한 시설 중에서 더 이상 군사용으로 사용되지 않은 시설이나 공간을 말한다.

〈그림 5〉 강원도 접경지역의 군 유휴시설 모습

군사용 시설과 공간의 종류를 구분하는 명확한 기준은 없다. 이 책에서는 군이 사용하는 시설과 공간은 크게 병영시설, 훈련시설, 작전시설, 주거와 복지시설로 구분하고자 한다. 대부분 시설이 이 네 가지의 범주에 포함되기 때문이다.

병영시설이란 〈그림 6〉과 같이 일정한 울타리로 구성되어 군대가 집단으로 주둔하는 공간에 있는 시설이다. 통상 군에서 사용하는 용어인 '주둔지'가 여기에 해당한다. 우리가 길을 가다 보면 보이는 제0000부대 또는 000부대라고 간판이 있는 곳이 병영시설이라고 할 수 있다.

〈그림 6〉 평택 미군기지의 모습(국방일보, 2021.3.14.)

부대의 병영시설은 일반적으로 행정, 급식, 위생, 공장과 정비, 교육, 훈련, 공동 시설, 부대시설, 영내에서 거주하는 장병을 위한 주거 시설 등으로 구성된다.

한 개의 울타리(주둔지) 안에 주둔하는 부대의 규모에 따라서 병영시설이 차지하는 공간은 차이가 발생한다. 예를 들어 보면, 포항에 있는 모 부대는 사단 전체가 한 개의 울타리 안에 주둔하고 있다. 그래서 이 부대가 차지하는 병영시설의 공간은 매우 넓다. 육군의 대부분 부대는 대대 단위로 한 개의 울타리 안에 주둔한다. 이 경우에는 대대 규모의 인원이 임무를 수행하는 데 필요한 시설을 울타리 안에 갖추게 된다.

훈련시설이란 부대가 훈련에 사용하는 공간이다, 여기에는 훈련에 직접적으로 필요한 시설이나 구조물이 통상 준비된다. 추가로 훈련장의 규모와 기능에 따라서 숙영 시설, 급식시설, 휴식시설, 화장실 등 편의시설도 설치될 수 있다.

〈그림 7〉 경기도 포천시 소재 승진훈련장(국방일보 캡처, 2015.9.18.)

훈련시설의 규모도 다양하다. 몇백 평 미만의 규모가 작은 사격장도 있다. 경기도 포천시에 있는 실제 사격과 기동훈련을 하는 훈련장인 승진훈련장과 같이 수백만 평 이상의 공간을 차지하는, 아시아에서 제일 규모가 큰 훈련장도 있다.

훈련장의 종류도 다양하다. 다양한 무기의 사격훈련을 하는 사격장은 물론 전술 전기를 연마하는 훈련장도 있다. 군의 다양한 기동 장비가 훈련하는 곳도 있고, 일부 하천이나 저수지에는 도하 훈련하는 공간도 있다.

군의 전투력을 키우고 유지하기 위해서 훈련시설은 꼭 필요하다. 군이 훈련시설을 사용하는 과정에서 국민에게 불편함을 유발하는 요소들도 수반된다.

사격하거나 장비가 기동할 때 발생하는 소음이 우선 대표적이다. 장비의 이동 과정에서 발생하는 분진과 매연, 훈련에 필요한 군사 장비의 진입 과정에서의 교통통제 등에 대해서도 때로는 국민이 불편함을 호소한다.

한편, 훈련에 사용되는 공간은 계속 변화한다. 도시개발이라는 국가적인 프로젝트 수행의 영향을 받아 변화될 수도 있다. 사거리 증가, 숫자 증가, 새로운 무기의 도입과 같이 군에서 사용하는 장비의 변화 등에 의해서 훈련에 사용되는 공간이 계속 변화한다.

작전시설이란 부대가 실제 작전을 수행하는 공간이다. 비무장지대에서 경계작전을 수행하는 GOP 소초나 GP가 대표적인 작전시설이다.

이 공간에도 작전 부대의 임무 수행에 직접적으로 필요한 시설과 장비가 포함된다. 경계작전을 수행하는 부대의 경계초소나 화기의 진지, 작전 상황을 지휘하고 유지하는 상황실 등이 여기에 해당한다.

〈그림 8〉 비무장지대 GP의 모습(국방일보, 2018.12.28.)

작전을 수행하는 공간에는 작전의 수행을 지원하는 데 필요한 시설과 장비도 필요하다. 작전 부대의 숙식이 필요하면 숙영과 식사 준비를 위한 시설과 장비가 있어야 한다. 물자와 장비를 보관하는 창고 공간, 부대원이 휴식을 취할 수 있는 휴게 공간 등도 필요하다.

작전시설은 통상 다른 시설보다 높은 수준의 보안을 유지한다. 일반인의 접근이 통제되고 공개가 통제된다. 보안을 위한 추가적인 시설의 설치, 출입 인원의 확인 등 부가적인 조치도 시행된다.

작전시설은 사용 시기가 서로 다르다. 평상시 작전에 사용되는 시설도 많지만, 평상시에는 사용되지 않지만, 전면전이나 국지적인 도발과 같은 유사시에만 사용하는 공간도 있다.

작전시설의 용도도 변할 수 있다. 작전개념이나 계획이 변화되면, 관련

작전시설이 이전되거나 더 이상 사용하지 않게 되거나 규모가 확장되기도 한다.

주거와 복지시설이란 군인의 거주와 관련된 시설 및 군인의 복지 증진을 위해 준비된 공간이다.

〈그림 9〉 연평도 장병 복지시설인 하나회관 조감도
(국방일보, 2012.7.13.)

군 간부와 가족의 숙소, 장병과 군인 가족의 복지를 제공하기 위해 준비된 공간이다. 주거시설은 군인의 거주와 관련된 시설이다. 독신 간부를 위한 숙소, 기혼 간부의 가족을 위한 관사 등이 대표적인 주거시설이다. 군에서 운영하는 어린이집, 매점, 호텔, 체력단련장 등이 복지시설에 해당한다.

주거시설도 변화한다. 부대의 재배치나 규모 조정 등과 연계하여 숙소가 확대되기도 한다. 오래되어 노후화된 시설은 철거되는 때도 있다. 일부 주거시설은 군의 필요에 따라 그 용도가 변경되기도 한다.

복지를 제공하는 공간도 변화한다. 군의 주둔정책이 변화하면 이와 연계하여 새롭게 복지시설이 만들어지기도 하고 반대로 기존에 있던 복지시설이 없어지기도 한다. 오래된 복지시설의 확충이나 리모델링에 의해 변화하기도 한다.

복지시설의 규모도 다양하다. 몇십 평 규모의 소규모 복지시설도 있고, 건물의 높이가 100미터가 넘는 큰 규모의 복지시설도 있다. 복지시설이 있는 위치도 다양하다. 서울시를 포함한 대도시에 있는 복지시설도 있고 최전방이나 접경지역에 있는 복지시설도 있다.

2. 군에서 유휴시설이나 공간은 왜 발생하는가?

① 유휴시설과 공간 발생의 논리 구조

군이 사용하는 시설과 공간은 여러 가지 이유로 유휴시설이나 공간이 된다. 유휴시설과 공간이 발생하는 절차를 일반적인 개념으로 정리해 보면 그림과 같은 논리 구조로 발생한다.

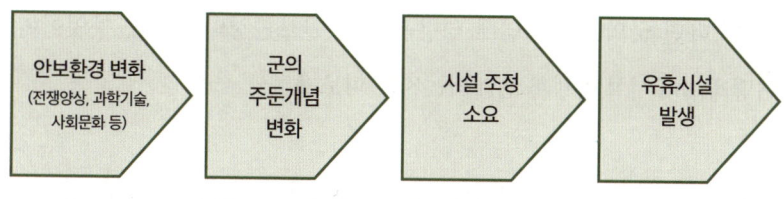

〈그림 10〉 군 유휴시설과 공간 발생 논리 구조

군의 임무 수행에 영향을 미치는 요소는 안보 환경의 변화이다. 안보 환경이란 국제정치체제, 전쟁수행 양상, 과학기술의 발전, 사회문화적인 요소 등 안보의 목적 달성에 영향을 주는 요소이다. 이러한 안보 환경을 구성하는 요소가 변화하면 군의 임무 수행에 영향을 준다.

안보 환경이 변화되면 군은 이러한 변화에 걸맞게 제반 사항을 조정해야 한다. 근본적인 임무 수행의 목적을 포함하여 다양한 요소들의 변화와 조정이 이와 연관된다. 그중 하나가 군 주둔개념의 조정이다. 안보 환경의 변화는 군의 물리적인 장소와 직접적으로 연계되기 때문이다.

안보 환경의 변화와 연계하여 군의 주둔개념이 변화되면 관련 시설의 조정 소요가 발생한다. 일부 주둔지의 이전, 통합, 조정 등이 확정되면 반드시 관련 시설의 조정이 병행되어야 하기 때문이다.

최종적으로 이러한 시설의 조정 소요에 따라 군 주둔지가 이전, 통합, 조정되면 다양한 형태와 규모의 유휴시설과 공간이 발생한다.

② 안보 환경의 변화

그렇다면 군의 주둔개념에 영향을 주는 안보환경의 변화는 무엇이며, 어떻게 유휴시설 발생과 연계되는지 살펴보자.

현재와 미래의 성공적인 임무 수행을 위해서는 변화되는 제반 상황을 고려한 군 주둔개념의 재정립이 필요하다. 일반 국민은 본인과 가족의 필요에 따라 주거지역을 선택하고 옮긴다. 군도 임무 수행의 필요에 따라 주둔개념을 변경해야 한다. 군 주둔개념의 변화에 영향을 주는 요소는 다양하다. 대표적인 영향요소는 국방정책의 방향, 과학기술 발전과 연계한 군의 과학화, 사회적 요소의 변화 등이다.

이 책에서는 국방정책의 변화, 과학기술과 싸우는 방법의 변화, 사회문화적인 요소의 변화라는 세 가지 영역에서 안보 환경의 변화와 유휴시설의 발생에 대해 살펴보고자 한다.

첫 번째 요소는 국방정책의 변화이다.

국방정책의 변화가 군 주둔개념에 영향을 미치고, 궁극적으로 이러한 변화는 유휴시설과 공간의 발생을 수반한다.

최근에 우리 군의 주둔개념에 영향을 미친 국방정책 변화의 대표적인 내용이 국방개혁의 추진이다. 국방개혁은 2006년부터 우리 군이 추진한 중장기 혁신정책이다.

국방개혁이란 '양적 전투력 위주의 군대'를 '질적 전투력 위주의 군대'로 전환하는 계획이다. 60만 명을 상회하는 상비군의 규모를 50만 명으로 줄이면서 질적인 군사능력을 확충하는 내용이 국방개혁의 골자이다.

국방부의 자료를 보면, 국방개혁에 따라 상비병력이 2017년 61만 8천 명에서 2022년에 50만 명 수준으로 줄어들었다.

구 분	상비병력
육 군	46.4만여 명
해 군 (해병대)	7.0만여 명 (2.9만여 명)
공 군	6.5만여 명

2018년 59.9만여 명

구 분	상비병력
육 군	36.5만여 명
해 군 (해병대)	7.0만여 명 (2.9만여 명)
공 군	6.5만여 명

2025년 50만여 명

〈그림 11〉 국방개혁과 병력 감축(2018 국방백서 87쪽)

이러한 국방개혁의 추진은 군의 병력구조나 부대구조의 변화를 수반한다. 국방개혁을 추진하면 육군의 규모가 줄어들면서 많은 부대가 해체되거나 통합된다. 해체되거나 통합되지 않는 부대도 책임 지역의 조정과 함께 부대의 위치가 조정되는 경우도 발생한다.

　국방부의 발표 자료를 보면, 실제로 용인과 원주에 있던 야전군사령부는 1개의 야전군사령부로 통합되었다. 일부 전방 군단급 부대도 통합되었다. 상당수의 사단급 부대가 해체되거나 통합되었다. 이러한 조정과 연계하여 해체되거나 통합되지 않는 다수의 부대 주둔 위치도 변경되고 있다.

　이렇게 국방개혁에 따라 부대의 주둔개념이 변화되면 시설의 대규모 조정 소요가 수반된다. 예를 들어, 화천에 주둔하던 제27보병사단이 해체되면서 해당 부대가 주둔했던 강원도 화천군 지역에는 많은 시설조정의 소요가 발생하였다. 이 과정에서 대규모 유휴시설이 발생하였다. 병영시설, 훈련장시설, 작전시설, 주거와 복지시설 중에 사용하지 않는 시설이 발생하게 된다.

두 번째 요소는 과학기술의 발전과 싸움 방법의 변화이다.

　과학기술 발전과 군 과학화와 연계한 전투 능력의 변화도 주둔개념에 영향을 미친다. 과학기술이 발전하면서 군에서 사용하는 무기의 성능이 향상된다. 포병부대의 자주포를 예로 들어 보자. 세계 최고 수준의 자주포인 K-9의 사거리는 40km이다. 이는 사거리가 25km 정도였던 기존 자주포의 2배에 가까운 거리이다.

　이렇게 무기의 사거리가 증가하면 평시 사격훈련도 이와 비례하여 멀리 해야 한다. 기존보다 더 멀리 사격해야 하므로 관련 훈련시설의 확충이 수반되어야 한다. 이러한 요소의 변화가 군의 주둔개념에 영향을 주게 된다.

　상비병력의 감축에 의한 전투력 저하를 상세하기 위해서는 많은 장비가 전력화되어야 한다. 사람이 발휘하던 전투력을 장비가 해 주어야 하기 때문이다. 이렇게 양적 위주의 군대를 질적 위주의 군대로 탈바꿈시키는 과정에서 군이 사용하는 무기체계의 물리적인 숫자가 많아진다. 전에 사용하지 않던 새로운 무기도 많이 도입된다. 과학기술이 발전하면서 이러한 군의 새로운 무기체계가 개발되고 도입된다.

　예를 들어, 국방개혁과 연계하여 우리 군은 새로운 과학기술을 접목한 천무라는 대구경의 다련장로켓을 군에 도입하고 있다. 드론이나 무인기동장비와 같은 4차산업혁명 기술을 접목한 무인전투체계도 도입하고 있다. 무기체계의 숫자가 증가하거나 새로운 무기체계가 도입되면 이러한 무기체계의 보관시설, 훈련시설, 정비시설의 소요가 증가한다. 시설 소요의 증가를 충족하기 위해서는 관련 시설의 증축이나 신축이 필요하다. 이러한 시설 소요의 변화는 궁극적으로 군의 주둔개념에 영향을 주게 된다.

　과학기술의 발전은 군의 핵심적인 전투 수단인 탄약의 성능을 높이고 있다. 동일 양의 폭약으로 더 큰 위력을 발휘할 수 있게 된다. 동일 효과를 내기 위한 탄약의 크기가 대폭 줄어들 수도 있다. 이렇게 과학기술을 도입하여 성능이 대폭 향상된 탄약을 군에서는 스마트탄이라고 한다.

〈그림 12〉 유무인 복합전투체계 개념도(wikipedia)

과학기술의 발전과 연계한 탄약 성능의 향상도 여러 가지 변화를 수반한다. 탄약의 폭발력을 고려한 충분한 안전거리의 확보는 물론 소음을 고려하여 훈련시설이 확보되어야 한다. 기존 훈련시설의 공간 확장이 필요하기도 하고 때로는 새로운 훈련시설의 준비가 필요하다. 이러한 시설의 변화는 군의 주둔개념의 변화와 연계된다.

세 번째 요소는 사회문화적인 요소의 변화이다.

개인주의화 되어 가는 우리 사회의 가치관 변화도 군 주둔에 영향을 준다. 최근 우리나라의 일하는 여건은 사용자의 선호를 반영하는 추세이다. 장병을 포함한 군의 구성원들도 비록 군사시설일지라도 불편함을 마냥 참아 내려고 하지 않는다. 시설 기준의 대폭 변화가 요구된다. 예를 들어, 병영생활관 시설에는 비데나 에어컨이 필수적으로 설치되도록 요구되고 있다. 집단이 거주하는 내무생활이지만 여건 범위에서 개인적인 공간의 확보를 원한다. 그래서 침상형 생활관이 침대형 생활관으로 바뀌고 있다.

이렇게 시설과 공간에 대한 새로운 소요가 발생하면, 이를 충족하기 위해서 시설의 확충이나 조정이 필요하다. 이러한 과정은 궁극적으로 군의 주둔개념의 변화와 연결된다. 예를 들어서, 병사들이 생활관에서 30명 이상이 침상이라는 개방된 공간에서 잠을 자다가 1인 1 침대를 설치하여 잠을 자려면 기존보다는 훨씬 넓은 공간이 필요하다. 당연히 시설이 확충되어야 하고, 추가적인 공간의 확보가 필요하다.

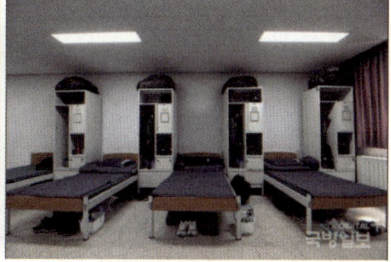

〈그림 13〉 침상형(국방뉴스, 2018.3.23. 캡처)과 침대형 생활관(국방일보 블로그)

안전에 대한 국민의 인식이 많이 변화되었다. 안전에 대한 인식의 변화는 군에도 적용되어, 안전 확보를 위한 추가적인 시설의 설치가 요구되고 있다. 집단 감염병의 발생에 대비한 격리시설의 확보도 넓은 의미의 안전 확보의 영역이 될 수 있다. 그렇다면, 이제는 집단 감염병에 대비한 격리시설의 확보가 요구된다. 새로운 격리시설의 확보는 추가적인 시설과 공간을 요구한다. 이러한 시설과 공간의 확보는 궁극적으로 군의 주둔개념에 직간접적으로 영향을 주게 된다.

도시화도 군의 주둔개념에 영향을 준다. 우리나라의 도시화율은 세계적인 수준이다. 2024년에 국토교통부가 발표한 통계자료를 보면, 우리나라 인구의 92.1%가 도시지역에 거주한다. 국방부의 과거 자료를 보면, 서울시를 포함한 6대 광역 지방자치단체에 있는 군 주둔지가 490개다. 도시에 있는 부대의 주변이 급속하게 도시화하면서 군이 필요로 하는 부지의 확보가 점점 어려워지고 있다. 이러한 영향으로 도심에 있는 부대의 이전 요구가 급증하게 되고, 이러한 요구가 조정되고 수용되는 과정에서 군의 시설 재배치가 이루어질 수 있다. 군의 시설 재배치가 진행될 경우도 궁극적으로 군의 주둔개념 변화에 영향을 준다.

국가기관도 이제는 국민의 재산권 행사를 보장해야 한다는 사회적 요구도 높아졌다. 6·25전쟁 기간부터 시작해서 군이 점유하고 있는 사유지가 상당한 규모이다. 국민권익위원회의 2022년 발표 자료를 보면, 군이 국방군사시설로 점유한 사유지는 3,209만㎡이다. 이 중에서 무단으로 사용하는 면적이 1,669만㎡이다. 이러한 사유지의 사용과 관련해서 2019년부터 5년 동안 접수된 민원이 131건이다.

군에서 운영하는 각종 훈련시설에 의한 분진이나 소음 관련한 국민의 민원도 급증하고 있다. 육군만 해도 수천 개의 훈련장을 운영하고 있다. 훈련장의 규모와 상관없이 거의 모든 훈련장과 관련하여 민원이 발생하고 있다. 국가안보라는 중요한 가치를 위해 훈련장에서 발생하는 분진이나 소음에 대해 참아 왔던 국민이 더는 인내하지 않고 국가기관에 개선을 요구한다. 이러한 갈등의 관리 과정에서 시설 개선의 소요가 발생하며, 이는 궁극적으로 군 주둔개념의 변화를 가져온다.

지금까지 살펴본 것처럼, 안보 환경의 변화는 군 주둔개념의 변화를 가져온다. 주둔개념의 변화는 시설의 조정 소요를 수반하며, 이와 연계한 시설 조정의 과정에서 유휴시설과 공간이 발생한다.

③ 용산 미군기지 이전에 따른 군 유휴시설과 공간 사례

앞에서 제시한 군의 유휴시설 발생의 논리 구조를 안보 환경의 변화 요소와 연계하여 용산 미군기지의 이전에 대입해 보자.

〈그림 14〉 용산(국방일보, 2022.2.27.)에서 평택(https://home.army.mil/humphreys/about/history)으로 이전한 미군기지 모습

용산 미군기지의 이전에 영향을 미친 안보 요소는 싸우는 방법의 변화, 과학기술의 변화, 사회문화적인 변화로 구분해서 살펴볼 수 있다.

싸우는 방법의 변화도 용산 미군기지의 이전에 영향을 줄 수 있다. 북한군의 장사정포 역량이 높아지면서 타격할 수 있는 범위가 점점 남쪽으로 내려가고 있다. 용산 미군기지도 북한군 장사정포의 사격 범위에 포함될 수 있다. 만약 그렇다면, 주한미군의 평택 주둔이 초기 피해를 최소화하는 방안이 될 수 있다.

과학기술의 변화 차원에서 보면, 과거와 비교하여 다양한 수단과 방법의 발전으로 군의 정보부대에서 북한군의 남침이나 도발 징후를 사전에 식별하고 경고하는 역량이 높아졌다. 사전에 징후의 식별이 가능하다면 미군이 평택에 있어도 원하는 시간과 장소에 갈 수 있게 된다.

용산 미군기지의 평택으로의 이전은 사회문화적인 변화의 영향이 크다고 할 수 있다. 한 나라의 수도 중심에 외국군이 주둔하고 있다는 사실에 대한 한국 국민의 수용성이 점차 낮아졌다. 이러한 정서의 변화는 용산에 있는 미군기지의 이전에 대한 필요성의 제기로 연결되었다.

한국 정부는 용산 기지에 대한 사회문화적인 요소의 변화를 반영하여 용산 미군기지의 이전 정책을 결정하게 된다. 정부의 이러한 정책적인 결정으로 여러 가지 관련 절차를 거쳐서 평택으로 이전과 통합이 확정되었다.

용산 미군기지 이전은 1989년 노태우 대통령 때부터 제기되었다. 노태우 대통령 회고록을 보면, 어떤 의미와 목적으로 용산 미군기지 이전을 추진했는지 잘 나와 있다. 회고록에서 노태우 대통령은 용산 미군기지 이전에 대해 이렇게 적고 있다.

"재임 기간에 나는 줄곧 민족자존을 국정(國政)지표로 세우고 그것을 높이는 데 관심을 기울였다. 서울 한복판에 위치한 미군기지 이전이라든가 북방정책은 모두 이 민족자존을 뿌리로 해서 이루어진 것들이다. 나는 용산(龍山) 지역이 100여 년간 외국 군대에 의해 점유되어 왔다는 사실에 주목하게 되었다. 용산이라고 하면 격동기 강북시대의 서울의 중심지인데 그곳을 임진왜란 때 고니시 유키나가(小西行長)가 주둔하고부터 청나라군, 일본군, 그리고 지금은 미군이 사용하고 있는 곳이다.

이는 내가 강조하는 민족자존의 정신에 비추어 볼 때 바람직하지

〈그림 15〉 노태우 대통령 회고록

2장 군 유휴시설과 공간　45

않다고 생각했다. 나는 이제 100만 평의 광대한 용산 미군기지를 푸르른 공원으로 만들어 서울 시민들에게 되돌려줄 때가 됐다고 생각하기에 이르렀다."

용산에 있는 주한미군기지 이전의 확정에 따라 관련 시설을 포함한 준비가 되면서 시설의 재배치가 진행되었다. 주한미군이 평택에 재배치되면서 미군이 사용하던 용산에 대규모 유휴시설과 공간이 발생하였다.

3. 우리나라 군 유휴시설이나 공간의 발생 규모는?

우리나라 군 유휴시설이나 공간의 발생 규모는 대략 1,300만㎡이다. 국방부에 정보공개를 청구한 결과 2024년 11월 19일 기준 군 유휴시설이나 공간의 현황은 1,316만㎡라는 답변을 받았다.

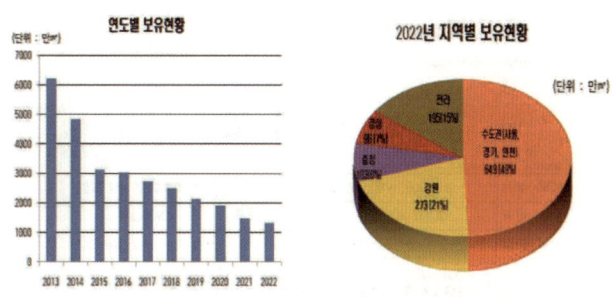

〈그림 16〉 미활용 군용지 보유 현황(국방부)

미사용 군용지 규모는 계속 변화한다!

우리나라 군의 유휴시설 규모는 계속 변화한다. 군 유휴시설의 발생은 군 주둔개념의 변화 때문이다. 군의 주둔개념은 안보 환경의 변화에서 시작되는데, 안보 환경이 계속 변화하기 때문이다.

실제 국방부가 발표한 내용을 보아도 이를 알 수 있다. 2015년에 국방부가 발표한 유휴시설의 규모는 4,833만㎡이다. 이 공간은 더는 군이 필요로 하지 않아 매각이나 교환 대상으로 내놓은 면적이다.

2015년 6월에 국방부는 미사용 군용지의 매각과 교환을 추진하였다. 이 당시의 국방부 발표문(대한민국 정책브리핑. 2015.6.12.)을 보면, 여의도 면적(290만㎡)의 16배에 해당하는 4,833만㎡를 미사용 군용지로 확정하였다. 미사용 군용지의 공시지가는 당시 기준으로 1조 5,272억 원에 해당한다.

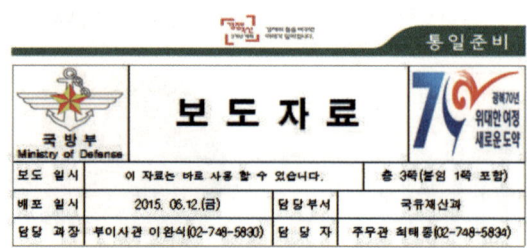

〈그림 17〉 미사용 군용지 관련 국방부 보도자료(국방부)

국방부는 2014년 11월부터 5개월 동안 전군 군용지의 사용 실태를 조사했다. 군 작전계획, 부대 이전, 부대 재배치계획, 훈련장 통폐합 계획 등을 종합적으로 고려하여, 국가안보와 부대의 임무 수행에 제한이 되지 않는 범위 내에서 미사용 군용지를 최대한 발굴했다.

2022년에 국방부가 국회에 제공한 자료에도 군의 유휴시설과 관련된 현황이 일부 나온다. 더불어민주당 정성호 의원실이 국방부에서 받은 자료를 토대로 발표한 내용(2023. 10. 4.)을 보면, 전국에 방치된 군 시설이 7천 곳이 넘는다. 방치된 군 시설을 면적으로 따지면 축구장 154개(105만 430㎡) 정도의 규모이다.

국방부에서 국회에 제공한 '유휴 국방·군사시설 현황' 자료에 따르면 2020년 말 기준으로 3천418개소이던 군 유휴시설은 2022년 말 7천1개소로 증가했다. 군 당국은 2019년부터 2021년까지 유휴시설 9천 100개소를 철거했다. 2022년 한 해 동안에만 1천 700개소를 철거했다. 하지만, 국방개혁에 따른 부대 규모 축소와 기존 시설 노후화의 영향으로 군의 미사용 철거 속도가 유휴시설이 증가하는 속도를 따라잡지 못하고 있다고 한다.

방치된 군 유휴시설을 유형별로 보면, 정비와 보급시설이 2천806개소, 일반 지원시설이 2천 315개소, 병영 기본시설이 1천 117개소, 관사와 간부 숙소 373개소, 기타 시설 197개소, 교육훈련 시설 193개소 등이다. 같은 맥락으로 국방개혁이라는 국방정책의 변화가 군 주둔개념의 변화를 가져오면서 유휴시설이 급증하고 있다고 볼 수 있다.

4. 소결론

요약해 보면, 군의 유휴시설과 공간이란 군이 더 이상 군사용으로 사용되지 않은 시설이나 공간을 말한다. 안보 환경의 변화로 군의 유휴시설이나 공간이 발생한다. 앞에서 살펴본 대로, 국방개혁이라는 정책의 추진을 포함한 군의 주둔에 영향을 주는 요소의 변화로 유휴시설이나 공간이 최근에 많이 발생하고 있다.

군 유휴시설이나 공간의 활용 결과는 군과 지역, 그리고 국민 모두에게 영향을 준다. 수도권의 각종 규제, 군사시설보호구역 설정 등 중앙정부나 지방정부의 토지 사용에 대한 제반 규제로 인해 활용이 가능한 공간이 충분하지 않기 때문이다. 급증하는 군 유휴시설과 공간의 효과적인 활용이 이제는 국가적인 과제가 되었다. 1장에서 제시한 세 마리의 토끼를 잡기 위해 군 유휴시설과 공간의 효과적인 활용방안 모색과 함께 효율적인 활용이 중요하다.

3장

우리나라 군사시설 활용의 과거와 현재

1. 우리나라 군의 공간 활용

군의 공간 활용은 주둔개념과 연계되어 있다.

육군을 기준으로 군 주둔개념의 현재 상태를 살펴보자. 육군이 해군과 공군과 비교하면 상대적으로 많은 지역에서 지리적인 공간을 사용하고 있어서이다. 육군의 주둔개념은 기지화, 통합화이다. 정책의 방향은 이미 확정되어 있지만 제대로 시행이 안 되고 있다. 그래서 2차산업혁명 시대의 주둔개념에 따라 수천 개의 주둔지를 유지하고 있다.

군의 주둔개념에 대해 먼저 살펴보면, 명확하게 학문적으로 정리되어 있지는 않다. 국회도서관에 등록된 연구자료는 주로 특정사안 위주의 단편적인 내용이 대부분이다. 군 주둔 시설의 재배치 절차나 필요성, 군 주둔의 지역경제 효과, 주한미군 주둔 정책 변화, 공군기지 이전 효과, 해외 파병 부대의 군 주둔 시설 설치 절차 등이 연구되었다. 교리나 교범에도 특별한 개념의 정의는 없다. 다만 정책문서에서 향후 주둔지 형성의 대략적인 방향을 제시하고 있다.

「2020 국방백서」는 강원도와 경기도 접경지역 발전방안에 관해 기술하는 부분에서 이 사안을 언급하고 있다. "2025년까지 기존 2개 이상 지역에 있는 부대들을 지역별 한 곳으로 통합·조정(해체·신편·증편)할 예정"이라고 적시하고 있다.

육군 차원에서는 정책의 장기 계획을 제시하는 비전서에서 2050년 육군의 분야별 모습을 제시하면서 주둔개념을 언급하고 있다. "현재의 대대급 위주의 주둔지를 탈피하여 훈련장, 주거·복지시설 등 공동분야를 통합하여 부대 운영의 효율성 및 육군 구성원들의 삶의 질을 조화시킬 수 있는 스마트 군사타운의 건립이 필요"하다고 기록되어 있다.

군의 주둔 지역은 크게 전투지역 또는 임무 지역, 평상시 주둔 지역으로 구분할 수 있다.

전투지역이란 일정 기간과 장소, 규모, 특정 임무 기간에 주둔하는 장소를 말한다. 여기서는 영구시설이나 주둔에 필요한 충분한 공간이 아닌 임시시설이나 임무 수행에 필수불가결한 공간만 확보하여 주둔한다. 대표적 예를 들면, 레바논에 파병된 동명부대나 남수단에 파병된 한빛부대가 주둔하는 지역이 전투지역이라고 할 수 있다. 〈그림 18〉과 같이 이라크에 파병된 자이툰부대의 주둔 지역도 여기에 해당한다.

〈그림 18〉 이라크 자이툰부대 주둔지(국방일보, 2021.7.13.)

평상시 주둔 지역이란 전투지역이나 임무 지역으로 가기 이전에 비교적 장기간 머무르는 시설을 말한다. 〈그림 19〉는 미국 육군 주둔지의 하나인 Fort Bragg이다. Fort Bragg와 같이 비교적 오랫동안 머무르는 시설이 평상시 주둔 지역의 대표적인 예라고 할 수 있다.

〈그림 19〉 미국 육군 주둔지인 Fort Bragg 모습(wikipedia)

군의 주둔지는 대략 위의 2가지로 구분할 수 있다. 하지만, 일부는 위의 2가지 목적을 동시에 갖고 주둔하고 있다. 추후 전방으로 증원되는 부대는 전투 임무 지역과 평상시 주둔 지역이 다르다. 대표적으로 특전사나 예비사단 등이 해당한다. 한편, GOP, GP, 일부 거점 선점 부대는 전투지역 또는 임무 지역과 평상시 주둔 지역이 같은 부대이다.

소규모로 수천 개의 주둔지를 유지하는 모습은 2차산업혁명 시대의 주둔개념이 적용되고 있다고 할 수 있다. 육군의 경우, 대대급 규모의 숫자와 GOP 소초, GP 등의 작전시설을 고려할 때 울타리를 가진 육군의 주둔지는 대략 2,000여 개를 웃돌 수 있다고 추정된다.

국방백서를 보면, 군의 주둔지는 기지화와 통합화를 지향하고 있다. 지난 2005년부터 20여 년 동안 추진하고 있는 국방개혁의 기본계획에도 군 주둔지의 기지화·통합화의 개념이 포함되어 있다. 2009년 6월 26일에 국방부가 발표한 '국방개혁 2020 기본계획'에도 전국에 산재한 2,000여 개의 시설을 2020년까지 절반 정도로 축소한다는 내용이 포함되어 있다.

군은 이러한 정책 방향의 구현을 위해 지속해서 기지화와 통합화를 추진해 왔다. 주둔개념에 대한 변화를 지속해서 모색해 왔다. 그러나 그러한 시도가 근본적이지 않았다. 아직도 수천 개의 소규모 주둔지를 유지하고 있음이 이를 방증하고 있다.

수천 개의 소규모 주둔지 운영은 우리 군이(특히 육군) 직면한 여러 가

지 도전 요소를 수반한다.

 군의 주둔개념은 부대가 평시에 핵심적으로 수행하는 3대 기능인 '현행작전, 교육훈련, 부대관리'에 모두 영향을 주고 있다.

 첫째, 현행작전 수행에 많은 영향을 주고 있다. 주둔지 경계, 초동 조치 부대 운영, 접적 부대인 GP·GOP와 해·강안 경계작전에 영향을 주고 있다. 소규모 주둔지별로 울타리 경계에 전투력을 투입해야 한다. 소규모 부대별로 초동 조치 부대를 운영해야 한다. 주둔지가 통합되고 기지화되었다면 주둔지 경계나 초동 조치 부대 과업은 기지에 주둔하는 여러 부대가 순환하여 수행할 수 있다.

 둘째, 교육훈련에도 많은 어려움을 가져오고 있다. 소규모 주둔지별로 병영식당, 위병소, 상황실, 당직 근무, 탄약고, 울타리 경계부대를 운영한다. 그러다 보니 교육훈련에 제외되어야 하는 인원이 많아진다. 이렇게 열외가 되는 인원이 많아지면 개인훈련과 부대훈련의 인원 편성에 어려움을 겪게 된다.

 셋째, 부대 관리 소요도 대폭 증가한다. 소규모 주둔지별로 위병소, 탄약고, 상황실, 주둔지 경계, 병영식당 운영, 청소, 제초, 복지시설 운영을 모두 해야 한다. 대규모 슈퍼마켓이나 대형할인점 대신 동네 구멍가게를 많이 운영하는 모습이다.

현재와 미래의 성공적인 임무 수행을 위해서는 변화되는 제반 상황을 고려한 주둔개념의 재정립이 필요하다.

일반 국민은 본인과 가족의 필요에 따라 주거지역을 선택하고 옮긴다. 군도 임무 수행의 필요에 따라 주둔개념을 변경해야 한다. 군 주둔개념의 변화에 영향을 주는 요소는 다양하다. 대표적인 영향 요소는 국방정책의 방향, 과학기술 발전과 연계한 군의 과학화, 사회변화 등이다.

안전에 대한 인식의 변화로 제반 안전대책이 강구된 시설을 요구한다. 도시화의 영향으로 도시 인근에 군이 필요로 하는 부지의 확보가 어렵다. 그래서 군 시설도 이제는 지역민과 공유해야 한다. 국민의 재산권 행사를 보장해야 한다는 사회적 요구도 높아졌다. 사유지 불법점유나 개인 재산권이 침해되는 시설은 개선이 요구된다.

지금까지 살펴본 변화 요소를 고려한 주둔개념의 재정립이 필요하다. 병사들은 오랫동안 대규모 합숙소 개념의 생활공간을 사용하였다. 통제가 쉽고, 비용이 저렴하며, 공간 부족을 해소할 수 있었다. 이제는 그러한 개념의 적용이 제한된다. 물건을 파는 가게와 비교해 보면, 동네 구멍가게 형태로 운영하던 군의 주둔개념을 슈퍼마켓, 대형할인점, 편의점 수준으로 변화시켜야 한다.

2. 우리나라 군 유휴시설의 활용

군의 유휴시설이나 공간을 경제적 관점으로 보지 않았다.

그동안 군의 유휴시설이나 공간은 어떻게 사용되거나 개발되어 왔는가? 군 차원에서는 유휴시설이나 공간을 경제적 관점으로 보지 않는다. 활용이라기보다는 관리의 소요로 보았다고 표현할 수 있다. 그래서 '활용'이 아닌 '처리'라는 단어가 더 적확해 보인다.

경제적 가치를 창출할 수 있는 자산으로 보지 않았기 때문에, 절차를 밟는 과정에서 방치된 유휴시설이나 공간이 많았다. 국유재산과 관련된 법과 규정대로 절차를 따르는 데 충실하였다. 그래서 수동적인 처리가 될 수밖에 없는 상황이다. 이러한 수동적인 행정업무 수행은 국방과 군 영역의 문제라기보다 우리나라 관료주의의 일반적인 형태라고 보아야 할 것이다.

물론 최근에는 군이 보유한 토지의 가치 향상을 위해 용도지역 현실화를 포함한 다양한 노력도 병행하여 추진할 예정이라고 국방부는 발표하고 있다.

방치된 군사시설과 공간은 지방자치단체 발전 계획의 걸림돌이 되기도 했다. 유휴시설의 처리와 조치에 장기간이 소요될 때는 군 유휴시설이 지역의 미관을 해치는 흉물로 여겨지는 경우가 많았다. 〈그림 20〉은 전라북도 전주시 덕진구 송천동의 신도시인 에코시티에 있는 옛 기무부대 부지이다. 토지 가격이 300억 원 정도인 부지가 매각되지 않아서, 2018년에 부대가 해체된 이후 지금까지 신도시 한가운데에 이렇게 방치되어 있다. 주변의 신도시 아파트는 이미 주민이 입주해 있는 상황이다.

〈그림 20〉 전주 에코시티 기무부대 부지의 모습

국유시설을 관리하는 국방 시스템의 한계도 있다고 본다. 국방 영역의 시설을 관리하는 기능이 중앙집권화되었다. 예하 부대별로 관리하던 체계를 변경하여 국방부 시설본부로 일원화되면서 중앙집권화되었다. 이러한 시스템 개선이 가져오는 많은 장점이 있을 것이다. 하지만, 중앙집권화된 기관의 역량을 초과하지는 않는지 살펴보아야 한다. 외관상으로 볼 때 전후방의 구석구석에 있는 군 유휴시설이나 공간이 방치되는 곳이 많이 보이기 때문이다.

군 유휴시설의 관리와 활용도 이제는 전략이 필요하다. 당장 눈에 보이는, 또는 드러나는 사안의 처리에만 집중하면 같은 조치 소요가 반복될 수 있다. 감기 환자에게 단편적인 처방만 하면 당장 기침이나 콧물은 멈추지만 자주 감기에 걸리는 행태가 반복되는 상황과 같다. 그래서 근본적인 체질을 개선하는 접근을 단편적인 조치와 병행해야 한다.

군 유휴부지의 효과적인 활용에 대한 문제 제기와 법제화 노력은 2020년부터 활발하게 진행되었으나 특별한 진척은 없는 상황이다.

접경지역인 강원도와 경기 북부는 인구의 감소가 심각한 상황이다. 인구의 감소로 지역 경제도 어려워지고 있다. 한편, 국방정책의 변화로 접경지역의 군 유휴시설이나 공간이 많이 생기고 있다. 경기도와 강원도는 군의 유휴부지를 활용한 지역경제 활성화를 모색하고 있다. 지방정부의 효과적인 군 유휴부지 활용을 위한 특별법안이 2020년에 국회에 제출되었으나 처리가 되지 않고 있다.

2020년 11월에 발의된 '군 유휴지 및 군 유휴지 주변 지역 발전 및 지원에 관한 특별법안'에는 군 유휴지 활용 종합계획 및 연도별 사업계획의 수립·시행, 군 유휴지 지원사업단 설치, 군 유휴부지 지자체 우선 매각 및 공시지가 매각, 지원도시사업구역 지정·운영 등이 포함되어 있다. 이 법안이 통과되면, 지자체가 군 유휴지 등에 사업을 추진하는 경우 국가가 토지 매입비용을 보조하고, 토지 대금의 장기 분할 상환도 가능해진다. 군 유휴지에 회사나 공장을 설립하거나 이전하는 경우, 조세 감면 등 세제상 지원도 할 수 있다.

2022년 11월에 발의된 '국방·군사시설 사업에 관한 법률' 일부개정안 내용에는 기부 대 양여 방식을 통해 지자체가 군 유휴지 소유권을 넘겨받을 때 재산 가치의 평가 시점을 변경하는 등 불합리한 점을 개선하는 내용이 포함되어 있다. 최근에는 강원도의 군 유휴부지를 활용한 혁신기업도시 조성을 위한 특별법 제정도 시도되고 있다. 부대가 떠난 유휴 공간에 성장 동력을 갖춘 혁신기업도시를 조성하여 지역을 발전시키려는 접근이다.

그런데 아쉽게도 아직 이러한 법안들은 현실화되지 않고 있다. 지방정부가 자체적으로 조례를 만들고 군 유휴 공간의 활용 전략을 수립하고 있지만 재정 능력이 충분하지 않아서 추진이 쉽지 않다.

군 유휴시설이나 공간의 처리 절차를 그림으로 그려 보면 다음과 같다.

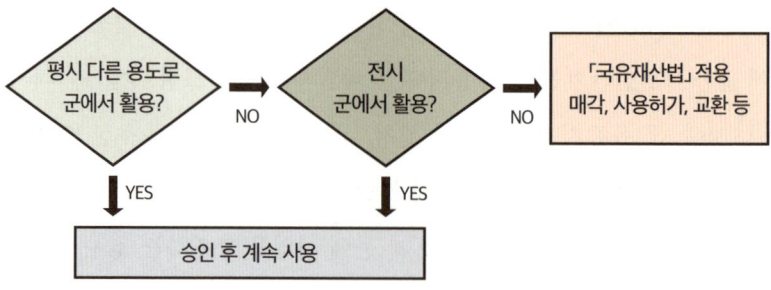

〈그림 21〉 군 유휴시설과 공간의 처리 개념도

군 유휴시설이나 공간 처리의 첫 번째 단계는 발생한 시설이나 공간을 군이 계속 사용할지에 관한 결정이다. 유휴시설이나 공간의 처리는 사용자 부대가 직접 하지 않는다. 국방부 시설본부라는 전담 기관의 몫이다. 국방부 시설본부는 이 시설이나 공간을 사용하던 부대의 의견을 묻는다.

평시 사용자 부대가 다른 용도로 계속 활용하겠다고 하거나, 전시에 활용하겠다고 의견을 내면 이 유휴시설이나 공간은 일반에 매각이나 교환이 되지 않는다. 상급부대의 사용 승인을 받고 기존에 사용하던 부대가 평시나 전시에 계속 사용하게 된다.

전후방에서 방치된 모습으로 보이는 일부 군 유휴시설이나 공간의 경우, 사용자 부대가 평상시에는 사용하지 않지만, 전시에 사용하겠다고 하여 매각이나 교환이 되지 않는 곳일 개연성이 높다.

반대로, 사용자 부대가 해당 시설이나 공간을 더 이상 사용하지 않겠다는 의견을 주면, 처리 기관인 국방부 시설본부는 관련 법에 따라서 매각,

교환 등 처리 절차를 시작한다.

　서울시 용산구의 용산구청 인근에 있는 군 유휴시설과 공간의 개발이 여기에 해당한다. 이 지역은 유엔군사령부에서 사용하던 곳이다. 유엔군사령부가 평택으로 이전하면서 공간이 발생하였고, 국방부 차원에서 더 이상 평시나 전시에 사용하지 않는 공간이라는 의견을 주었을 것이다. 이러한 의견을 받은 처리 기관인 국방부 시설본부가 매각을 공시하고, 민간 개발업체가 매수하여 주거와 상업 공간으로 개발이 진행되고 있다. 유엔사 부지의 개발은 이어지는 사례의 연구에서 상세하게 소개될 예정이다.

〈그림 22〉 용산 유엔사 부지 개발사업 현장(용산구청, 주황색 구역)

　국방부 시설본부가 진행하는 미활용 시설이나 부지의 처리는 관련 법에 명시된 대로, 매각, 교환 등 다양한 방식으로 처리가 된다.

　군용지의 매각과 교환 절차는 정형화되어 있다. 매각은 온비드 시스템을 통해 공개매각 방법으로 추진하고 있다. 매각이 결정되어 처리의 대상이 되는 토지의 현황은 국방시설본부 홈페이지(www.dia.mil.kr)의 '정보공개'항목의 '사전공표목록'에서 확인할 수 있다.

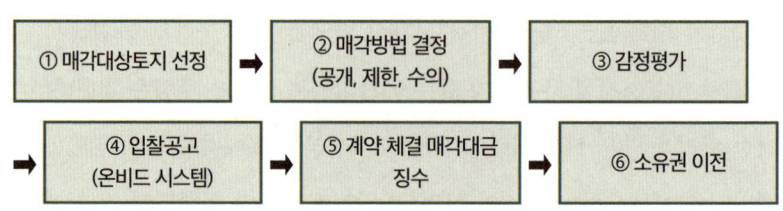

〈그림 23〉 군용지 매각 절차

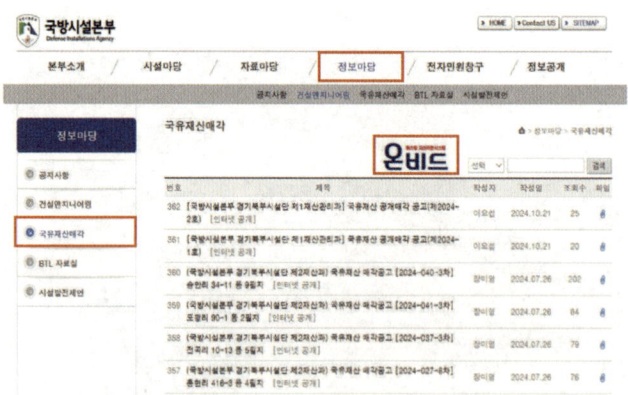

〈그림 24〉 국방부 시설본부 홈페이지(www.dia.mil.kr)

군에서 더 이상 사용하지 않는 부지의 교환은 지자체와 상호 점유 중인 토지 교환 등 국방부와 지자체의 협의를 통해 상호 필요성에 부합하는 토지를 선별하여 추진되고 있다.

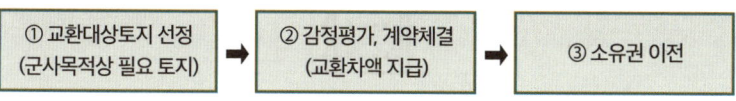

〈그림 25〉 군용지 교환 절차

　군 유휴시설과 공간의 처리도 이제는 국가적 차원의 접근이 필요하다. 군 자체만으로 접근해서는 한계가 있다. 군이 자체적으로 장기적인 프로젝트의 시도가 제한되는 구조이기도 하고, 관련 법규도 없기 때문이다. 민간이 관련되는 요소가 많기 때문이기도 하다. 여기에 철저하게 현재의 법과 규정대로 업무를 처리하는 관료주의도 한몫을 하고 있다.

3. 우리나라의 군사시설 활용 사례 10가지

유휴시설을 포함한 군의 시설이나 공간 활용의 현재 상태를 보기 위해서는 실제 사례를 살펴볼 필요가 있다. 10개의 사례를 선정하였다. 사례의 선정은 군사시설이나 공간의 효율적인 활용으로 세 마리 토끼를 잡자는 이 책의 핵심 주제와 연관성이 많은 곳을 우선 선정했다.

사업의 규모나 지역, 사업의 성격 등은 사례 선정에서 고려하지 않았다. 다만, 성공적으로 시설과 공간이 활용되었거나 진행 중인 사례를 먼저 제시하였다. 안양시, 원주시, 인천시, 오산시, 용산 유엔사 부지, 서울시 도봉구, 철원군 사례는 성공적으로 시설이나 공간이 활용되고 있다고 평가했다. 나머지 3개의 사례는 시설이나 공간의 활용이 잘 안되었다고 평가했다.

① 안양시 군사시설 지하화 이전

도심지에서 군의 유휴시설과 공간을 창조하여 지역 경제 활성화에 접목을 시도하는 사례이다.

안양시가 구상하여 추진하고 있는 이 사업은 박달동에 있는 3곳의 탄약 저장시설을 한 곳으로 이전하여 통합한 후, 이전되는 두 곳의 공간을 도시개발에 활용하는 구상이다.

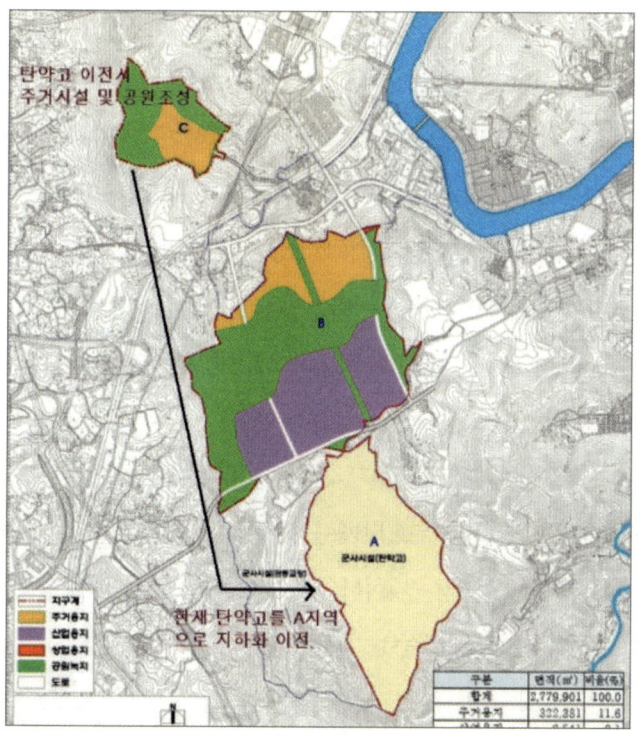

〈그림 26〉 안양시 탄약고 시설 이전·통합, 지하화 계획(안양시청)

안양시의 발표를 보면, 군의 탄약 저장시설을 이전하면 대략 280만㎡의 공간을 활용할 수 있다. 여기에 탄약 저장시설 주변의 사유지 32만㎡까지

3장 우리나라 군사시설 활용의 과거와 현재 67

를 확보하여 정보통신과 연구개발 관련 시설, 주거단지 등을 조성하는 계획이다.

약 2조 원에 이르는 예산을 투입하여 2027년까지 부지 조성을 마치면 장기적으로 약 4만 2,000명의 일자리가 창출되고 7조 9,000억 원의 경제적인 효과를 낼 수 있다고 안양시는 전망하고 있다.

〈그림 26〉에서 보는 바와 같이 안양시에 소재한 3개의 탄약고 시설(A, B, C)을 한 군데(A)로 모으고 지하화하여, 이전하면 유휴 공간이 되는 기존의 탄약고 시설 지역(B, C)을 개발하는 접근이다.

2018년 10월 4일에 안양시는 국방부에 군사시설 지하화 이전 사업을 공식으로 제안했다. 이때 안양시가 제안한 사업의 제목은 '서안양 친환경 융합 스마트밸리(박달 스마트밸리) 조성'이었다.

안양시의 이러한 구상의 첫 단계이자 전제 조건은 국방부 차원에서 군 탄약고 이전의 승인을 받는 것이다. 탄약고 이전이 확정되지 않으면 다음 단계로의 사업 추진이 불가능하기 때문이다.

안양시의 발표와 의회 회의록 등을 보면, 2018년 10월에 탄약 시설 지하화 이전 협의 요청 및 건의서를 국방부에 제출했다. 2018년 12월에는 국방, 국방부 산하 각 군부대와의 공동협의체를 구성하고 이전 제안에 대해 협의를 진행했다.

육군사관학교 산학협력단 용역까지 마치고 2020년 6월 15일에 국방부와 이전 협의를 마쳤다고 안양시는 밝혔다. 이후 국방부와 기부 대 양여 합의각서 체결, 기획재정부 심의, 사업시행자 지정 요청, 기본설계 및 실시계획 승인 등의 절차를 거쳐서 2027년에 부지 조성이 완료될 수 있다고 안양시는 판단하고 있다.

탄약 저장시설은 군의 작전 수행에 매우 중요한 요소이다. 국방부가 안양시의 탄약고 이전과 지하화 제안을 능동적으로 검토하고 협의한 점은 그래서 '적극 행정'의 대표적인 사례라고 할 수 있다.

국방부가 탄약고 이전을 위한 검토를 위해 제시한 작전 요구조건은 탄약 저장 및 관리능력의 구비, 보급·수송 능력의 구비, 안전관리 지침 준수, 과학화장비 활용 경계 시스템 구축, 저장·정비·복지시설 소요 등이었다.

안양시의 전망대로 2027년까지 탄약고 이전이 마무리되고 도시개발에 필요한 공간이 확보될지는 분명하지 않다. 사업시행자 지정을 포함하여 사업 추진의 주체인 안양시의 사업 추진과정에서 여러 가지 난관이 있다. 이전하는 탄약 저장시설의 군사시설보호구역 해제 시점도 명확하게 국방부와 협의해야 할 사안이다.

이러한 어려움에도 불구하고 안양시의 제안으로 검토되고 추진된 이 사례는 여러 가지 측면에서 평가의 가치가 있다.

첫째, 군 시설을 대상으로 창조적으로 새로운 공간을 창출하여 세 마리 토끼를 잡을 수 있는 시도를 지방자치단체가 제안하고 추진하고 있다는 사실이다.

비록 지방정부에 의해 시작되었지만, 도심지에 있는 군의 기능을 유지하면서도 기존에 군이 활용하고 있던 공간의 이전, 조정, 통합 등을 통해서 민과 관이 필요한 공간과 가치를 창출할 수 있음을 이 사례는 보여 주고 있다.

둘째, 국방부가 전향적인 자세로 한 번도 해 보지 않았던 길을 걷는 적극 행정을 수행하여 군이 사용하는 공간의 가치를 높이는 접근을 하고 있다는 사실이다. 군이 현재의 법과 규정을 적용하고 현상을 유지하려는 생각을 바꾸지 않았다면 절대 추진될 수 없는 사안이기 때문이다.

셋째, 이 제안이 최종 결실을 보기 이전이라도 향후 군이 사용하고 있는 공간과 시설의 활용에 대한 방향 제시의 좋은 잣대가 될 수 있는 사례를 만들었다는 사실을 높이 평가해야 한다.

안양시 군사시설 지하화 이전 사업이 성공적으로 추진되면, 이 책에서 주장하는 세 마리 토끼를 잡을 수 있다.

첫 번째 토끼인 '군 본연의 임무 수행에 전념할 수 있는 여건의 조성'이 가능하다. 탄약 저장시설이 여러 곳에 있으면 장소별로 관리 소요가 발생한다. 출입을 통제하는 위병소도 운영해야 하고, 식사를 위한 취사 시설도 운영해야 하고, 울타리 경계를 위한 상황실도 운영해야 한다. 1개의 장소로 통합하면 이러한 관리 소요가 대폭 줄어들어서 탄약 관리라는 본연의 임무에 더 집중할 수 있다.

〈그림 27〉과 같이 탄약 관리 시설을 지하화하면 시설의 관리 소요도 줄어든다. 외부에 노출된 건물은 비, 바람, 눈, 고온 등의 관리 소요가 많다. 지하화하면 이러한 관리 소요도 줄어들고, 탄약의 성능 유지에도 유리하다. 탄약 저장시설이 외부로 노출되는 면적이 상대적으로 줄어들기 때문에 탄약 저장시설의 경계 소요도 줄어든다. 경제적으로 보면, 탄약의 관리 비용도 감소한다.

〈그림 27〉 탄약고 지하화의 일반적인 모습(국방일보, 2018.5.30.)

두 번째 토끼인 지역경제 활성화와 일자리 창출에 도움이 될 수 있다.

궁극적으로 국토의 효율적인 활용과 국가 발전에 이바지하게 된다.

안양시는 탄약 저장시설의 이전 통합과 지하화로 생기는 공간을, 4차 산업혁명을 선도하고 일자리 창출 등 신성장 동력을 확보할 수 있는 거점 지역으로 개발하려고 한다. 이곳을 4차 산업·바이오·업무·문화 및 주거가 어우러지는 융·복합 스마트밸리로 만들겠다고 계획하고 있다.

해당 지역인 안양시 만안구 박달동은 KTX 광명역과도 가깝고 서해안 고속도로, 광명~수원 고속도로, 월곶~판교 전철 등의 교통망을 활용할 수 있는 지역이어서 더욱 개발의 효용성이 크다.

안양시 발표와 언론 보도를 보면, 이 사업이 성공적으로 추진되면 생산 유발효과 약 6조 2,000억 원, 고용유발효과 약 4만 2,000명, 부가가치 유발효과 약 1조 9,000억 원이 발생한다.

세 번째 토끼인 국민의 재산권 보장과 함께 민군 갈등의 완화에도 도움이 된다. 박달동 일대에는 오래전부터 탄약 저장시설을 포함하여 군이 점유하고 있는 공간이 많다. 탄약 저장시설의 경우 안전거리 확보를 위해 주변의 넓은 지역에 군사시설보호구역이 설정된다. 군사시설보호구역의 설정은 해당 지역의 개발이 제한됨은 물론 인근 지역의 개발에도 영향을 미친다. 이러한 제한사항은 주변 주민의 군에 대한 불만과 민원의 제기로 이어진다.

지방정부의 창의적인 접근, 군의 적극적인 행정 수행이 가미되어 새로운 공간과 가치가 창출되면 박달동 인근 주민의 삶이 더 윤택해진다. 군의 주둔과 군의 사용 공간과 시설이 혐오시설이고 불편함을 주는 시설에서 경제적 이득을 주는 시설이 되면서 지역 주민과 군의 갈등을 완화하는 데 도움이 될 수 있다. 탄약 저장시설이 지하화되면 안전거리도 줄어들어서 군사시설보호구역의 적용 범위가 줄어들 것이다. 이는 국민의 재산권을 제한하는 범위가 줄어듦을 의미한다. 그래서 세 번째 토끼를 잡을 수 있다.

② 원주시 도심 군사시설 통합 이전

원주시 도심 군사시설 통합 이전 사업은 도심지에서 군의 유휴시설과 공간을 창조하여 지역 경제 활성화에 접목을 시도하는 사례이다.

원주시라는 지방자치단체가 주도하여 군이 낱개로 사용하던 공간을 통합하고 이전하여 가치를 차출하는 시도이다.

원주 도심에는 지난 수십 년 동안 여러 개의 부대가 도심에 주둔하고 있었다. 6·25전쟁이 끝난 직후인 1954년부터 많은 군부대가 원주시에 주둔하기 시작했다. 그래서 이때부터 원주는 우리나라에서 대표적인 군사도시로 여겨졌다.

국가 안보상 교통의 요지인 원주는 군부대의 주둔에 꼭 필요한 지역이었다. 원주 도심에 군부대의 주둔은 교통의 편리성, 전방부대로의 접근의 용이성, 군부대에 필요한 충분한 공간의 제공 측면에서 합리적이고 이해가 가능한 상황이었다. 당시에는 원주에 군부대가 많이 주둔해도 크게 문제가 제기되지 않았다. 오히려 부대의 주둔으로 지역의 경제 활성화에 긍정적인 영향을 주기도 했다.

시간이 지나면서 원주시의 도심이 확장되고 인구가 증가했다. 어느덧 군부대의 위치가 원주시의 도심이 되었다. 도심에 주둔한 군부대가 사용하는 공간은 그래서 원주시 발전과 확장을 위해 필요한 공간 확보의 중심에 있었다.

군부대의 기능 발휘를 보장하기 위해 군부대 주변으로는 법적으로 군사시설보호구역이 설정된다. 군사시설보호구역으로 설정되면 건물의 신축을 포함하여 많은 제약이 법적으로 강제된다. 원주에 있는 부대 주변이 도시화하면서 도심지역의 군부대는 점차 개인의 재산권 보장과 지역 발전의 걸림돌로 여겨지기 시작했다.

원주시의 발전과 확장을 위해서는 도심에 산재한 군부대가 사용하는 공간의 재배치가 최선의 선택지였다. 이러한 환경의 변화를 반영하여 원주시가 도심의 공간을 사용하고 있는 부대의 이전을 구상하였다.

원주시는 도심에 산재하여 있는 부대를 교외로 이전하여 통합한 후 도심의 기존 군부대가 사용하던 부지를 개발하는 프로그램의 시행을 2001

년부터 기획하고 추진하였다.

원주시의 노력에 국방부와 국토부와 기획재정부가 호응하면서 이 사업이 추진될 수 있었다.

원주시 도심에는 약 175만㎡의 정부 기관이 점유하고 있는 공간이 있다. 1군수지원사령부와 예하 부대가 사용하던 공간의 규모는 거의 100만㎡, 예비군훈련장의 규모는 50만㎡이다.

2009년에 원주시와 국방부가 협의한 이전 대상 공간은 원주시 우산동, 태장동, 단구동 일대에 주둔하고 있던 제1군수지원사령부와 예하 부대, 그리고 원주시 반곡동에 있는 36사단 예비군훈련장 등이다.

사업의 추진은 2단계로 크게 구분하여 진행되었다. 1단계는 원주시에 있는 부대를 이전하는 단계이다. 도심 외곽에 새로운 부지와 시설을 준비하여, 부대를 이전 통합하는 방식이다. 2단계는 부대가 이전하여 새롭게 발생하는 공간을 개발하여 가치를 높이는 단계이다.

1단계 사업 : 도심 부대의 교외 이전과 통합

도심 부대의 교외 이전과 통합은 2개 지역으로 나누어서 진행되었다. 한 곳은 원주시 반곡동 일원에 있던 예비군훈련장의 이전이다. 또 다른 곳은 제1군수지원사령부와 예하 부대의 교외 이전과 통합이다.

〈그림 28〉 원주시 도심 부대 이전과 통합 대상 부지(네이버 지도)

반곡동의 예비군훈련장과 태창동의 제1군수지원사령부 부대는 모두 원주시 외곽의 호저면 만종리로 이전한다.

예비군훈련장 이전사업은 정상적으로 진행되어 호저면 만종리로 이동이 모두 끝났다. 원주시의 혁신도시 조성사업에 걸림돌이었던 예비군훈련장은 2012년에 국방부를 포함한 관련 기관과 이전 합의각서를 체결한 후 사업이 본격화되었다. 이후 정상적으로 사업이 추진되어 지금은 이전된 훈련장에서 예비군을 교육하고 있다.

제1군수지원사령부와 4개 예하 부대를 도심 외곽인 호저면 만종리 일대로 옮겨서 통합하는 사업은 2021년에 착공되었으며 2025년 4월에 이전이 완료되었다.

원주시 도심 속에 주둔하던 이 부대의 이전은 최초 계획보다는 10년 정도 늦어졌지만, 필요한 여러 가지 절차를 거쳐서 최종상태인 도심의 부대가 외곽으로 이전하여 통합하는 결실을 보게 되었다.

2001년에 원주시가 제1군수지원사령부에 군부대 이전을 요청하고, 2005년에 한국토지공사와 원주시는 제1군수지원사령부의 이전사업 합의서를 체결했다. 2011년에 마침내 원주시와 국방부는 도심에 있는 1군지사와 11급양대 등 5개 예하 부대를 도심 외곽으로 이전하는 데 합의했다.

2001년에 합의한 내용을 보면, 부대의 규모는 약 235,000평이며 소요 비용은 2,230억 원, 사업 기간은 11년이었다. 원주시는 도심의 부대 이전으로 정지뜰을 포함한 도심부의 개발을 통해 균형적인 도시 면모를 쇄신하고 구도심권의 부활에 따른 지역경제 활성화를 목표로 이 사업을 추진하였다.

원주시는 이전 대상 부대와 기본 합의각서를 체결한 후에 대체 대지 이전 사업의 타당성 조사, 기존 군용지의 용도지역 변경 등의 필요한 절차를 진행하였다. 부대는 국방·군사시설 이전 특별회계 예산으로 부대를 이전하는 방식으로 사업의 추진 방향을 잡았다.

원주시의 자료를 보면, 원주시는 2015년에 호저면 만종리로 도시에 있는 부대를 이전하는 협약을 국방부와 체결하였다.

2단계 사업 : 도심에 새롭게 창출된 공간의 활용

부대가 떠난 공간의 활용도 같이 진행되고 있다. 현재 상황을 보면, 1단계 부대 이전과 통합 사업처럼, 2단계의 사업도 최초 계획과 대비하여 진척의 속도가 늦다.

도심에 주둔하던 부대의 이전으로 생기는 공간의 활용도 원주시는 2개의 권역으로 구분하여 추진하고 있다. 예비군훈련장이 있었던 지역은 '반곡지구'이며, 제1군수지원사령부가 있었던 지역은 '학성지구'이다. 먼저 반곡지구를 개발하고, 이어서 학성지구를 개발하는 단계화가 원주시의 추진 전략이다.

반곡지구는 학성지구보다 상대적으로 빠르게 공간의 활용이 추진되고 있다. 원주시는 반곡동 1260번지 일원 780,967㎡를 도시개발구역으로 지정해 한국토지주택공사 강원지역본부가 2030년까지 개발한다.

예비군훈련장이 있던 공간인 반곡지구는 원주 혁신도시와 연계하여 헬스 케어 사업 단지로 조성하면서 자족 기능을 높여서 1만 1천 명 규모의 인구를 유입시키는 공간 창출로 개발의 방향을 잡았다. 계획대로 진행되면, 이 공간은 2026년에 공사를 시작해서 2030년에 끝날 예정이다.

학성지구는 제1군수지원사령부 부지와 원주병원의 터가 포함된다. 이 지역은 현재 개발계획이 수립되고 있다.

제1군수지원사령부와 예하 부대가 사용하던 공간에는 주거시설, 상업시설, 벤처시설과 함께 정지뜰 학성저류지와 연계하여 수변공원을 조성하는 계획을 수립했다. 개발이 완료되면 약 6천 300명의 인구가 유입되는 것으로 평가되었다. 국방부가 한국토지주택공사에 위탁하여 시행하는 형태이다.

도시개발 지정, 승인 및 실시계획 인가, 보상 등의 절차를 거쳐야 하므로 학성지구의 개발 완공 시기는 2033년쯤으로 계획되고 있다.

원주시의 도심에 있는 부대의 교외 이전과 통합은 다소 늦어지기는 했지만, 성공적으로 추진되고 있다. 예비군훈련장은 이전이 완료되었고, 제1군수지원사령부와 예하 부대의 이전도 2025년 4월에 모두 마무리되었다.

원주시 도심에 있는 부대가 이전한 후에 창출되는 공간의 활용은 예비군훈련장이 있었던 부지인 '반곡지구'는 정상적으로 추진되고 있다. 하지만, 제1군수지원사령부와 예하 부대가 주둔했던 지역인 '학성지구'는 다소 지연되고 있다.

부대의 이전과 재개발 관련하여 제기되는 몇 가지 이슈가 있는 것도 사실이다. 예를 들어, 태장동 국군원주병원은 시설 현대화 추진 중 다량의 유물이 나와서 이 지역에서 재신축이 중단된 상태이다.

아쉽게도 2021년 한국토지주택공사 공직자 투기 비리가 정부 사업의 추진 절차에 영향을 미치면서, 학성지구의 개발과 관련된 사업도 계획보다는 지연되고 있다.

이러한 어려움에도 불구하고 원주시 주도로 추진된 이 사례는 여러 가지 측면에서 평가의 가치가 있다.

첫째, 도심의 군부대를 교외로 이전하면서 통합하는 사업을 제안하고, 사업의 추진 과정에서 맞이하는 여러 가지 어려움을 극복하면서 결실을 이루어 가는 원주시의 의지와 열정이 돋보인다. 군과 관련된 사업의 추진은 관련 법규와 절차의 적용이 매우 까다롭고 복잡하다. 사업의 추진과 관련된 이해 당사자도 많다. 부대의 이전은 새로운 부지의 확보와 연계된다. 새로운 부지의 확보는 지역 주민의 설득을 포함해서 지방자치단체에 큰 숙제이다. 이 사례의 추진과정에서 보여 주는 원주시 관계관들의 노력을 그래서 높이 평가한다.

둘째, 국방부가 진취적인 자세로 지자체의 제안을 수용한 사실과 함께, 이전하는 부대를 한 곳으로 통합하는 접근을 높이 평가한다. 이 책에서 주장하는 세 마리 토끼 잡기의 첫 번째 토끼를 잡자는 주장과 같은 맥락이다. 부대가 통합되면, 관리의 소요가 대폭 줄어서 군 본연의 임무 수행에 전념할 수 있는 여건이 조성되고 장병의 사기와 복지 여건도 개선할 수 있기 때문이다.

셋째, 이 제안이 최종 결실을 보기 이전이라도 향후 군이 사용하고 있는 공간과 시설의 활용은 물론 부대 통합에 대한 방향 제시의 좋은 잣대가 될 수 있는 사례를 만들었다는 사실을 높이 평가해야 한다.

원주시의 도심 부대 이전과 통합 사업이 성공적으로 추진되면, 이 책에서 주장하는 세 마리 토끼를 잡을 수 있다.

첫 번째 토끼인 '군 본연의 임무 수행에 전념할 수 있는 여건의 조성'이 가능하다. 부대가 교외로 이전하여 통합되면 다양한 관리 소요를 줄일 수 있다. 1개의 장소로 통합하면 출입을 통제하는 위병소 운영, 식사를 위한 취사 시설 운영, 울타리 경계를 위한 상황실 운영 등을 위한 노력과 자원의 투입이 대폭 줄어든다.

예비군훈련장에 새로운 장비와 시설이 설치되면 선진화된 예비군훈련이 가능해진다. 군수지원 부대가 부여된 임무의 수행 차원에서도 새로운 장비와 시설이 설치되면 훨씬 효과적이고 효율적으로 임무 수행이 가능해진다. 도심에 있던 군수부대와 예비군훈련장은 설치된 지 오래된 부대이기 때문에 시설이나 장비가 많이 노후화된 장비나 시설을 많이 사용했을 것이다. 원주 도심에 있는 부대의 교외 이전과 통합은 그래서 군 본연의 임무 수행 전념 여건 조성에 도움이 된다.

두 번째 토끼인 지역경제 활성화와 일자리 창출에 이바지할 수 있다. 도심에 있던 부대의 이전으로 생기는 공간을 활용하면 원주시의 경제 활성화는 물론 일자리 창출이 가능해진다.

원주시는 도심에 생기는 공간을 활용하여 주거, 첨단 산업, 상업 시설을 확충할 계획이다. 여기에 수변공원을 포함한 시민을 위한 녹지공간과 공원 공간이 확보되어 삶의 만족도를 높일 수 있다.

급격한 인구의 감소 시대에 원주시의 이러한 도심 공간의 개발은 정주 여건의 개선과 함께 인구의 유입 효과도 달성할 수 있을 것이다. 최근 언론의 보도를 보면, 원주시의 부동산 경기가 회복되고 미분양 물량도 해소되고 있다고 한다. 직접적인 원인은 아닐 수도 있지만, 도심에 창출된 공간인 '반곡지구'와 '학성지구'의 개발과 원주시의 부동산 경기가 직간접적으로 연관될 수도 있다. 그래서 도심의 부대 이전과 통합은 충분히 두 번째 토끼를 잡을 수 있다.

세 번째 토끼인 국민의 재산권 보장과 함께 민군 갈등의 완화에도 도움이 된다. 원주 시민들은 부대가 오랫동안 원주의 도심에 위치하여 발전에 저해된다고 생각하고 있다. 도심의 부대 이전은 원주시 발전에 이바지함은 물론 이러한 영향으로 원주 시민의 군에 대한 감정이 좋아지는 선순환적 관계의 형성에 도움이 될 것이다.

원주시에 주둔하는 부대가 아직도 많이 있다. 원주 시내에 있는 모든 부대의 이전은 현실적으로 제한된다. 군이 가용한 범위에서 최대한 지역 발전을 위해 협조하는 모습을 보이는 자체가 원주 시민의 군에 대한 피해의식을 줄일 수 있다. 도심의 부대 이전으로 발생하는 공간의 개발이 가져오는 이익을 원주 시민이 직간접적으로 공유할 수 있다. 이러한 과정에서 원주시 지역의 민과 군의 관계가 더욱 우호적으로 발전할 가능성이 커진다. 그래서 이번 사례도 세 번째 토끼를 잡을 수 있다고 생각한다.

③ 인천 도심 군부대 이전 통합 후 기존 공간의 개발

 이 사업은 인천시의 주도로 인천 도심에 주둔하고 있던 군부대를 이전 통합한 후 군이 떠난 부지를 개발하여 가치를 만드는 정책을 시도한 사례이다.

 인천시 지역에는 다수의 군부대가 주둔하고 있다. 도시화가 진행되면서 도심이 확장되고, 확장된 지역에 주둔하고 있는 부대의 이전을 요구하는 시민의 목소리가 높아졌다.

 인천시는 도시 환경의 변화와 주민의 요구를 반영하여 도심에 주둔하고 있는 부대의 이전을 추진했다. 인천시가 우선으로 추진한 이전 대상 부대는 부평구 산곡동 일원에 주둔하고 있던 제3보급단과 제507여단 그리고 4곳의 예비군훈련장이었다. 예비군훈련장은 주안, 남동구 공촌, 김포, 부천에 있었다(부평구 산곡동, 서구 불로동, 서구 공촌동, 미추홀구 관교동, 경기 시흥시).

3장 우리나라 군사시설 활용의 과거와 현재

인천시는 이전 대상으로 선정한 6개의 부대를 일신동에 있는 17사단과 계양구 둑실동의 계양동 동원예비군훈련대로 이전하여 통합하는 방안을 구상하였다. 〈그림 29〉는 이러한 인천시의 구상을 잘 보여 주고 있다.

〈그림 29〉 인천 도심 부대 이전 계획(인천시 보도자료, 2020.12.10.)

인천 도심에 있던 군부대를 이전하면 축구장 158개 크기의 공간이 창출된다. 인천시는 도심에 있는 부대를 이전하여 새롭게 공간이 확보되면 이곳에 시민의 주거와 여가 활동 여건을 조성하는 계획을 하였다.

도심의 군부대를 이전하여 통합하면서 새로운 공간을 창출하는 이 프로젝트는 크게 2단계로 구분하여 추진되었다.

도심 부대의 이전 통합을 위해 인천시는 국방부에 기부 대 양여 방식의 사업 추진을 제안했다. 사업시행자인 인천시가 이전해야 할 6개 부대에 필요한 모든 시설을 준비하여 국가에 기부하면 국가(국방부)는 대체 시설을 기부하는 인천시에 이전하는 부대가 사용하던 군부대 부지를 주는 방식이다. 원주시에서 주도했던 도심에 있던 군부대의 이전 통합과 유사한 형태이다.

1단계는 도심에 주둔하고 있던 부대를 새로운 곳으로 이전하여 통합하는 과정이다.

인천시는 민간의 사업 시행자를 선정하여 군부대가 이전하는 장소에 대체 시설을 조성해야 했다. 대체 시설의 조성에만 대략 6천억 원의 예산이 소요된다.

2019년 1월 31일에 인천시는 국방부와 '군부대 재배치 사업과 연계한 원도심 활성화 등을 위한 업무협약'을 체결했다. 이날 두 기관이 합의한 내용을 보면, ①인천시가 군부대 대체 시설을 2026년 12월 31일까지 조성해 기부해야 한다. ②대체 부지가 조성되면 국방부는 군 시설을 기존부지에서 대체 부지로 이전을 마무리하고 ③기존 군부대 부지를 시에 양여한다. ④그러면 인천시가 기존부지를 공동주택과 공원 등으로 개발하는 것이다.

이후 필요한 단계를 거쳐서 인천시는 2020년 5월 29일에 제3보급단 등 군사시설 이전 협의 요청서를 국방부에 제출한 후에 군 관계기관과 협의를 진행하였다. 2020년 12월 4일에 인천시는 국방부로부터 기부 대 양여 방식의 이전 협의 진행을 통보받았다. 이러한 통보는 '기부 대 양여 방식'으로 사업 추진이 확정되었음을 의미한다. 인천시가 국방시설본부와 최초 합의각서를 체결하여 사업의 시행자를 지정하면, 본격적인 이전 사업이 시작된다. 인천시는 2026년 완료를 목표로 대체 시설 조성사업을 추진하고 있다.

이 사업의 2단계는 도심에서 부대가 사용하던 공간의 활용이다.

부대 이전으로 창출되는 공간은 약 113만 5천437㎡이다. 인천시가 추산한 사업비는 약 2조 원 정도였다. 인천시는 민·관 공동개발 형태의 사업방식으로 이 공간에 아파트를 짓고, 공원과 체육시설 조성을 계획하였다.

제3보급단과 제507여단의 부지 약 84만㎡는 공원과 녹지를 조성하고 공동주택지역으로 개발된다. 이 지역의 공원과 녹지 비율은 최초에는 70%로 했으나 이후 인천시는 주택과 상업 시설을 확대하기 위해 65%로 조정했다. 미추홀구 주안예비군훈련장에는 공원이 조성된다. 서구 남동구 예비군훈련장에는 체육시설이 조성되며, 서구 김포예비군훈련장 부지는 도시개발사업을 진행한다.

인천시는 인천도시공사와 공동으로 '군부대 이전사업'을 시행할 특수목적법인(SPC, Special Purpose Company) 내 민간의 참여 업체를 공모하고 있다. 우선협상대상자가 지정되면 해당 지역개발의 세부 계획이 확정된다. 2단계 도시개발사업은 군부대가 모두 이전하고 나면 토양오염 조사를 거쳐서 진행된다. 인천시는 도시개발사업이 3년 이상 진행될 것으로 보고 있다.

인천시가 도심에 있는 부대의 이전을 통한 새로운 공간의 창출을 야심 차게 추진하고 있다. 그러나 여러 기관이 관련되어 있고, 사업에 드는 예산의 규모도 크기 때문에 진행 과정에서의 어려움도 있다.

우선, 이전 대상 군부대의 대체 시설 조성에 참여할 기업을 찾기가 쉽지 않다. 대체 시설 조성에 드는 비용은 대략 6,000억 원으로 추산된다. 인천시의 자체 예산으로는 사업의 진행이 어렵다. 그래서 인천시는 민·관 공동개발 방식의 특수목적법인을 설립하여 민간 자본으로 이 사업을 추진하고 있다.

사업에 참여하는 기업은 대체 시설 조성에 드는 자본을 먼저 투입해야 하는 부담이 있다. 여기에 우크라이나 전쟁을 포함한 국제정세의 변화로 미국발 금리 인상이 진행되면서 최근 부동산 경기 침체가 계속되는 상황이어서 기업의 선투자가 쉽지 않다. 부동산 개발의 자금 조달 방식인 PF(Project Financing) 위축이 계속되고 있는 상황에서 대체 시설 조성에 참여할 기업 찾기가 인천시가 마주한 첫 번째 도전 요소이다.

공공성의 유지도 도전 요소이다. 민간사업자는 군부대가 이전하여 창출되는 새로운 공간을 개발하여 이익을 취한다. 민간의 개발이익을 우선하다 보면 사업의 최종 목표인 시민의 삶의 질을 향상하는 공공성 확보가 쉽지 않다. 민간사업자의 개발이익도 보장하면서 인천시의 공공성도 확보하는 지혜의 발휘가 인천시의 두 번째 도전 요소이다.

인천시는 공공성 확보를 위해 민간사업자가 반드시 인천시의 개발기준을 충족하는 계획을 수립하도록 관리 감독하겠다고 밝히고 있다. 민·관 공동 특수목적법인 설립 과정에서 인천도시공사가 공공출자자로 참여해 향후 토지 공급 계획, 개발사업 이익금 분배 업무에 관여할 수 있도록 할 예정이다. 민간 기업의 자율성을 보장하면서 사업의 공공성을 유지하는 역할을 인천도시공사가 할 예정이다.

도심의 군부대가 이전하면서 생기는 공간의 개발은 많은 시민에게 큰 혜택이 된다. 이와 동시에 이전하는 부대가 새롭게 정착해야 하는 지역의 주민에게는 환영받는 일이 아닐 수 있다. 대체 시설을 마련하는 과정에서 해당 지역 주민과의 마찰이나 갈등이 없도록 사업을 추진하는 점이 인천시의 세 번째 도전 요소이다. 사업의 계획과 추진 과정에서 대체 시설을 준비하는 지역의 주민과 소통과 참여를 통해 이러한 도전을 극복해 가야 할 것이다.

지방자치단체의 주도로 군부대를 이전 통합하여 유용한 공간의 창출을 시도하는 이 사례도 여러 가지 측면에서 평가의 가치가 있다.

첫째, 지방자치단체의 창의성과 추진력을 높이 평가해야 한다. 인천시는 도심에 주둔하고 있는 군부대가 차지하고 있는 공간을 활용하여 새로운 가치를 창출하는 시도를 하고 있다. 도심지의 확장과 연계하여 단순히 군부대의 이전만을 주장하기보다, 군부대의 이전과 통합이라는 구체적인 대안을 제시하여 관련 기관을 설득하였다. 부대의 이전 통합이 군부대에 주는 장점, 부대 이전으로 생기는 공간의 활용이 시민들에게 주는 장점을 잘 제시하여 사업을 성공적으로 추진하고 있다.

민간사업자를 공모하여 투자를 유치하는 어려움이 있지만, '기부 대 양여 방식'으로 사업을 추진하여 군부대의 기능 발휘를 보장하는 접근도 높이 평가해야 한다. 인천시는 어려움을 과감하게 떠안으면서 지방자치단체의 미래지향적인 발전을 도모하는 접근을 선택했다. 이러한 접근과 선택이 군부대, 지역 주민, 민간사업자의 참여를 지금까지 성공적으로 유도하는 이유라고 생각한다.

둘째, 군의 전례 없이 적극적인 협조도 높이 평가해야 할 대목이다. 인천시는 2020년 5월 29일에 도심에 있는 군사시설의 이전 협의 요청서를 국방부에 제출했다. 국방부는 2020년 12월 4일에 기부 대 양여 이전 협의의 진행을 인천시에 통보해 왔다. 지방자치단체가 협의를 요청하고 6개월 만에 협의 진행을 알려온 것은 매우 이례적이다. 군 차원에서 지방자치단체가 주도하는 군부대의 이전 통합과 도시개발에 적극적으로 호응하고 있음을 보여 주고 있다.

인천시 도심 이곳저곳에 흩어져 있던 부대를 이전하여 한곳으로 통합할 때 주는 이점이 많다는 사실을 군이 충분히 이해하고 활용하려는 전략을 구사했다고 평가된다. 부대의 주둔지가 통합되면 관리의 소요가 대폭 줄어들어서, 본연의 임무 수행에 전념할 수 있는 여건이 조성되기 때문이다.

셋째, 군의 주둔개념에 대한 다른 접근으로 현재 주둔하고 있는 부지를 활용하면 공간과 가치의 창출 가능성이 큼을 보여 주는 사례이다.

인천시가 추진하는 이번 사업의 대상이 되는 6개의 부대가 차지하고 있는 공간은 유휴시설이 아니다. 그렇지만, 현상에 집착하지 않고, 군의 기능 발휘를 보장할 수 있도록 새로운 부지로 이전하고 통합하는 방안이 모색되었다. 이 과정에서 도심의 공간이 새롭게 창출되고, 창출된 공간을 잘 활용하여 경제적 이익을 포함한 새로운 가치의 창출이 가능함을 인천시의 부대 이전과 통합 사례는 잘 보여 주고 있다.

넷째, 공간과 가치 창출을 위한 모든 단계에서 도심의 주인인 시민과 함께해야 공간과 가치의 창출이 성공할 수 있음을 보여 주고 있다.

인천시의 사업 추진 과정을 보면, 최초 계획단계에서부터 군부대 주변 지역 주민의 의견을 청취하고 반영하는 노력을 했다. '시민참여협의회'와 같은 소통 창구를 만들어서 시민의 요구사항을 듣고 해결 방안을 마련하는 노력을 하였다. 군부대를 이전하기 위해서 새롭게 대체 시설을 준비해야 하는 지역의 의견도 소중하게 수렴하였다. 새로 만들어지는 공간은 변함없이 인천 시민의 삶의 터전이다. 시민을 위한 공간의 활용이 사업성이 치우쳐서 공익성을 해치지 않도록 세심하게 고려하는 노력이 항상 엿보인다. 인천시의 주민과 함께하는 사업 추진의 기조가 유지된다면, 이 사업은 성공적으로 추진될 수 있을 것이다.

인천시의 도심 부대의 이전 통합에 의한 공간과 가치 창출도 이 책에서 주장하는 세 마리 토끼를 잡을 수 있다고 생각한다.

첫 번째 토끼인 '군 본연의 임무 수행에 전념할 수 있는 여건의 조성'이 가능하다. 인천시의 여섯 곳에 흩어져서 주둔하고 있던 부대는 이미 부대가 주둔하고 있는 지역에 대체 시설이 준비된다. 부대가 주둔하고 있는 지역으로 들어가면, 부대의 관리 소요가 대폭 줄어들 것이다. 이렇게 관리의 소요가 줄어들면, 부대는 본연의 임무인 훈련과 작전 임무에 전념할 수 있는 여건이 조성된다.

17사단 지역으로 이전되는 부대를 예로 들어 보자. 위병소를 별도로 운영하지 않아도 된다. 이미 17사단에서 위병소를 운영하고 있기 때문이다. 부대 울타리 경계하지 않아도 된다. 이미 부대 울타리를 17사단에서 경계하고 있기 때문이다. 이처럼 부대의 관리 소요가 줄어들면, 이전하기 전에 부대 관리에 투입되었던 많은 인력과 자원, 그리고 노력이 경감된다. 경감된 인력, 자원, 노력은 부대의 훈련과 작전 임무에 투입될 수 있다. 군 본연의 임무 수행 여건이 대폭 개선된다. 그래서 인천시의 이 사업이 성공적으로 추진되면 첫 번째 토끼를 잡을 수 있다.

두 번째 토끼인 지역 경제 활성화와 일자리 창출에 기여할 수 있다. 인천시의 계획을 보면, 도심에 있던 6개의 군부대가 이전하여 새롭게 마련되는 공간은 상업시설, 주거시설, 녹지공간 등으로 개발된다. 여의도의 절반 면적인 약 36만 평 규모의 공간이 개발되면 인천시의 경제 발전과 일자리 창출에 큰 도움이 될 것이다.

인천시 부평구와 서구 지역은 군부대의 주둔으로 장고개길을 중심으로 단절되어 있었다. 군부대가 이전하고, 새롭게 만들어지는 공간을 활용하면 장개고길이 개통되어 부평구와 서구 지역의 단절이 해소될 수 있다.

〈그림 30〉 장고개길과 녹지 축(인천광역시 보도자료, 2023.1.8.)

인천시의 구상이 실현되면, 도심에 대규모 녹지 축이 형성된다. 한남정맥, 이미 개발이 진행되고 있는 옛 미군기지인 캠프마켓, 제3보급단으로 이어지는 녹지지대를 만들 수 있기 때문이다. 이처럼, 새로운 인프라의 구축, 녹지공간의 확대 등은 간접적으로 지역의 발전에 도움이 될 수 있다. 그래서 두 번째 토끼를 잡을 수 있다.

세 번째 토끼인 민군 갈등의 완화에도 도움이 된다. 도시화와 함께 시가지가 확장되면서 인천시의 도심에 주둔하고 있는 군부대는 점차 인근 지역의 상대적인 저개발의 원인으로 주목받았다. 일산동 지역의 경우 낙후된 정주 환경의 개선이 요구되었다. 부평구와 서구의 연결을 차단하고 있는 장고개는 지역개발의 걸림돌로 여겨지고 있었다. 군부대를 이전하여 통합하고, 군부대 이전으로 만들어지는 공간을 활용하면 인천 시민의 삶이 지금보다 윤택해질 것이다.

군부대가 이전할 대체 시설을 준비하는 지역 주변의 주민을 위해 인천시는 군부대 주변을 시민 친화 공간으로 만들고, 대체 시설이 들어서는 지역의 교육 여건을 개선하는 등의 계획을 얘기하고 있다. 인천시가 약속한 대로 도시 쇠퇴를 방지할 수 있는 활성화 사업을 병행한다면, 도심의 부대를 이전 통합하고 공간과 가치를 창출하는 이 사례는 궁극적으로 지역의 민군 갈등 완화에 도움이 될 것이다. 이렇게 하면 세 번째 토끼도 잡을 수 있다.

④ 오산시 군 유휴시설을 활용한 첨단 산업단지 조성

　오산시가 이전 후에 유휴지로 남아 있는 예비군훈련장 공간을 활용하여 첨단 산업단지 조성을 추진하고 있는 사례이다.

　오산시에는 수원시와 경계에 있는 외삼미동에 오산시에 거주하는 예비군을 대상으로 예비군훈련을 담당하는 훈련장이 있었다. 그런데 이 훈련장이 2021년 12월에 군의 자체 계획에 의해서 화성시 예비군훈련장으로 통합되었다.

　옛 오산시 예비군훈련장 부지는 약 9만 9천㎡이며, 현재까지 유휴지로 남아 있다. 국방부는 이 지역을 더는 사용하지 않는 공간으로 판단하여 매각을 결정하였다. 국방부는 유휴지가 된 이 용지의 매각을 위해서 토양 오염 정화 조치를 하고 있다.

〈그림 31〉 오산 예비군훈련장 유휴 부지(오산시)

오산시는 옛 예비군훈련장 용지를 매입하여 첨단 산업단지를 조성하는 계획을 추진하고 있다.

오산시는 2010년을 기점으로 도심이 대폭 확장되고 있다. 예비군훈련장이 있는 외삼미동 주변을 보면 대규모 개발이 이미 이루어졌다. 좌측으로는 세교동과 세마동 지역이 대규모 아파트 지역으로 개발되었다. 예비군훈련장 북쪽과 동쪽은 태안읍 병점과 동탄이다. 〈그림 32〉와 같이 예비군훈련장 주변이 모두 대규모 아파트 지역이다.

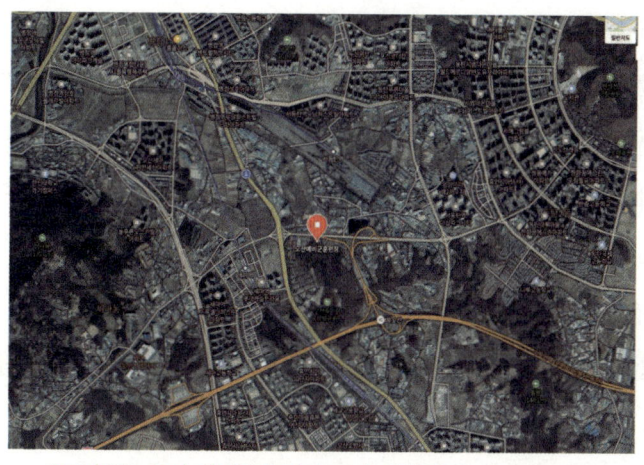

〈그림 32〉 오산 예비군훈련장 주변 개발 현황(네이버 지도)

이처럼 도시화가 가속화되면서 오산시의 경제 활성화에 활용할 수 있는 부지가 많지 않다. 이러한 상황에서 외삼미동에 있는 예비군훈련장이 이전하고 그 공간이 유휴지가 된 상황이다. 예비군훈련장 주변을 보면, 동서남북으로 교통이 잘 발달하여 있다. 수도권에 인접한 좋은 조건의 교통인프라를 갖추고 있는 셈이다.

 오산시는 유휴지가 된 외삼미동의 옛 예비군훈련장 부지에 산업단지를 조성하는 방안을 구상하였다. 오산시의 최초 구상은 2023년 말까지 사업 타당성 조사를 마치고 이를 토대로 오산시가 직접 부지를 매입하거나 민간 자본을 유치하여 산업단지를 조성하는 계획을 수립했다.

 2023년 3월에 국회를 방문하여 예비군훈련장이 이전하는 부지의 활용 방안에 대해서 논의했다. 오산시의 보도자료를 보면, 2021년 12월부터 유휴부지 상태인 외삼미동에 있는 예비군훈련장에 대한 오산시의 계획을 설명했다. 국회의 논의에 참석했던 관계관들은 국유재산의 효율적인 활용 방안에 대해 공감을 형성했다. 특히 국방부는 이 자리에서 국유지는 매각이 결정되면 원칙적으로 공개경쟁을 해야 하나 지자체에서 공공의 목적으로 활용하고자 할 때 수의계약이 가능하다는 견해를 밝혔다.

 오산시는 2023년부터 국방부와 해당 공간의 활용 방안을 협의하고 있다. 2023년 5월에 오산시장은 국방부를 직접 방문하여 국방부의 협조를 요청했다. 국방부는 해당 부지를 지방자치단체에 직접 매각하는 방안에 대해 매우 긍정적인 답을 주었다. 오산시는 국방부로부터 실무 협의를 적극적으로 진행하겠다는 답을 받았다.

 2024년에 수립된 오산시 중기지방재정계획에도 외삼미동 예비군훈련장 부지 활용의 타당성 조사와 개발 추진에 필요한 도시기본계획, 상위계획과의 정합성 유지, 인근 지역과의 연계개발 등에 대한 예산 항목이 편성되어 있음을 알 수 있다.

공개된 자료를 살펴보면, 오산시 도시개발과 택지지원팀에서는 △예비군훈련장 부지 활용 계획 수립 및 도시개발 사업 추진 △예비군훈련장 부지 도시개발구역 지정 및 개발계획 수립 △예비군훈련장 부지 도시개발사업 타당성 조사 등의 업무를 추진하고 있다. 도시개발과에서는 예비군훈련장 부지 개발계획 수립의 업무를 추진하고 있어 보인다.

예비군훈련장 도시개발구역 지정과 관련하여 기본구상 및 타당성 검토 용역이 진행 중임을 확인할 수 있었다. 용역 결과 해당 용지에 첨단 산단을 조성하는 것이 적합하다는 결론이 나오면 시가 민간 자본을 유치해 산단으로 조성하거나, 직접 용지를 사서 사업을 진행할 계획이다. 시가 직접 산단을 조성하면 현 오산시시설관리공단을 산단 개발사업 시행이 가능한 오산 도시공사로 전환하는 방안도 검토할 예정이다.

오산시가 개발하려고 하는 군 유휴부지는 이미 군이 관련 시설을 이전한 상태이다. 그래서 시가 자체 예산을 확보하거나 민간 자본을 투입하여 부지를 매입하고 산업단지를 조성하는 사업을 시행하면 된다.

국방부와의 협의 내용을 보면 오산시가 수의계약으로 해당 부지를 매입하는 사안은 큰 어려움이 없어 보인다. 다만, 부지 매입에 드는 예산의 확보가 관건이다.

최근 금리 인상과 국제사회의 무력 분쟁의 영향으로 국내 부동산 투자가 위축되는 상황이 계속되고 있다. 정부의 세수 부족에 따른 긴축재정 기조에 의해서 지방정부의 예산확보도 쉽지는 않은 상황이다. 이러한 경제 상황에서 부지 매입과 개발에 필요한 예산의 조달이 오산시가 이 사업의 추진 과정에서 맞이하게 될 첫 번째 장애물로 보인다.

국방부가 해당 부지의 매각을 위해서 오염된 토양을 정화하고 있다. 오염된 토양의 정화에 걸리는 시간도 관건이다. 국방부의 계획대로라면 오산시 예비군훈련장 부지의 정화는 2024년 말에 끝나야 한다. 만약 토양의 오염 정화가 늦어지면, 그만큼 부지 매입을 위한 절차의 시작이 지연되면서 오산시가 추진하는 사업의 전체 일정이 늦어질 수 있다.

이 사례는 국토의 효과적인 활용 차원에서 군 유휴부지 개발을 시도하는 오산시의 접근과 이러한 지방자치단체의 구상에 적극적으로 협조하는 군의 합리적인 판단이 돋보인다.

첫째, 지방자치단체 주도로 군 유휴지의 공간을 활용하는 접근을 높이 평가하고 싶다.

순수 민간 기업이 이러한 부지를 매입하여 개발할 수도 있다. 지방자치단체 주도의 개발과 민간 기업 주도의 개발은 각각 장점과 제한사항이 있을 수 있다.

지방자치단체가 개발사업을 주도하면 전반적인 절차를 단축할 수 있는 장점이 있다. 대부분의 개발사업은 인허가 과정이 관건인데, 이 과정이 쉽게 진행될 수 있기 때문이다. 인허가 과정의 신속한 진행은 물론 제한된 범위에서 공공성 추구도 가능해진다. 지방정부가 민간 기업보다는 이윤 추구의 정도가 상대적으로 낮기 때문이다. 유휴시설을 매각하는 국방부도 지방자치단체와의 매각 절차 진행에 더 협조적일 수도 있을 것이다.

만약, 민간사업자에 의해 군 유휴지의 개발사업이 주도되면 인허가를 포함하여 상대적으로 많은 시간 소요될 가능성도 있다. 민간 기업은 이윤 추구를 최우선으로 하므로 공공성 확보도 많이 제한된다. 그러나 창의적인 개발, 그리고 전체적인 수익 창출의 차원에서는 민간 주도의 개발이 효과적일 수 있다. 오산시 옛 예비군훈련장 부지의 활용 목적이 지역의 경제 활성화를 위한 첨단 산업단지의 조성이기 때문에 궁극적으로는 지방자치단체 주도의 사업 추진이 타당해 보인다.

둘째, 군 유휴부지의 개발 시기를 단축하려는 오산시의 노력도 평가해야 한다.

오산시가 예비군훈련장 부지를 매입하여 개발하려고 하면 우선 국방부의 토양오염 정화를 포함한 필요한 절차가 마무리되어야 한다. 이 부지는 2021년 12월부터 이미 비어 있는 공간이다. 2023년에 본격적으로 군 유휴지의 개발을 추진하는 오산시의 입장에서는 어쩌면 이미 너무 늦은 시작일지도 모른다.

그래서 오산시는 2025년부터 사업을 착수한다는 목표를 세우고 지혜롭게 개발 시기 단축을 위한 조치를 하고 있다. 매각을 준비하는 절차인 토양오염 정화 기간에 해당 부지의 매입과 관련된 행정절차를 마무리하여 매각 시점에 바로 개발사업의 시작이 가능하도록 접근하고 있다.

사업의 기본구상은 물론 타당성 관련 용역도 서둘러서 하고 있다. 지방자치단체와의 수의계약에 의한 부지 매입 협의를 국회와 국방부를 찾아다니면서 해 왔다. 부지의 매입에 필요한 예산의 확보 노력도 다방면으로 진행하고 있다고 생각한다.

셋째, 지방자치단체의 군 유휴지 활용에 대한 군의 긍정적인 협조도 높이 평가되어야 한다.

군은 자체적으로 예비군훈련장 광역화 정책을 추진하고 있다. 지역별로 여러 곳에서 운영하던 예비군훈련장을 통합해서 부대 관리의 소요도 줄이고, 예비군 교육도 효과적으로 하기 위한 정책일 것이다. 이러한 정책 추진의 목적으로 오산시의 예비군훈련장도 화성시 예비군훈련장으로 이전되었다.

군은 이전이 완료된 오산시 예비군훈련장 부지를 더는 사용하지 않고 매각을 결정했다. 이미 매각을 결정했다면, 지금처럼 지방자치단체에서 주도하는 개발사업에 군이 적극적으로 협력해야 한다. 더는 군이 사용하지 않은 공간을 국토의 효율적인 차원에서 활용이 잘되도록 해야 하기 때문이다. 오산시 옛 예비군훈련장 부지의 개발에 대한 군의 적극적인 협조는 그래서 바람직하다.

오산시의 계획대로 군 유휴부지를 활용한 가치 창출이 되면, 이 책에서 주장하는 세 마리 토끼를 잡을 수 있다고 생각한다.

첫 번째 토끼인 '군 본연의 임무 수행에 전념할 수 있는 여건의 조성'이 가능하다. 물론 오산시 옛 예비군훈련장은 이미 부대가 이전하여 비어 있는 부지이다. 그래서 이 부지 자체의 활용은 직접 첫 번째 토끼와 연관이 되지 않는다.

다만, 오산시 예비군훈련장을 화성시 예비군훈련장으로 통합하여 운영하는 자체가 첫 번째 토끼 잡기와 연관된다. 그렇다면, 이 부지의 매각이 완료되어야 궁극적으로 예비군훈련장의 이전 통합 사업 자체가 종결된다. 그래서 오산시 예비군훈련장 부지의 매각은 간접적으로는 첫 번째 토끼 잡기와 연관이 된다고 할 수 있다.

두 번째 토끼인 지역 경제 활성화와 일자리 창출에 도움이 될 수 있다. 해당 유휴시설은 동탄지역 개발과 연계하여 중요한 입지가 된 공간이다. 오산시의 옛 예비군훈련장 부지 개발 목적은 첨단 산업단지의 조성이다. 이미 도시화가 급속도로 진행되어 인구가 25만 명으로 증가한 오산시는 앞으로 인구 50만 명 규모의 자족도시로 성장하는 전략을 갖고 있다.

옛 예비군훈련장 공간에 첨단 산업단지가 들어서면, 오산시의 장기 성장전략의 구현에 큰 도움이 될 것이다. 오산시 경제가 활성화되고 일자리가 늘어나면서 유입되는 인구도 증가할 것이다. 그래서 예비군훈련장 부지의 활용은 직접 지역의 발전에 도움이 될 수 있다. 그래서 두 번째 토끼를 잡을 수 있다.

세 번째 토끼인 민군 갈등의 완화에도 도움이 된다. 오산시의 발전을 위해서 유휴부지가 활용되면 오산 시민이 군과 관련하여 제기하는 갈등의 완화에 도움이 될 수 있다.

오산시에 있던 예비군훈련장이 화성시 예비군훈련장에 통합되었다. 오산 시민은 예비군훈련을 위해서 멀리 화성에 있는 훈련장으로 가야 한다. 물론 군에서 교통비가 지급되지만, 물리적인 시간 소요가 많아진다. 여기에 대한 오산 시민들의 불편함이 있을 수 있다.

오산시 양산동은 인근에 있는 군 비행장인 수원비행장과 가깝다. 그래서 양산동 주민들은 군 소음피해에 대한 어려움을 호소하고 있다. 오산시에 있던 옛 예비군훈련장 부지가 개발되어 지역의 경제 활성화와 발전에 도움이 된다면 오산시 지역의 민군 갈등 완화에 도움이 될 것이다. 이렇게 하면 세 번째 토끼도 잡을 수 있다.

〈그림 33〉 오산시 양산동과 예비군훈련장 주변 지역 요도(네이버 지도)

⑤ 미군 이전 부지의 가치 창출 : 서울 용산 유엔사 부지

서울시 용산구청 인근에 있는, 미군에게 공여되었다 반환된 부지를 민간이 개발하여 공간과 가치를 창출하고 있는 사례이다.

서울 용산에는 오랫동안 외국의 군대가 주둔해 왔다. 아직도 일부 지역은 주한미군이 사용하고 있다. 도시 환경이 변화하면서 용산은 이제 서울 도심의 한복판이 되었다. 〈그림 34〉의 녹색으로 표시된 부분을 중심으로 주한미군이 사용하던 부지 대부분이 공원으로 개발된다. 마치 뉴욕의 센트럴파크를 연상하면서 용산이 최근 주거, 상업, 경제활동의 중심지로 떠오르고 있다.

〈그림 34〉 용산 유엔사 부지(서울시)

〈그림 34〉의 녹색으로 표시된 공간의 오른쪽에 분홍색으로 표시된 유엔사 부지가 이번 사례의 대상이 되는 공간이다. 유엔사 부지 개발은 2003년 4월 우리 정부가 주한미군과 용산에 있는 주한미군기지를 평택으로의 이전에 합의하면서 시작되었다. 용산의 주한미군기지를 공원으로 조성하기로 결정되면서 유엔사 부지의 반환과 개발이 진행되었다.

2003년에 한국과 미국 정부의 협의로 서울의 용산을 포함하여 전국에 흩어져 있던 주한미군의 주둔지를 평택을 포함한 2개의 권역으로 통합하는 계획이 확정되었다.

한국 정부가 미국과의 협의를 통해 주한미군을 재배치하는 정책을 추진한 핵심 목적은 다음의 4가지였다. 첫째, 주한미군의 재배치로 용산기지 환수라는 오랜 국민적 숙원을 달성하려고 했다. 둘째, 용산의 주한미

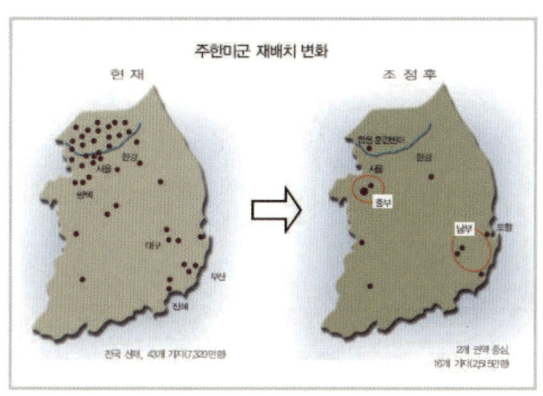

〈그림 35〉 주한미군 재배치계획(2004 국방백서)

군기지 이전은 서울 도심의 균형발전에 기여할 수 있다고 보았다. 셋째, 미군기지의 이전으로 기지 주변의 장기 민원을 해소하고자 했다. 넷째, 노후화된 주한미군의 주둔 환경을 개선하여 궁극적으로 한미 연합방위 능력을 증대하는 목적으로 추진되었다.

이후 총 43개소의 주한미군 주둔지가 2개 권역 16개 기지로 통합되는 사업이 진행되었다. 서울에도 여러 곳에 미군 부대가 주둔하고 있었다. 그중 하나가 현재의 용산구청 왼편에 있는 유엔사 부지였다. 〈그림 34〉에서 보듯이, 이 부지는 여러모로 개발 가치가 높은 공간이다. 유엔사 부지의 가치는 좋은 지리적인 여건에 있다. 향후 조성될 용산공원의 관문이 되는 위치에 있으며, 그래서 공원과 이태원을 연결하는 지점이다. 유엔사 부지 동쪽은 이태원과 한남동에 분포된 대사관 밀집 지역이다. 한강공원과도 가깝다. 그래서 주거, 문화, 상업 공간으로서의 가치가 높다.

유엔사 부지는 교통의 요지이다. 그래서 접근성이 좋다. 남산 터널을 통해서 서울의 도심으로 바로 연결된다. 반포대교만 지나면 바로 강남으로 연결된다. 경부고속도로와 강변북로, 올림픽대로와의 연결이 좋다. 용산역, 서울역, 이촌역, 서빙고역, 신분당선 북부 연장구간과도 가까워서 대중교통의 이용 여건도 좋다.

여기에 인근 한남동 뉴타운이 개발되고 유엔사 수송부의 부지까지 개발되면, 서울을 대표하는 새로운 공간으로 자리매김할 수 있는 입지이다.

국방부는 이 부지를 매각하여 주한미군기지 이전 비용에 충당하는 방안을 마련하여 추진하였다.

한국에 반환되는 용산의 유엔사 부지에 대한 한국군의 사용계획은 없었다. 국방부의 주한미군기지 이전사업을 총괄하는 기관인 국방부 주한미군사업추진단은 이 부지의 매각을 추진하였다. 그래서 용산에 있는 미군기지 중에서 유엔사 부지가 가장 먼저 민간 기업에 매각이 진행되었다.

주한미군기지 이전 사업은 특별기금으로 추진한다. 미군이 사용하던 공간을 매각하여 기지 이전에 필요한 비용을 충당하는 방식이다. 이러한 방식으로 사업을 추진하기 위해서는 계획된 부지를 빨리 높은 가격으로 매각해야 한다.

우리 정부는 용산의 미군기지를 평택으로 이전하고 공원을 조성하는 데 필요한 비용을 확보하기 위해서 일부 부지를 민간에 매각하기로 했다. 매각의 대상이 된 부지는 〈그림 34〉에서 분홍색으로 표시된, 유엔사, 수송부, 캠프킴이다.

　유엔사 부지는 2006년에 국방부로 반환되었다. 그래서 정부가 민간에 매각하기로 한 3곳 중에서 가장 먼저 개발이 추진되었다. 용산의 미군기지가 이전되면 유엔사 부지 옆에 대규모 공원이 조성된다. 국토교통부의 계획을 보면, 2027년까지 3단계로 구분하여 용산 미군기지 부지에 힐링 생태공원이 조성된다. 유엔사 부지는 그래서 개발의 가치가 매우 높은 곳으로 평가할 수 있다. 유엔사 부지의 남쪽에 있는 미군 수송부 부지도 재개발이 추진되고 있어서 더 큰 시너지를 낼 수 있을 것으로 보인다.

　유엔사 부지는 민간에 매각됐고, 여기에 '더파크사이드 서울'이라는 복합시설이 만들어지고 있다.

〈그림 36〉 더파크사이드 조감도(일레븐건설)

부지의 개발과 매각은 한국토지주택공사가 진행했다. 2012년 12월에 유엔사 부지의 대지 조성의 사업 시행자로 한국토지주택공사가 지정되었다. 2015년 4월에는 유엔사 부지 복합시설조성계획이 승인되었다. 대지 조성을 마친 한국토지주택공사는 2017년 7월에 1조 552억 원에 유엔사 부지를 민간에 매각하였다.

한국토지주택공사는 2017년 5월에 유엔사 부지 입찰공고를 냈다. 전체 면적 51,762㎡ 중 44,935㎡의 부지가 경쟁입찰을 통해 진행되었으며, 부지의 당시 감정가는 약 8,000억 원이었다. 일레븐건설이라는 시행사가 이 부지를 1조 500억 원에 매입하여 개발사업이 시작되었다. 2021년 7월 13일에 유엔사 부지 복합개발사업 건축계획안이 통과되었고, 2022년 8월에 사업계획이 승인되었다.

관할 관청인 용산구는 유엔사 부지 5만 1,753㎡에 공동주택 420세대, 오피스텔 726실, 호텔 등 10개 동을 조성하는 사업계획을 승인했다. 2023년 2월에 착공되었으며, 2025년 상반기에 오피스텔이 분양될 예정이다. 전체 개발사업은 2027년에 완료될 예정이며, 예상되는 사업비는 11조 원 규모이다.

유엔사 부지의 민간에 의한 개발사업은 별다른 어려움 없이 비교적 신속하게 진행되었다. 환경영향평가 과정에서 인근 청화아파트 주민들이 일조권 침해 문제를 제기하여 착공이 1년 이상 지연되었지만, 층높이의 조정 등을 통해서 무난히 해결되었다.

이 사례는 국토의 효과적인 활용 차원에서 군 유휴부지 개발을 시도하는 국방부의 합리적인 판단과 신속한 추진이 돋보인다.

첫째, 신속하게 미군에 공여된 부지의 반환과 매각을 진행한 국방부(주한미군기지사업단)의 업무 추진이 돋보인다.

유엔사 부지는 앞에서 살펴본 것처럼 공간의 입지 조건이 매우 좋다. 국방부는 미군기지 이전에 필요한 사업비 마련이 필요하다. 이 두 가지의 요소가 결합하면서 유엔사 부지의 개발은 신속하게 진행되었다. 주한미군이 반환하는 공여지 중에서 제일 먼저 유엔사 부지가 민간에 매각되고, 순조롭게 개발이 진행되는 이유일 것이다.

유엔사 부지의 입지 조건이 좋고, 국방부의 이전 비용 마련도 시급한 상황이기 때문에 군 유휴 공간의 활용이 잘 되었다. 개발 대상이 되는 공간의 규모 면에서도 그 가치가 대략 8,000억 원 정도여서 민간 기업의 도전이 가능한 공간이다. 그럴지라도 국방부(주한미군기지이전사업단)의 조치는 매우 빠르고 합리적으로 진행되었다고 생각한다. 좋은 입지 조건을 갖춘 군 유휴부지가 제대로 활용되지 않는 사례가 많기 때문이다. 유엔사 부지 개발은 그래서 국방부가 주한미군이 반환하는 부지는 물론 군 유휴 공간의 활용을 어떻게 해야 하는지를 잘 보여 주는 사례이다.

둘째, 개발 가치를 높여서 민간 기업 주도의 개발을 추진하는 속도에 주목해야 한다.

많은 예산을 투입하여 공간을 개발하는 기업에 시간은 돈이다. 군 유휴 공간의 활용과 개발이 잘 안되는 이유 중 하나가 바로 인허가 과정에 걸리는 시간이다. 유엔사 부지의 개발은 일반적인 군 유휴 공간의 활용과 차이가 있다. 유엔사 부지의 민간 기업 매각은 국방부를 중심으로 중앙정부 차원에서 추진한 사업이다. 인허가를 담당하는 기관이 신속한 추진의 필요성을 느끼고 진행하였다. 공간 개발의 속도가 날 수밖에 없는 구조이다.

유엔사 부지는 2017년에 매각되었고 2023년에 사업이 착공되었다. 일반적인 유휴 국유지의 개발사업과 비교하면 아주 빠른 속도이다. 앞으로의 군 유휴 공간의 활용도 이러한 시간 비용의 관점에서 접근해야 성공적으로 추진될 수 있음을 유엔사 부지 개발 사례는 잘 보여 주고 있다.

셋째, 유엔사 부지는 군 유휴시설이나 공간을 잘 활용하면 얼마나 높은 가치를 창출할 수 있는지를 잘 보여 주는 사례이다.

유엔사 부지를 민간에서 개발하는 데 드는 비용은 약 11조 원 정도이다. 11조 원의 예산이 투입되어 개발되는 이 공간의 최종 가치는 상상을 초월한다. 매각 당시 부지의 가치가 8,000억 원 정도였으니 부가가치가 얼마나 많이 창출되었는지를 가름할 수 있다.

군의 유휴부지나 공간은 이러한 엄청난 잠재 가치를 갖고 있다. 유엔사 부지의 신속하고 효과적인 활용은 그래서 높이 평가되어야 한다. 비록 여기서 확보된 재원이 주한미군기지의 이전 사업비로 충당되지만, 그만큼 국가의 경제에 도움을 주는 역할을 국방부가 했다고 볼 수 있다.

군 유휴시설이나 공간은 개인 소유가 아니다. 조직이 노력하여 가치를 높여도 담당 공직자에게 추가로 경제적인 대가를 주지는 않는다. 공직자들은 일반적으로 정해진 법과 규정대로 처리해야 차후에 조사받거나 감사를 받는 일이 없다고 생각한다. 유엔사 부지의 개발은 이러한 우리나라 공직사회의 분위기에 새로운 접근의 필요성을 보여 준다는 차원에서 높이 평가되어야 한다.

유엔사 부지의 개발사업이 2027년에 완료되면, 이 책에서 주장하는 세 마리 토끼를 잡을 수 있다고 생각한다.

첫 번째 토끼인 '군 본연의 임무 수행에 전념할 수 있는 여건의 조성'과 유엔사 부지 개발이 직접 연관되지는 않는다. 그러나 주한미군기지의 이전 통폐합 사업이 성공적으로 추진되면, 이 자체가 첫 번째 토끼 잡기와 궁극적으로 연관된다.

주한미군기지 이전 사업은 최초 계획과 비교해서 많이 지연되었다. 일부 기지는 아직도 반환 일정이 정해지지도 않았다. 이미 한국 정부가 천문학적인 예산을 투입하여 이전 통합할 부지와 시설을 마련한 상태이다. 여러 가지 이유로 이전 사업이 늦어지고 있다. 주한미군기지 이전 사업이 늦어질수록 국방부가 여기에 관심과 노력을 더 기울여야 한다. 반대로 얘기하면, 성공적으로 주한미군기지 이전 사업이 추진되면, 국방부는 그만큼 노력과 자원을 국방의 다른 분야에 투입할 수 있다. 유엔사 부지의 성공적인 매각과 개발은 그래서 넓게 보면 우리 군 본연의 임무 수행 전념 여건의 조성에 도움이 된다고 볼 수 있다.

두 번째 토끼인 지역 경제 활성화와 일자리 창출에 기여할 수 있다. 유엔사 부지의 개발에 대한 용산구청은 물론 용산구민의 기대는 매우 크다. 사업비 11조 원의 대규모 사업이 성공적으로 추진되면, 서울을 대표하는 또 다른 주거, 문화, 상업의 랜드마크가 용산에 생긴다. 해당 지방자치단체인 용산구의 발전에 많은 도움이 될 것이다.

용산에 새로운 랜드마크가 생기면, 직접적인 생산 유발 효과도 크지만, 여기에 찾아오는 외부인이 증가하면서 부가적으로 창출되는 가치도 클 것이다. 부가가치가 높아지면 지역 경제의 발전과 일자리 창출은 저절로 따라온다. 유엔사 부지의 성공적인 개발은 그래서 두 번째 토끼를 잡을 수 있다.

세 번째 토끼인 민군 갈등의 완화에도 도움이 된다. 용산에는 오랜 세월 동안 외국 군대가 주둔했다. 외국 군대의 서울 도심 주둔은 국가안보를 위해서 필요한 사안이었다. 용산구민들도 그동안 이 사실을 양해해 왔다고 생각한다. 그런데도 외국 군대가 도심에 주둔함에 따른 불편함과 제한 사항도 많았다. 주한미군에 의한 끔찍한 범죄도 발생했었다. 용산구의 중심에 외국 군대의 기지가 있어서 교통인프라 구축이나 지역 발전의 추진에도 어려움이 있었다.

유엔사 부지가 성공적으로 개발되어 지역의 발전에 도움이 된다면 시민들이 그동안 군과 관련하여 제기하는 갈등의 완화에 도움이 될 수 있다. 이렇게 하면 세 번째 토끼도 잡을 수 있다.

⑥ 서울 도봉구 미사용 대전차 방호시설을 복합문화공간으로 조성

서울시 도봉구 지역에 방치되어 있던 군사작전 시설을 도시재생 과정을 거쳐서 문화공간으로 재탄생시킨 사례이다.

서울 도봉구의 도봉산역 근처에 평화문화진지라는 곳이 있다. 이 지역은 〈그림 37〉에서 보는 것처럼, 의정부에서 서울로 이어지는 도로인 3번 국도 구간이다. 서울의 동북쪽에서 서울 시내로 진입하는 길목이자 경기

〈그림 37〉 평화문화진지 위치(네이버 지도)

도와 서울의 접경이 되는 곳이다. 1950년 6·25 전쟁 때도 북한군이 이 통로로 전차를 앞세워서 서울로 들어왔던 곳이다.

군에서는 그래서 북한군이 다시 남침하여 서울로 들어온다면 서울 서북부의 문산에서 들어오는 1번 국도와 함께 이곳 도봉산역의 3번 도로가 사용될 것으로 예상한다고 한다. 이러한 군사적 필요 때문에 1970년에 현재 평화문화진지가 있는 곳에 우리 군이 북한군의 서울로 진입을 막는 데 활용하기 위해서 전차의 이동을 막기 위한 시설을 준비했었다. 군에서는 이러한 시설을 대전차 방호시설이라고 한다. 북한군 전차의 이동을 차단하는 데 사용하는 시설이기 때문이다.

1970년대 이곳에 설치한 대전차 방호시설을 〈그림 38〉과 같이 아파트와 방호 진지를 함께 만들었다. 2층부터는 주거용 아파트고 1층은 방호 진지이다.

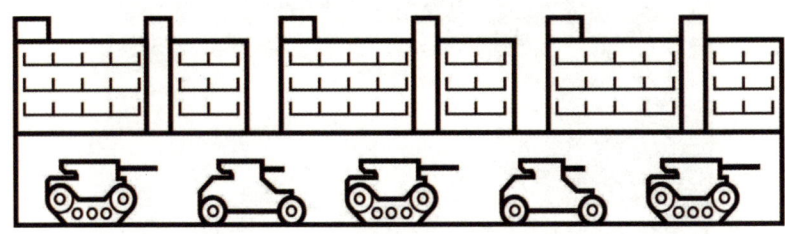

〈그림 38〉 1970년 당시 아파트와 방호진지 구조도(평화문화진지 홈페이지)

이렇게 만들어진 시설은 아파트를 겸한 방호시설로 활용되었다. 〈그림 39〉의 건물이 당시에 주거용으로 건립된 아파트의 모습이며 시민아파트라고 불렸다. 도봉구에 세워진 최초의 아파트라고 한다.

〈그림 39〉 1970년 당시 아파트와 방호진지의 실제 모습(평화문화진지 홈페이지)

시간이 지나면서 이 건물이 점차 노후화되었다. 30년이 지난 2004년에 이 건물은 안전진단에서 E등급을 받았다. E등급은 더 이상 사람이 거주하기 어려운 등급이다. 안전을 고려하여 주거 공간인 아파트가 바로 철거되었다. 아파트는 철거되었지만, 군사시설에 해당하는 1층은 〈그림 40〉과 같이 그대로 유지되었다.

군사시설로 남겨진 대전차 방호시설은 2004년부터 이후 10년 이상 방치되었다. 군에서도 상황의 변화로 더 이상 군사시설로 사용하지 않는 것으로 당시 판단한 것 같다. 더 이상 이 시설을 대전차 방호시설로 사용하지 않으면서 방치되자, 이 시설은 도시의 미관을 해치는 흉물이 되었다. 시민들은 흉물로 전락한 옛 군사시설에 대책을 요구하였다. 당시 시민들의 요청은 해당 시설이 있는 곳의 역사성을 고려하여 모두 철거하기보다는 유용하게 활용하는 방안의 모색이었다.

〈그림 40〉 2004년 주거 공간이 철거된 후 방치된 방호시설 모습
(평화문화진지 홈페이지)

지방자치단체는 도시재생사업으로 방치되어 있던 군사시설을 문화예술 창작 공간으로 활용하는 접근을 하였다.

지방자치단체와 시민의 노력으로 대결과 분단의 상징인 대전차 방호시설이 문화예술의 공간으로 재탄생하였다.

더 이상 사용하지 않는 군 유휴시설은 통상 방치되는 경우가 많다. 남루해진 군사시설이 방치되면 외형적으로는 혐오시설이 된다. 도봉구의 대전차 방호시설도 그러했다. 지방자치단체는 이 시설을 리모델링하여 시민을 위한 문화와 힐링의 공간으로 조성하는 프로젝트를 구상하였다.

대전차 방호시설이 설치되었던 도봉산 자락의 3번 국도변은 우리나라 현대사에서 분단과 대결의 역사를 상징하는 현장이다. 6·25 전쟁 당시 북한군이 서울로 들어오는 통로로 사용한 아픔의 역사를 간직한 곳이다. 전쟁 후에도 북한의 남침으로부터 서울을 방어하기 위해 대전차 방호시설이 만들어진 곳이다. 방호 진지라는 실물이 존재하고 분단과 대결의 이야깃거리가 있는 곳이니, 재생을 통해 의미 있는 곳으로 만들기에 충분한 소재이다. 시민들은 그래서 이 공간에 있던 모든 군사시설을 없애는 대신에 이를 활용하여 분단과 대결의 역사를 상징하는 문화공간의 자산으로 활용하자는 의견을 제시했다.

역사와 분단의 이야깃거리를 가진 이 지역을 문화의 공간으로 재탄생시키기 위한 협력은 2014년 7월에 시작되었다. 지방자치단체, 시민, 군이 모여서 대전차 방호시설을 문화창작공간으로 탈바꿈시키기 위한 논의를 진행하였다.

2016년 12월에 서울시, 도봉구청, 육군 제00보병사단이 모여서 이 대전차 방호시설의 리모델링을 위한 협약을 체결했다. 3자의 협약에 이어서 도시재생을 위한 공사가 시작되었다. 이렇게 시작된 재생의 노력은 2017년에 끝났다. 대전차 방호시설의 모습은 원래대로 유지하면서 시민들이 사용할 수 있는 문화예술의 공간으로 재탄생시켰다. 이름도 평화문화진지로 하였다.

2017년에 우리나라 분단의 증거인 서울 외곽의 군사시설이 문화예술과 힐링의 공간으로 재탄생하였다. 평화문화진지가 지향하는 가치는 공간의 역사, 시민의 문화, 생태적인 삶을 위해 시민과 함께 문화를 이어 가는 것이다. 대전차 방호시설과 인근의 부지를 활용하여 탄생한 새로운 공간은 이후 많은 시민이 찾고 있다고 한다. 평화문화진지는 예술과 창작의 공간이기도 하다. 지방자치단체는 예술 작가들에게 시설의 공간 및 장비를 지원한다. 이러한 창작지원사업과 지역문화의 활성화를 도모하는 다양한 문화예술프로그램도 운영하고 있으니 진정한 시민의 문화 공간이 된 셈이다.

〈그림 41〉 평화문화진지 전경(평화문화진지 홈페이지)

이 사례는 사용하지 않는 군사시설이 갖는 시대적, 공간적 가치를 잘 살려서 역사성과 실용성을 갖춘 문화예술과 힐링의 장소로 만들었다는 차원에서 주목할 만한 가치가 있다.

첫째, 방치된 군사시설 자체는 물론 이 시설이 있는 곳의 역사성을 성공적으로 스토리화하고, 이를 토대로 유용한 공간으로 재탄생하는 시도가 우리나라에서도 얼마든지 가능하다는 사실을 보여 주고 있다.

시설이 오래되어 방치된 군사시설의 일반적인 처리는 철거이다. 오래된 군사시설을 부정적으로 생각하거나 구시대적인 유물로 취급하여 없애는 데 쉽게 동의하기도 한다. 도봉구의 평화문화진지 사례는 달랐다. 오랫동안 방치되어 흉물이 된 시설을 모두 없애기보다 분단과 대결의 역사를 유지하고 이를 이야깃거리로 만들고자 했다. 분단 시대의 흔적을 남겨서 후세들에게 보여 줄 가치가 있다고 본 것이다.

평화문화진지 현장은 오히려 그렇게 했기 때문에 공간의 가치를 더 높일 수 있었다고 생각한다. 이곳은 일반적인 도시재생 사례에서 찾아볼 수 없는 훌륭한 가치와 이야깃거리를 가지고 있기 때문이다.

둘째, 지역에 방치된 작전시설의 재생 과정에서 보여 준 시민과 지방자치단체의 협업도 평가의 가치가 있다.

도시재생사업이나 군사시설의 공원화 사업은 통상 사업 주체에 의해 일방적으로 진행되는 경우가 많다. 지방자치단체나 중앙정부에 의해 주도되기 쉽다. 민간 기업에 의해 추진될 때도 있다. 이러한 과정에서 지역의 주인이자 정책의 고객인 주민이 소외된다. 주민의 참여가 충분하지 않은 상황에서 추진되면, 그래서 정책의 만족도가 낮아지기 쉽다.

이번 사례는 달랐다. 지방자치단체에 의한 일방적인 주도가 아니었다. 처음부터 문화예술공간으로 재탄생하면 좋겠다는 시민의 요구가 반영되었다. 군 유휴시설이나 공간의 활용 과정에서는 평화문화진지가 그래서 좋은 선례가 될 수 있다.

셋째, 도봉구의 대전차 방호시설에 대한 군의 현실적인 판단도 높이 평가해야 한다.

1970년대의 상황을 기초로 서울의 외곽 경계선에 대전차 방호용 아파트와 작전시설이 설치되었다. 시간이 지나면서 상황이 많이 변화되었다. 북한군의 전차가 서울에까지 진입할 정도의 상황을 더 이상 허용해서는 안 된다고 생각한다.

2016년 당시에 서울의 외곽에 설치되어 방치된 수준의 작전시설이 더 이상 군사적 효용성이 없다고 군은 판단한 것 같다. 그래서 지방자치단체가 제시한 도시재생 프로그램 시행에 동의하고 협조했을 것이다. 군의 이러한 현실적이고 합리적인 판단을 높게 평가한다. 앞으로도 군 유휴시설이나 공간은 계속 발생할 것이다. 여기에 작전시설도 물론 포함될 것이다. 무조건 군사시설을 용도 폐기하면 안 된다. 군의 유사시 기능 발휘가 보장되어야 한다. 그러한 전제를 원칙으로 하되, 합리적이고 현실적인 판단은 늘 필요하다. 앞으로의 군의 판단에 평화문화진지는 좋은 지표가 될 수 있다.

방치된 대전차 방호시설을 개축하여 문화예술 공간으로 재탄생시킨 이 사례는 이 책에서 주장하는 세 마리 토끼를 잡았다고 생각한다.

첫 번째 토끼인, '군 본연의 임무 수행에 전념할 수 있는 여건의 조성'에 도움이 되었다.

군의 필요로 설치했던 시설이 더 이상 기능 발휘가 안 되는 상황이 되면 이 시설을 철거해야 한다. 시설의 철거는 예산과 노력의 투입이 필요하다. 평화문화진지도 마찬가지다. 대전차 방호를 위한 시설이 더 이상 필요하지 않게 되어 10년 이상 방치되었다. 시설의 철거를 위한 계획의 검토는 물론 필요한 예산의 반영과 확보에 시간이 필요했을 것이다.

이런 상황에서 지방자치단체가 예산을 투입하여 군이 해야 할 수고를 대신해 주었다. 방치된 시설을 정비하고 리모델링하여 흉물이 아닌 명물로 만들었다. 명물로 변화된 이후의 관리도 모두 지방자치단체에서 하게 된다. 군은 더 이상 도봉구의 대전차 방어시설을 관리하지 않아도 된다. 대전차 방호시설 관리에 투입해야 할 자산과 노력을 군 본연의 임무 수행에 투입할 수 있다. 이렇게 되면 첫 번째 토끼를 잡을 수 있다.

두 번째 토끼인 지역의 발전에도 이바지할 수 있게 되었다.

군사시설이 흉물로 10년 이상 방치된 공간을 찾는 사람은 없을 것이다. 2017년 이전의 평화문화진지가 아마도 사람이 찾지 않는 공간이었을 것이다.

평화문화진지가 있는 곳은 역사적으로도 의미가 있다. 조선시대에 이곳에는 다락원이라는 국가의 시설이 있었다. 다락원은 공무수행을 위해서 여행하는 관리들이 쉬거나 잠을 자던 공공 숙박시설이다. 그런 역사적인 장소에 오래된 군사시설이 방치되어 있었으니 사람이 찾아오지 않았다.

2017년에 평화문화진지가 완성되고 나서는 상황이 달라졌다. 문화와 예술의 공간으로 변모했고, 조선시대 다락원의 공간까지를 복원하여 공원화했다. 사람이 찾아오지 않을 수가 없다. 힐링의 공간을 찾아서, 문화와 예술의 공간을 찾아서 사람들의 발길이 모였다. 연평균 8만여 명이 이곳을 찾는다고 한다. 사람이 모이면 그 지역의 경제가 활성화된다. 일자리 창출도 함께 따라온다. 방치된 군사시설의 재생은 지역의 발전에 도움이 된다. 평화문화진지의 완성은 그래서 두 번째 토끼를 잡았다고 생각한다.

세 번째 토끼인 민·군 갈등의 완화에도 도움이 되었다고 생각한다.

10년 이상 방치되어 있던 도봉구의 대전차 방호시설에 대한 지방자치단체의 도시재생 협의에 군은 매우 협조적이었다. 군의 긍정적인 검토와 협조가 있어서 평화문화진지로 재생할 수 있었다. 군의 이러한 협의 과정에서의 적극성은 시민과 좋은 소통의 기회가 되었을 것이다. 군과 지방자치단체, 시민의 소통은 민군 갈등의 해소와 함께 군에 대한 호의적인 이미지를 높이는 계기가 되었을 것이다.

대전차 방호시설이 군에 의해 통제되던 기간이나 이후 방치된 기간에 일반인의 접근은 어려웠다. 평화문화진지가 비록 100% 군사시설의 원형이 유지된 것은 아니지만, 군사시설의 모습이 대부분 보전되어 있다. 국민이 과거의 군사시설에 가까이 와서 실제 모습을 보면 우리나라 안보의 현실에 대한 이해가 높아질 것이다. 이 과정에서 국민이 군의 중요성과 군인의 헌신에 대해 다시 생각하게 될 것이다. 그러면 궁극적으로 우호적인 민·군관계를 만드는 여건의 조성에 도움이 될 것이다. 평화문화진지라는 새로운 공간이 그런 역할을 한다. 그래서 세 번째 토끼도 잡았다고 생각한다.

⑦ 군 검문소 활용한 지역 감염병 격리시설 확보

지방자치단체와 군이 협업하여 평상시에 사용하지 않는 군 시설(검문소)에 지역 감염병 격리기능을 갖춰서 해당 군 시설의 가치와 활용성을 높인 사례이다.

군 시설의 고유 기능 발휘가 이상 없이 유지되면서, 공간의 활용도를 높인 대상 시설은 강원도 철원군에 있는 ㅇㅇ리검문소를 포함한 2개의 검문소이다.

코로나가 발생하면서 군이나 지방자치단체에서 1인 격리시설의 소요가 급증하였다. 코로나 발생 초기만 해도, 군이나 지역 관공서에서 당장 활용할 수 있는 1인 격리시설은 거의 없는 상태였다. 코로나의 확산은 전례가 없는 대규모 감염병 관련 상황이었기 때문이다.

당시의 언론 보도를 보면, 군은 신속한 대응을 위해서 1인실로 구성된 부대 독신 간부의 숙소를 감염병 1인 격리시설로 활용했다. 독신 간부의 숙소는 호실별로 세면장과 화장실이 갖춰져 있어서 감염병 격리가 가능한 시설이었다. 숙소를 감염병 격리에 내준 독신 간부들은 병사들이 사용하는 부대의 생활관으로 거처를 옮겼다.

자체적으로 충분한 1인 격리시설이 없기는 중앙정부나 지방자치단체도 마찬가지였다. 지방자치단체는 지역에 있는 연수원과 같은 교육시설을 활용했다. 교육시설이 충분하지 않은 지방자치단체는 지역에 있는 호텔이나 모텔 같은, 지역에 있는 숙박시설을 격리시설로 사용하였다.

코로나 상황에서 군 간부의 독신자 숙소를 1인 격리시설로 활용하는 상황이 시작된 처음 몇 주, 몇 개월은 어느 정도 버틸 만한 상황이었다. 그런데 코로나 상황이 1년 이상 장기화하고, 격리 소요가 많이 증가하면서 근원적인 1인 격리시설 확보의 필요성이 대두되었다.

지방자치단체도 격리 대상자가 증가하면서 호텔이나 모델 임대의 예산 소요가 증가하고 지역에서 추가로 격리시설로 사용이 가능한 숙박시설 부족도 심화하였다. 지방자치단체도 1인 격리시설에 대한 근원적인 대책의 필요성을 느끼기 시작했다.

철원군은 접경지역이다. 다양한 군사시설이 많이 있다. 철원군 지역에 있는 군사시설 중에는 군에서 운용하는 검문소도 있다. 주요 도로의 통행을 통제하는 목적으로 운용되는 검문소는 대부분 큰 길가에 있다. 철원군 지역도 마찬가지다.

철원군에 있는 군 검문소의 경우 군의 작전 수행 개념의 변화로 평상시에는 병력이 상주하지 않는다. 특정 군사 상황이 발생하면 군 병력이 검문소를 점령하여 임무를 수행한다. 철원군에 있는 군 검문소들은 지어진 지 얼마 되지 않아서 외관상으로 보면 상태가 좋다. 하지만 건축물의 특성상 사람이 상주하지 않으면 해당 시설은 금방 낡루해진다. 군 검문소 건물도 마찬가지일 것이다.

1인 격리시설의 근원적인 확보를 고민하던 철원군 지역의 부대는 검문소 공간의 일부를 1인 격리시설로 개조하여 함께 사용하자고 철원군에 제안하였다. 군에서는 공간을 제공하고, 철원군은 1인 격리시설로 개조에 필요한 예산을 지원하는 접근 방식이었다.

지역의 1인 격리시설 확보에 고민하던 철원군은 부대의 이 제안에 적극적으로 호응하였다. 지방자치단체는 군 의회의 검토와 승인을 거쳐 성공적으로 예산을 확보하였다. 군은 관련 법규를 검토하고, 작전에 미치는 영향을 깊이 있게 검토하여 검문소 시설의 일부를 1인 격리시설로 개조하는 방향을 설정하였다. 이런 과정을 거쳐서 철원군 지역에 있는 2개의 군 검문소 공간을 유사시 1인 격리시설로 사용할 수 있도록 필요한 시설을 갖추었다. 물론 이 과정에서도 군의 검문소 운영이라는 기능 발휘를 완전하게 보장하는 것이 최우선 전제 조건이었다.

군 검문소는 상당수의 장병이 상주하는 개념으로 건축되어 대부분 공간이 생활관, 식당 등으로 구성되어 있다. 1인 격리시설을 설치하는 과정에서 유사시 검문소 점령과 군 작전의 수행이 가능하도록 상황실을 포함한 필수 시설은 반드시 기능 발휘가 보장되도록 계획하고 통제하였다.

　검문소 건물 내부의 기존 생활공간인 생활관, 식당, 세면장, 화장실 등을 여러 개의 1인실로 개조했다. 1인실은 격리 생활이 가능하도록 화장실, 세면대, 냉난방 시설을 모두 갖추었다.

〈그림 42〉 군 검문소 활용 감염병 대응 격리시설 마련(철원군, 2021.4.7.)

　철원군의 예산 투입으로 1인용 격리실이 설치되면서, 군이 보유하는 시설을 유사시 작전 수행도 보장하면서 지역 감염병 발생 상황에서 지역민과 군이 격리시설로 활용하도록 공간이 창출되었다.

　부대는 검문소에 새로 창출된 공간을 여러 가지 용도로 활용할 수 있게 되었다. 평상시에 부대의 계층별 세미나, 집체교육 등의 목적으로 활용할 수 있었다. 전투력복원을 위한 활동은 물론 부대의 단결 활동 용도로 사용도 가능해졌다. 성수기 주말에는 장병 면회객의 숙박시설로도 활용할 수 있다. 그래서 부대는 개조 후의 시설의 명칭도 '전투력복원센터'로 명명하였다.

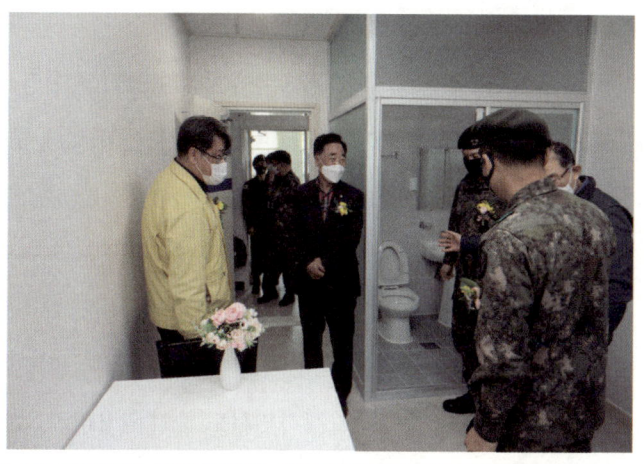

〈그림 43〉 군 검문소 활용 감염병 대응 격리시설 내부 모습(철원군, 2021.4.7.)

평상시에 개조된 모든 시설을 온전히 부대가 사용하다가 지역에 감염병이 발생하면, 지방자치단체의 요청에 따라 주민의 격리시설로 사용할 수 있도록 군이 제공하면 된다. 이러한 상황에서도 군이 검문소를 점령하여 작전을 수행할 때는 1인실을 포함한 검문소의 모든 시설을 작전용으로 사용하게 된다.

전례 없이 군이 앞장서서 지방자치단체와의 협업으로 군 유휴시설을

활용한 유용한 공간을 성공적으로 창출한 이 사례는 여러 가지 측면에서 평가의 가치가 있다.

첫째, 군이 먼저 새로운 패러다임으로 유휴시설이나 공간을 효과적으로 활용하는 방안을 모색하여 세 마리 토끼를 잡을 수 있는 시도를 했다는 차원에서 의미가 있는 사례이다.

규모가 엄청나게 크지는 않지만, 군의 유휴시설과 공간의 활용 면에서 한 번도 가보지 않은 길을 가는 역사를 군이 주도했다는 사실에 주목해야 한다.

통상 군은 지방자치단체나 지역 주민, 때로는 중앙정부의 요청이나 권고로 군이 보유하고 있는 시설이나 공간의 활용을 시작했다. 이번 사례는 군이 주도하여, 군의 기능 발휘를 보장하면서도 군이 활용하고 있던 공간의 일부 개조를 통해서 민과 관이 필요한 공간과 가치를 창출할 수 있음을 보여 주고 있다.

둘째, 지방자치단체의 적극 행정 수행도 주목할 사안이다. 철원군은 감염병이 확장되는 상황에서 새로운 시설을 만드는 사인이 아닌, 기존 군 건물의 개조에 예산을 투입하는 결정을 했다.

철원군과 군 의회가 현재의 법과 규정을 적용하고 현상을 유지하려는 생각을 바꾸지 않았다면 이 사안도 절대 성공적으로 추진될 수 없었다.

그래서 그 규모는 작지만, 군과 지자체의 협업에 의한 실질적인 결실을 본 의미 있는 사례라고 평가한다.

셋째, 이 사례는 단지 군과 지방자치단체의 협업을 넘어서, 국가 차원에서 공공기관의 시설과 공간의 활용 가치를 높일 수 있는 협업으로 발전시킬 필요가 있음을 보여 준다.

지역별로 다양한 기능을 수행하는 다양한 공공기관과 국가기관이 있다. 인구의 변화를 포함한 사회문화적 요소의 변화는 물론 과학기술의 변화로 인해 새로운 공간이 필요하기도 하다. 기존의 공간이 필요 없게 되는 상황은 앞으로 더 커질 것이다. 기후변화와 신종 감염병의 발생 빈도 등도 공간의 변화에 영향을 줄 것이다. 이번 사례를 토대로 공공기관의 공간 창출을 위한 협업이 가능해지고 활성화되도록 제도적인 준비는 물론 인식의 변화라는 공직 문화의 변화에 촉매 역할을 하기에 충분한 사례라고 생각한다.

군의 검문소를 활용한 공간의 창출도 이 책에서 주장하는 세 마리 토끼를 잡았다고 생각한다.

첫 번째 토끼인 '군 본연의 임무 수행에 전념할 수 있는 여건의 조성'이 가능하다. 감염병이 발생하면 군도 1인 격리시설이 필요하다. 지방자치단체의 예산으로 평상시에 비어 있는 공간의 격리시설 확보가 가능했다. 군이 자체 예산을 편성하여 격리시설을 확보하려면, 계획의 수립, 예산확보, 시공 등의 여러 가지 필요한 절차와 단계를 거쳐야 한다. 이 과정에서 군의 추가 노력과 자원의 투입이 필요하다. 지방자치단체와 협업하여 이러한 자원의 투입을 줄일 수 있었다. 지방자치단체의 예산을 투입하여 시설을 개조하고, 평상시에 여러 가지 목적으로 활용할 수 있게 되었다. 이를 통해 군 본연의 임무 수행에 전념할 수 있는 여건의 조성에 도움이 되었다.

두 번째 토끼인 지역의 발전에 도움이 될 수 있었다. 지방자치단체인 철원군의 입장에서도 군이 보유하고 있는 기존 시설을 활용했기 때문에 비용과 시간이 절약되었다. 효과적이고 효율적으로 지역에 필요한 감염병 격리시설을 확보하게 되었다. 군 검문소 공간의 활용은 궁극적으로 철원군 지역의 발전에 기여하는 효과를 가져왔다고 볼 수 있다.

감염병 격리시설의 확보가 철원 지역의 경제 발전과 일자리 창출에는 직접적으로 도움이 되지 않았다. 그렇지만, 효과적으로 지역의 감염병에 대응할 수 있는 인프라가 구축되고 활용되면, 철원군이 지출해야 할 기회비용이 크게 감소한다. 이러한 공간의 창출이 간접적으로 지역의 경제에 도움이 되었다고 할 수 있다.

세 번째 토끼인 민군 갈등의 완화에도 도움이 된다. 철원군은 접경지역이어서 많은 부대가 주둔하고 있다. 대규모 훈련장과 사격장도 여러 개가 있다. 군부대 시설이 많아서 군사시설보호구역으로 설정된 지역이 많다. 전방 지역 작전을 보장하기 위해서 민간인출입통제선이 설정되어 있어서 통행이 제한되는 어려움도 있다. 군부대의 훈련과 사격이 일상적으로 진행되고 있어서 차량통제, 분진, 소음 등의 불편함도 크다. 이러한 제한과 불편 사항은 주변 주민의 군에 대한 불만과 민원의 제기로 이어진다.

이번 검문소 공간 활용 사례와 같이 군이 가진 시설이나 공간을 지역 주민과 공유한다면 군이 주둔함에 따른 불편함과 관련된 갈등의 완화에 다소나마 도움이 될 수 있다. 그래서 이번 사례는 세 번째 토끼를 잡을 수 있다.

⑧ 군의 미활용 공간을 활용한 기념관 건립 추진

○○시는 2018년에 ○○계곡 인근에 '장준하 평화관 건립'을 추진했었다. 이 과정에서 ○○시는 평상시에 사용하지 않고 있는 군용지의 사용을 타진했었다.

'장준하 평화관 건립'은 일제 강점기에 광복군과 임시정부에서 활동하며 독립운동을 했던 사상가이자, 해방 뒤에는 민주화 운동을 했던 장준하 선생의 정신을 계승하고 발전하기 위한 기획이었다. ○○시가 구상한 장준하 평화관은 ○○시 ○○면에 부지면적 10,721㎡, 건축 전체 면적 1,000㎡ 규모였다. 장준하 선생이 1975년 8월 17일 숨진 채 발견된 곳이 ○○시 ○○면 ○○봉 계곡이어서 지리적인 위치를 여기로 정했다.

○○시는 이 사업의 추진을 위해 장준하 선생 관련 단체는 물론 ○○면 단체와의 협의를 진행하고 의견을 수렴하였다.

장준하 평화관 부지를 물색하던 ○○시는 372번 도로변에 있는 군용지의 매입과 활용을 검토했다. 〈그림 44〉에 표시된 곳이 해당 군용지의 위치이다. 이 군용지는 유휴부지는 아니다. 군에서 유사시에 활용할 부지여서 매각 대상에 올라와 있지는 않았다.

○○시가 이 부지를 사업 대상 부지로 검토했던 이유는 아마도 다음의 몇 가지 요소였을 것으로 추정이 된다. 우선 이 부지가 도로변에 있어서 접근성이 좋고 부지의 크기도 사업 추진에 충분해서였을 것이다. 둘째, 이 부지 옆으로 이미 ○○시가 조성한 다른 시설물과 잔디 광장을 포함한 녹지 활용이 가능하기 때문일 것이다. 셋째, 외부인들이 많이 찾는 ○○계곡의 길목에 있는 이 부지가 평소에 관리가 잘되지 않아서 불법 주차한 차량도 많고, 미관상으로도 썩 깔끔하지 않아서 ○○시는 이 부지가 군에서 활용도가 거의 없는 공간으로 이해할 수 있었을 것이다.

그래서 ○○시가 매입해서 정리하면 기념관 건립은 물론 ○○계곡을 찾는 많은 외부인에게 ○○시의 정돈된 이미지를 보여 줄 수 있는 부가적인 효과도 있어서였을 것이다. 이러한 여러 가지를 고려하여 ○○시가 이 공간의 매입 여부를 군에 타진한 것 같다.

군이 사용했거나 사용하는 부지의 효율적인 활용 차원에서 이 사례를 살펴보면, **군이 평상시에는 사용하고 있지 않지만, 전시에 사용하기 위해서 일반인의 접근을 통제하고 있는 공간의 활용에 대한 재접근이 필요함을 알 수 있다.**

〈그림 44〉 사업 추진 대상 부지(적색 점선, 네이버 지도)

　반복되는 얘기지만, 평시는 물론 전시에 군의 기능 발휘를 보장하는 방향으로 군이 사용했거나 사용하는 부지의 활용이 되어야 하고 민과 관이 이를 최우선으로 고려해 주어야 함은 당연하다.

　그럼에도 불구하고, 군의 전시만을 위한 공간 사용의 개념에 대한 재접근은 필요하다고 본다. 군이 수행하는 모든 기능에 필요한 공간을 일괄적으로 평시에도 보유해야 한다는 접근의 재검토를 의미한다. 군이 전시에 수행하는 어떤 기능은 반드시 평상시에도 공간이 확보되어야 할 것이다. 전시에 갑자기 공간의 확보가 제한되는 기능이거나, 평상시에도 일부 기능이 유지되어야 전시에 이상 없이 기능의 발휘가 보장되는 경우가 여기에 해당한다. 또는 특정 공간이 아니면, 군이 전시에 수행해야 하는 특정 기능의 발휘가 제한되거나 불가능한 사안도 여기에 해당할 것이다.

그러나 군이 전시에 수행하는 기능 중에는 평상시부터 공간을 확보하지 않아도 되는 기능도 있을 수 있다고 본다. 단순히 전시 작전 차량의 전개나 작전에 필요한 장비의 전개를 위한 공간을 보자. 이러한 기능의 발휘에 필요한 공간은 군이 평상시부터 확보하고 있지 않아도 된다고 생각한다.

○○계곡의 입구에 있는 공간의 경우 도로변에 있으며, 사면이 개방되어 있다. 군의 전시 특수한 기능 발휘를 보장하기 위해서 꼭 평상시부터 빈 곳으로 확보하고 있을 이유는 많지 않아 보인다.

군에서 작전 보안상 밝힐 수 없고, 그래서 일반인이 알 수 없는 특별한 사정이 있을 수 있다. 하지만, 여전히 평상시에 사용하지 않지만, 전시에 사용하기 위해서 평상시에 사용을 통제하고 있는 군용지의 필요성에 대해서는 재검토가 필요하다고 본다. 그래야 국토의 효율적인 활용은 물론 앞에서 반복적으로 얘기한, 세 마리의 토끼를 잡을 수 있기 때문이다. 이 사례에서도 전시에 군이 사용할 부지를 ○○시가 책임지고 확보해 주는 방향으로 얼마든지 협의할 수 있다고 본다.

만약 이 사례가 성공적으로 추진되었다면, 다음과 같이 세 마리의 토끼를 잡을 수 있다고 생각한다.

이 부지를 ○○시에 매각할 때 군은 첫 번째 토끼를 잡을 수 있었다.

군은 평상시 사용하지 않는, 그러나 전시에 사용을 위해서 공간의 관리 소요를 줄여서 본연의 임무에 전념할 수 있게 된다. 평상시에 사용하지 않는 이 공간의 관리를 위해서 군은 불법으로 출입하는 차량과 사람의 왕래도 통제해야 한다. 정기적으로 풀도 깎고 부지의 표면도 관리해야 한다. 출입 통제와 군사시설임을 알리는 간판이나 푯말도 항상 정비해야 한다. 이러한 관리 소요는 평상시 부대의 정례적인 업무에 포함되지 않는다. 그래서 부가적인 일이다. 공간의 크기가 클수록 이러한 부가적인 업무는 부담이 된다. 이러한 부담을 없애고 작전과 훈련이라는 본연의 임무에 전념할 수 있게 된다. ○○시와 협조하여 전시에 군이 필요로 하는 공간을 다른 곳에 확보할 수도 있다. 그러면 군의 유사시 기능 발휘 보장도 충분히 가능해진다.

○○시가 이 부지를 계획대로 매입하여 활용했다면 지역경제 활성화와 일자리 창출이라는 두 번째 토끼도 잡을 수 있었다고 본다.

역사관이 건립되면, 정도의 차이는 있을 수 있으나 외부 방문객의 유치에 큰 도움이 될 수 있었을 것이다. 〈그림 44〉에서 보듯이, ○○계곡과 ○○갈비촌과 연계하여 지역 관광이 활성화되는 시너지를 낼 수 있기 때문이다. 외부 방문객이 증가하면 지역의 일자리 창출과 경제 활성화는 저절로 따라오기 때문에 두 번째 토끼를 잡을 수 있다. 인구 감소의 대책 강구에 매진하고 있는 ○○시의 입장에서 외부 방문객의 증가는 큰 기대이자 바람이다. 이러한 기대와 바람이 조금은 충족될 수도 있었을 것이다.

이 사업이 성공적으로 추진되었으면 민군 갈등의 관리는 물론 민·관·군 상생이라는 세 번째 토끼도 잡을 수 있었다고 본다.

장준하 기념관이 건립되어 지역의 새로운 명소가 되면 외부 방문객이 증가하여 지역 주민들에게 실질적인 경제적 이득을 가져다줄 수 있다. ○○면에는 아시아에서 가장 큰 야외 기동과 사격훈련장이 있다. 이 훈련장에서는 거의 매주 훈련이 진행된다. 훈련을 위해 많은 군 장비와 차량이 ○○면 지역을 이동한다. 군 장비의 이동은 물론 훈련장에서 사격훈련은 소음, 분진 등 주민 불편 요소를 유발한다. 훈련장에서 대규모 화력시범훈련을 할 때는 훈련장 외부인 ○○면 마을 인근의 진지를 점령하여 사격하기도 한다. 이때 발생하는 소음은 더 커진다. 그래서 마을 인근에 있는 진지의 사용은 지역민의 협조와 동의가 매우 중요하다. 현장에서 사격해야 하는 부대는 그래서 항상 어려움을 겪고 있다.

○○면에는 항공부대도 주둔하고 있다. 항공부대 소음은 또 다른 민군 갈등의 요소이다. 군의 정상적인 임무 수행인 작전과 훈련을 위해서는 ○○면 일대 주민의 지속적인 협조가 필요한 곳이다. 이러한 상황에서 주민과 지자체의 숙원사업에 군이 협조하면 민·군 갈등의 관리는 물론 민·관·군 상승의 효과로 이어질 수 있다. 그래서 세 번째 토끼를 잡을 수 있는 사안이었다고 생각한다.

이 프로그램이 잘 진행되지 않아서 아쉬움이 있지만, 앞으로도 이와 유사한 사례가 발생할 개연성이 높아서 사례로 소개해 보았다.

전시에 필요한 공간으로 판단하여 평상시에는 사용하지 않지만, 관리와 유지하는 공간에 대한 군의 더 적극적인 접근과 조치가 필요하다고 생각한다. 국토의 효율적인 활용이라는 국가전략 차원과 연계한, 보다 거시적인 관점에서 봐야 하기 때문이다.

⑨ 작전시설을 활용한 지역 주민 힐링 공간 만들기

○○시가 민원이 발생하는 대전차 방호용 연못을 지역 주민의 힐링 공간으로 만들어 보기 위한 사업 추진의 사례이다.

경기도 ○○시의 한 도로변에는 〈그림 45〉와 같은 연못이 있다. 도로변에 있지만, 차량으로 도로를 이동할 때는 잘 보이지 않는다. 평상시 물을 저장했다가 농업용수로 사용하는 작은 저수지 같은 형태이다. 그래서 이곳에서 낚시하는 사람도 있다. 연못의 깊이가 있어서 익사 사고 우려도 있다. 여름철에는 물이 고여서 냄새가 나는 경우도 있다. 지역 주민은 이

〈그림 45〉 민원이 발생한 연못(네이버 지도)

연못을 없애 달라고 ○○시에 계속 요구하고 있다.

사실 이 연못은 농업용 시설이 아니라 유사시 작전용으로 사용하기 위한 군사시설이다. 북한군 전차를 포함한 기동부대의 이동을 방어하는 데 사용된다. 군사용어로는 대전차 구(溝)라고 한다. 한자를 풀어 보면 전차에 대응하기 위한 연못 또는 도랑이다. 전차의 접근로나 도로상에 인위적으로 도랑을 구축해서 적의 전차가 자유롭게 이동하는 것을 막는 데 사용되는 시설이다. 〈그림 46〉은 2024년 11월 4일 한국 합동참모본부가 발표한, 북한이 동해선과 경의선에 설치한 대전차 구의 모습이다.

〈그림 46〉 동해선 지역 북한의 대전차구(합동참모본부)

강원도와 경기도 접경지역에는 적의 전차를 막을 목적으로 다양한 종류의 시설이 여러 곳에 설치되어 있다. 이 사례에서 다루는 연못은 그래서 그러한 대전차 방어시설의 하나라고 할 수 있다. 군사시설이기 때문에 ○○시가 이 시설에 대한 민원의 조치를 위해서는 반드시 군 당국과의 협의가 필요하다.

○○시는 해당 시설의 유사시 적 전차 이동을 막는 기능의 발휘는 보장하면서 지역의 활용도를 높이는 방안을 모색하여 군과 협의하였다.

○○시의 기본 접근은 이 연못의 주변을 공원화하여 주민의 힐링 공간을 만드는 것이었다. 하지만, ○○시가 연못의 공원화를 구상할 때 제일 우선으로 고려한 사항은 어떤 상황에서도 해당 군사시설의 유사시 기능 발휘를 보장하는 것이었다. 군사기지와 군사시설 관련 업무 협의에서 가장 중요한 요소가 바로 군의 임무 수행과 기능 발휘에 문제가 없도록 하는 것이기 때문이다.

○○시는 해당 연못의 군사적 기능의 발휘를 보장하면서 연못에서의 안전사고를 예방하고 지역 주민의 휴식 공간으로 활용하는 아이디어를 냈다. 연못을 가로지르는 데크길을 설치하고 연못 위에 부유 형태의 소형 수상 장식물을 설치하여 경관을 아름답게 꾸미고자 했다. 연못의 주변에도 펜스와 같은 안전장치를 설치하여 사고를 예방하는 방안도 모색했다. 연못의 수위도 군의 의견을 반영하여 군에서 요구하는 적정 수위를 유지하는 시스템도 갖추기로 했다. 모든 시설물은 디자인 요소를 가미하여 주변의 경관과 조화가 되게 하고, 더불어 조명을 설치하여 야간에도 지역 주민의 사용이 가능하도록 구상하였다.

이러한 모든 시설물은 사람이 사용하는 데는 충분히 안전하되, 적의 전차가 통과하기에는 너무 약해서 바로 무너져 버리는 정도의 규모와 강도를 구상하였다. 그래야 이러한 구조물이 설치되어도 연못의 군사적 기능의 발휘가 가능하기 때문이다.

○○시는 이러한 구상을 담아서 군 당국에 협의를 요청하였다. 결론적으로 ○○시의 이 사업은 추진되지 못했다. 군의 동의를 받지 못해서이다. ○○시의 제안이 해당 연못의 유사시 군사적 기능 발휘를 보장하는 데 충분하지 않다고 판단한 것 같다. 지방자치단체 차원에서 이 사업의 추진에 필요한 예산의 확보도 추진의 걸림돌이었던 것으로 알고 있다.

사업이 의도된 대로 추진되지 않아서 이 연못과 관련된 주민의 우려는 여전히 해소되지 않은 상태이다. 유사시 군의 성공적인 임무 수행을 보장하는 사안이 제일 중요하다. 그래서 군의 판단과 조치를 존중해야 한다. ○○시도 그런 맥락에서 군의 의견을 수용하고 있다. 그렇지만, 여전히 아쉬움은 남는다.

이 사례는 새로운 관점으로 군사시설의 기능 발휘를 보장하면서도 공간의 가치를 높일 가능성을 보여 주었다는 차원에서 평가의 가치가 있다.

첫째, 작전시설 관련 사안도 창의적인 아이디어로 접근하면 민·관·군 상생이 가능하다는 여지를 보여 주고 있다. 대전차 구라는 작전시설을 효과적으로 활용하여 공간의 가치를 창출하는 시도가 성공적으로 진행되지는 않았다. 그러나 군사시설의 기능 발휘에 전혀 지장을 주지 않으면서도 민·관·군이 새로운 관점으로 접근하면, 상생할 수 있는 접점을 찾을 수도 있음을 잘 보여 주고 있다.

유사시 사용하는 군사시설을 곡 평상시에 원형 그대로 유지할 필요는 없다. 주민 편의시설과 안전시설을 설치하여 공원화하면 오히려 그 군사시설의 위장 효과도 노릴 수 있다. 물론 여기서도 전제 조건은 유사시 해당 시설의 군사적 기능 발휘에 전혀 문제가 없도록 하는 것이다. 전혀 시도하지 않았던 방법을 제시해 본 해당 지방자치단체의 역발상이 그래서 높게 평가되어야 한다.

둘째, 군의 군사시설 관리의 방식에 대한 재고의 필요성이 높음을 이 사례는 보여 주고 있다. 작전시설일지라도 유사시 기능 발휘가 보장된다면 이제는 진취적으로 지역 주민과 관공서의 요청사항을 충분히 수용할 수 있어야 한다. 기존의 접근 방식에서 벗어나서 보다 긍정적이고 진취적으로 검토해야 한다.

국토의 효율적인 활용 차원에서도 그렇고, 작전시설의 관리 소요를 줄여서 군 본연의 임무에 전념할 수 있는 여건의 조성 차원에서도 그렇다. 실제로 도로망이 발달하고 도시화가 접경지역 인근으로까지 확장되면서 일부 군사시설의 재조정이 많이 진행되고 있다.

작전용 구조물의 철거 사례도 많이 있음을 상기해야 한다. 대표적인 사례가 대전차장애물 중에서 낙석이 여기에 해당한다. 경기발전연구원의 한 보고서를 보면, 2006년부터 2009년 사이에 경기 북부 지역에 있던 낙석 6개소가 철거되었다. 경기 북부 지역에 있는 18개의 낙석이 2011년까지 추가로 조정하도록 계획되어 있었다. 이번 사례도 군사시설의 유사시

기능 발휘가 보장된다는 원칙을 전제로 군이 새롭게 바라볼 필요가 있음을 보여 주고 있다.

셋째, 군 본연의 임무에 전념하는 여건 조성에 대한 인식의 부족을 드러내는 사례라고 평가된다.

○○시의 제안을 보면, 해당 군사시설의 기능 발휘를 보장하면서 주변을 공원화함은 물론 새로 설치하는 시설물을 포함한 공원 지역의 관리도 지방자치단체가 하게 된다. 이렇게 되면, 해당 시설을 관리해야 하는 군의 소요가 많이 줄어들 것이다. 군사시설에 대한 민간인의 불법적인 접근의 통제, 연못의 관리, 연못 주변의 관리 등은 군 본연의 임무는 아니다. 그러나 시설의 기능 발휘를 보장하기 위해서는 그러한 관리를 항상 해 주어야 한다.

점점 군 본연의 임무에 전념할 수 있는 여건의 조성이 중요해진다. 군의 상비병력 규모가 줄어들고 있어서 그렇다. 이런 상황에서 지방자치단체의 제안은 군에게 여러모로 도움이 될 수 있는 사안이다. 그래서 ○○시의 제안이 수용되지 않는 상황이 아쉽게 느껴진다.

만약 군사용으로 사용하는 연못의 공원화가 잘 진행되어 새로운 공간이 창출되었다면 이 책에서 주장하는 세 마리 토끼를 잡을 수 있었다고 생각한다.

첫 번째 토끼인 '군 본연의 임무 수행에 전념할 수 있는 여건의 조성'이 가능할 수 있었다.

지역 주민의 힐링 공간으로 조성하려고 했던 연못은 유사시 군이 작전에 사용하는 시설이다. 이러한 작전시설은 앞의 평가 부분에서 얘기한 대로 항상 관리의 소요가 있다. 만약 공원화가 진행되었다면, 평상시에는 지방자치단체가 이러한 관리를 대행해 줄 수 있다. 이렇게 되면 군은 그만큼 군사시설의 관리에 드는 노력을 절감할 수 있다. 그렇게 절감된 노력이 군 본연의 임무를 준비하는 데 투입될 것이다. 그래서 만약 연못의 공원화가 진행되었다면 군의 임무 수행에 전념할 수 있는 여건의 조성에 도움이 되었을 것이다.

두 번째 토끼인 지역의 발전에 기여할 수 있었을 것이다.

연못이 있는 지역을 공원화하면 지역 주민은 물론 이 지역 인근을 찾는 사람들의 발길을 머물게 할 수 있다. 해당 지방자치단체와 주민의 처지에서 보면, 공원이 작은 규모일지라도 지역의 발전에 도움이 될 수 있는 상황이 조성된다.

연못 주변에는 몇 군데 외부인들이 찾아올 만한 곳이 있다. 연못으로부터 도로를 건너면 삼국 시대 백제 초기에 만들어진 △△△ 산성이 있다. 연못에서 걸어서 수 분이면 갈 수 있는 거리에 파크골프장도 개설되어 있다. 연못 뒤편의 하천을 따라서 수백 미터만 가면 ○○시가 수십억 원을 투입해서 조성하는 안보 공원도 있다. 연못이 공원화되면 이러한 인근의 명소와 연계된 활용이 가능해진다. 그래서 두 번째 토끼도 잡을 수 있었을 것이다.

세 번째 토끼인 민군 갈등의 완화에도 도움이 될 수 있었다.

○○시에는 많은 군사시설이 있다. ○○시 전체 면적의 27%에 해당하는 224㎢의 공간이 군사시설 보호구역으로 지정되어 있다. 군이 점유하고 있는 부지의 비율도 전체 면적의 6.8%로 접경지역인 파주시의 7.5%와 유사하다. ○○시에는 여의도 면적의 7배에 해당하는 군 훈련장이 있다.

○○시가 주민 힐링의 공간 조성을 제안했던 연못은 물이 고여서 발생하는 악취, 익사 사고를 포함한 안전사고의 우려가 있어서 항상 주민들이 불만을 표현했던 시설이다.

유사시 군사작전에 사용되는 시설의 기능 발휘가 보장되면서 평시에는 지역 주민이 산책과 힐링의 공간으로 활용된다면 민·군 갈등의 완화에 도움이 될 수 있다. 이와 더불어 외지인의 유입이나 방문도 확대되면서 지역경제 활성화에 도움이 된다면 지역 주민의 삶이 더 윤택해질 것이다. 그래서 세 번째 토끼도 잡을 수 있다.

⑩ 접경지역 군 훈련장 유휴지의 활용

오랫동안 사용되지 않고 있는 군 훈련장 부지를 민·관·군이 상생하는 방향으로 활용하는 방안을 모색해 보는 사례이다.

경기도 연천군 ○○읍 인근에 군의 전술훈련장이 하나 있다. 전체 부지의 규모가 약 10만 평 정도 되는 훈련장이다. 원래 이 훈련장은 부대에서 사격 훈련을 하는 곳이었다. 사격장이 전술훈련장으로 바뀐 연유는 정확하지 않다. 국방개혁의 시행으로 부대의 규모와 위치가 조정되면서 사격훈련의 소요가 줄어들었을 가능성이 있다. 주민이 사는 지역이어서 사격장에서 나오는 소음에 대한 주민들의 민원이 계속 제기된 영향도 있을 것이다.

〈그림 47〉 연천군 ○○읍 ○○리 훈련장

전술훈련장으로 변경된 이 공간에서 군인들의 훈련 모습은 찾아보기 쉽지 않다. 지역 주민들의 의견과 언론의 보도를 보면, 최근 10여 년 동안 이 훈련장은 거의 사용되지 않고 있다. 오랫동안 거의 방치된 수준의 공간이 되었다고 훈련장 주변의 주민들은 얘기한다. 실제 외부에서 보면, 훈련장은 사용 흔적이 많아 보이지 않는다.

우리 군이 사용하는 훈련장은 전국에 수천 개가 있다. 부대가 많이 주둔하고 있는 경기도와 강원도 접경지역에 특히 훈련장이 많다. 이 사례의 대상이 되는 경기도 연천군의 훈련장도 이러한 훈련장 중 하나이다.

그런데 군에서 더는 사용하지 않는 훈련장이 늘어나고 있다. 우리나라 국방정책의 변화로 상비군의 규모가 대폭 줄어들고 있기 때문이다. 2006년부터 추진된 국방개혁이라는 정책의 시행으로 상비병력의 규모가 크게 줄어들었다. 이러한 국방 상황의 변화로 훈련장으로 사용하던 부지의 유휴화는 더 늘어날 것으로 예상된다.

○○읍 전술훈련장은 아직 군의 소유이다. 그래서 비록 군이 평상시에 사용하지 않는 공간이라도 지방자치단체나 민간 기업이 활용할 수 없는 상황이다. 그래서인지 현재까지 이 부지에 대한 특별한 활용 계획은 없다. 여전히 군사 용도의 부지로 되어 있어서 지방자치단체인 연천군이나 경기도 차원에서도 효과적인 활용이 필요하다는 일반적인 얘기만 할 뿐 구체적인 방안의 제시는 안 된 상태이다.

군에서도 이 부지의 매각이나 계속 사용 등에 대한 명확한 입장을 밝히지 않은 상황이다. 군의 특별한 입장 변화가 없으면 계속 군사 용도의 부지가 된다. 인근의 주민들은 이 부지가 10년 이상 방치되는 상황을 안타깝게 생각하고 있다. 방치된 수준의 군 훈련 공간의 발전적인 활용에 대한 주민들의 요구가 높아지고 있다.

○○읍의 전술훈련장을 포함해서 점차 늘어나는 군 유휴지에 대한 민·관·군 공생 방안을 찾아야 한다.

○○읍에 있는 이 전술훈련장은 위치적으로 쓸모가 많은 공간이다. 주변의 도로망이 잘 발달해 있고 비교적 평지여서 다양한 용도로 사용할 수 있어 보인다.

경기개발연구원의 연구보고서를 보면, 연천군의 전체 면적은 695.93㎢이다. 이 중에서 군이 사용하고 있는 공간이나 군사시설보호구역으로 지정되어 통제되는 공간이 대략 681.93㎢이다. 연천군 전체 면적의 98%이다. 사실상 연천군 전체가 군이 사용하는 부지 또는 군사시설보호구역이다. 그만큼 연천군 차원에서 보면 개발이 가능한 공간이 많지 않음을 의미한다. 특히 비교적 평지이면서 도로와 가까운 곳에는 부대가 주둔하거나 훈련장이 있어서 연천군 입장에서는 유용하게 개발할 공간이 제한되는 상황이다.

〈그림 48〉 연천군 지도(네이버 지도)

　주민들은 군이 실질적으로 사용하지 않고 있는 전술훈련장 공간을 민과 군이 함께 사용하는 복지시설로 활용되거나 지역 경제 발전에 도움이 되는 방향으로 개발되기를 희망하고 있다. 접경지역인 연천군 주민들은 급증하고 있는 군 유휴 공간이 지역의 발전에 부정적인 요소가 되고 있다고 얘기한다. 방치된 군 유휴부지는 연천군에만 163곳, 200만㎡ 규모이다. 국방개혁이라는 정책이 모두 추진되고 나면 군 유휴부지가 더 증가할 것으로 연천군은 예상한다.

　전술훈련장으로 지정된 공간이 10년 이상 비어 있는 모습을 보면서, ○○읍 인근에 있는 전술훈련장에 복지시설을 만들어서 주민과 군이 함께 이용하면 좋겠다는 의견을 제시하는 주민도 있다. 사회복지타운, 체육 복지시설 등이 장병과 주민이 같이 사용할 수 있는 복지시설일 것이다.

일반적인 국유지 처리 절차를 준수하면 이러한 훈련장 유휴부지의 개발이 제한된다. 지역의 주민대표들은 민·관·군이 함께하는 다양한 대안을 제시하고 있다. 국방부는 사용하지 않고 있는 유휴부지를 제공하고, 여기에 지방자치단체나 민간 기업이 투자하여 필요한 시설을 준비하거나 개발하는 방식의 적용도 가능하다. 과감하게 군에서 이러한 유휴부지를 지방자치단체에 매각하여 공간의 가치를 높일 수 있도록 하는 방안도 모색해 보아야 한다.

○○읍 인근의 전술훈련장 부지는 한탄강 유네스코 지질공원에 아주 가깝다. 거의 한탄강에 붙어 있다. 연천군 상권의 중심이 되는 ○○읍과도 아주 가깝다. 서울에서 의정부, 동두천을 거쳐서 연천으로 연결되는 3번 국도에서도 가까워서 접근성이 좋다. 지형이 대체로 평지여서 체육시설을 포함한 지역의 민·군이 함께 사용할 수 있는 복지시설로의 개발에도 여건이 좋다. 이러한 좋은 입지 조건을 활용하면, 주변의 관광명소와 시너지를 내기도 좋다.

개발 여건이 좋은 입지인 이 전술훈련장 유휴부지에 대한 실제적인 개발이나 민·군 공동으로 활용하기 위한 추진의 움직임은 아직 없다. 안타까운 현실이다. 군의 미활용 시설에 대한 신속한 처리가 아쉽다. 지방자치단체인 연천군의 적극성도 충분해 보이지는 않는다.

이 사례는 군이 사용하지 않아서 실질적인 유휴지가 된 곳을 지역의 발전과 주민을 위한 공간으로 재탄생시킬 가능성이 크다는 차원에서 주목

할 만한 가치가 있다.

첫째, 이 훈련장 부지는 지역의 발전을 위한 좋은 공간으로 재탄생이 가능한 충분한 조건을 갖춘 곳이다.

연천군에는 지역의 경제 활성화와 주민의 삶의 여건을 좋게 만드는 데 필요한 공간을 찾기가 쉽지 않다. 앞에서 살펴본 대로 면적의 98%가 군의 통제를 받아야 하는 공간이기 때문이다. ○○읍에 있는 이 훈련장은 지형적으로 평지여서 여러 가지 용도로 개발하기 좋다. 체육시설을 포함한 복지시설의 입지로도 좋다. 교통도 좋아서 경제활동을 위한 물류의 용이성 차원에서 접근성도 좋다. ○○읍이라는 도심지역에서도 가깝다는 장점도 있다. 한탄강의 아름다운 풍광을 활용할 수 있는 입지이기도 하다.

둘째, 군의 기능 발휘에 지장을 주지 않는 공간이어서 개발의 필요성과 가치가 더 높다.

이 훈련장이 군의 임무 수행에 꼭 필요한 공간이라면 당연히 군의 기능 발휘를 보장해 주어야 한다. 우리 군이 제 역할을 할 수 있도록 해 주는 것이 국민의 제일 중요한 일이다. 그런데 이 훈련장 인근에 사는 주민들의 의견을 보면 지난 10여 년 동안 거의 사용이 안 되고 있다. 군사상 필요성이 매우 낮은 공간임을 알 수 있다. 그런데 이렇게 좋은 입지 조건을 갖춘 공간을 군이 사실상 사용하지 않고 방치되어 있어서 개발의 필요성과 가능성이 큰 상황이다.

셋째, 여전히 이러한 공간과 가치의 창출을 위해서는 군의 전향적인 검토와 지자체의 적극적인 추진력이 필요한 상황이다.

이 훈련장의 소유권은 군에서 갖고 있다. 이러한 부지를 대상으로 기존의 절차를 적용하려고 하면 개발이 사실상 불가능하다는 사실을 지방자치단체의 공직자들은 너무나 잘 알고 있다. 그래서 이러한 공간을 활용하여 가치를 창출하는 데 소극적일 수 있다.

이 훈련장 공간을 활용하려면 군과 지방자치단체의 노력이 필요하다. 군은 지방자치단체의 공간 개발과 활용 계획을 적극적으로 수용하려는 자세를 가져야 한다. 관련 법과 규정의 적용 범위를 최대한 넓혀서 일이 추진되는 방향으로 검토하고 지원해 주어야 한다. 지방자치단체는 군에 소유권이 있어서 실질적으로 아무것도 할 수 없다는 고정관념에서 벗어나야 한다. 새로운 아이디어로 접근하여 새로운 공간의 가치를 만드는 일에 과감하게 도전해야 한다. 이렇게 두 바퀴가 함께 굴러가야 새로운 공간과 가치를 만들 수 있다.

이 훈련장 부지를 잘 활용하여 개발하면 이 책에서 주장하는 세 마리의 토끼를 잡을 수 있는 여건이다.

첫 번째 토끼인, '군 본연의 임무 수행에 전념할 수 있는 여건의 조성'에 도움이 된다.

이 훈련장이 비록 사용하지 않은 공간일지라도 군에서는 훈련장의 기본 기능을 유지해야 한다. 10년 이상 실질적으로 사용되지 않고 있는 훈련장이지만 관리를 위한 예산도 편성되어 있을 것이다. 관리를 책임지는 부대와 관계관도 지정되어 있을 것이다. 완벽하게 훈련장이 관리되지는 않을지라도 훈련장 진입로, 안전시설, 간판 등 기능 발휘의 핵심 기능은 유지되어야 하기 때문이다.

이 부지가 지방자치단체에 의해 개발되고 관리되면 군은 더는 이 공간을 관리하지 않아도 된다. 훈련장 관리에 필요한 예산과 노력이 절감된다. 훈련장 관리에 필요한 자산과 노력을 군 본연의 임무 수행에 투입할 수 있다. 이렇게 되면 첫 번째 토끼를 잡을 수 있다.

두 번째 토끼인 지역의 발전에도 도움이 될 수 있다.

연천군은 전체 면적의 98%가 군에 의해 통제받는 접경지역이다. 지역 주민의 삶을 윤택하게 하고 지역의 경제를 발전시키기 위한 절대적인 공간이 부족하다. 10년 이상 사용하지 않고 방치된 군의 전술훈련장이 지역 개발에 활용된다면 연천군의 발전에 큰 도움이 된다.

군이 훈련 목적으로 거의 사용하지 않는 공간이기 때문에 더 그렇다. 연천군은 접경지역이며 군은 여전히 연천군에 주둔해서 임무를 수행해야 한다. 그래서 군과 지역 주민의 상생이 중요하다. 군의 전향적인 접근과 지방자치단체인 연천군이나 경기도 차원의 창의적인 개발 전략이 합쳐진다면 ○○읍의 이 전술훈련장은 새로운 공간으로 변모되어 지역 경제의 활성화와 주민의 삶의 여건을 개선할 수 있다. 그러면 두 번째 토끼를 잡을 수 있다.

세 번째 토끼인 민군 갈등의 완화에도 도움이 된다.

연천군에는 많은 군부대가 주둔하고 있고 사격장과 훈련장이 많이 있다. 연천군에 있는 다락대 과학화훈련장은 우리 군을 대표하는 대규모 훈련장이다. 이러한 군사시설이 많이 있어서 항상 군의 훈련이나 사격, 임무 수행과 관련하여 민원이 발생하는 접경지역이다. 군사시설보호구역이 연천군 면적의 98%다. 그래서 재산권 행사의 불편함에 대한 목소리를 높이는 상황이다.

○○읍의 훈련장처럼 실제 사용이 되지 않고 방치된 공간이 지역의 발전에 활용된다면 군과 주민과의 관계를 좋은 방향으로 발전시키는 데 도움이 될 것이다. 그러면 세 번째 토끼를 잡을 수 있다.

4. 소결론

그동안 군 유휴시설이나 공간은 어떻게 사용되거나 개발됐는지를 10가지의 사례로 살펴보았다. 군이 사용하고 있거나 사용했던 시설과 공간의 개발은 대부분 지방자치단체의 주도로 진행되었다. 성공적으로 활용되어 이 책에서 주장하는 세 마리의 토끼를 잡고 있거나 잡은 곳도 많았다.

민간 기업이 주도하는 사례는 많지 않다. 국방부나 군이 주도적으로 계획하여 시행한 개발 사례도 드물어서 찾아보기가 쉽지 않았다. 민간 기업이 군의 유휴시설이나 공간을 개발하기에는 아직도 장애물이 많아 보인다. 인허가를 포함한 국방부와의 협의에는 여전히 어려움이 있어 보인다. 민간 기업의 투자 규모에도 한계가 있어 보인다.

국방부나 군 차원에서는 유휴시설이나 공간을 경제적 관점으로 보지 않음을 확인할 수 있었다. 시설이나 공간의 활용이 아닌, 관리와 처리를 하는 실정이다. 앞으로는 국방부와 군이 부대가 사용하고 있거나 사용했던 시설이나 공간의 활용을 주도해야 한다고 생각한다.

4장

다른 나라
군사시설 활용의
과거와 현재

1. 다른 나라 군 유휴시설과 공간 활용

우리나라의 군이 사용하고 있거나 사용했던 시설이나 공간의 활용이 충분히 효율적이지 않다. 그러면 다른 나라는 어떻게 하고 있는지 궁금했다.

나라별로 여건이나 처한 상황이 서로 다르다. 행정 처리의 문화와 관습도 다르다. 그렇지만, 군이 사용하고 있거나 사용했던 시설이나 공간의 효율적인 활용의 당위성은 똑같다. 그래서 다른 나라의 사례를 살펴보는 일은 의미가 있다. 여러 가지 차원에서 우리의 여건에 접목할 교훈을 얻을 수 있기 때문이다.

다른 나라 군의 유휴시설이나 공간 활용에 대해 알아보기 위해서 10개의 사례를 선정하였다. 국방 선진국인 미국은 물론 구소련의 붕괴 영향으로 대규모 유휴시설과 공간이 발생한 유럽 국가의 사례도 포함했다. 지리적으로 우리와 비교적 가까운 나라인 중국, 싱가포르, 일본의 사례도 살펴볼 필요가 있다. 이런 요소를 고려해서 10가지의 사례를 살펴보고자 한다.

2. 다른 나라 군사시설 활용 사례 10가지

① 미국 콜로라도주 공군기지 개발

미국 콜로라도주 덴버 인근에 있던 로리(Lowry) 공군기지가 폐쇄되면서 이 공간을 재개발한 사례이다.

로리 공군기지는 1947년에 미국 중부의 콜로라도주 덴버 인근에 건설되었다. 공간의 규모가 7.5㎢인 로리 공군기지는 미국 공군의 주요 기능을 담당하는 역할을 하였다. 그런데 미국 국방부의 기지 재배치 정책에 따라 로리 공군기지의 폐쇄가 결정되었다. 기지는 54년의 운영을 마치고 1994년에 운영을 종료하였다.

이러한 대형 공군기지의 폐쇄는 7,000개의 일자리와 연간 2억 9,500만 달러의 지출이 그 지역에서 사라짐을 의미한다. 폐쇄된 기지 내부에는 1,000개의 빈 건물과 45㎞의 쓸모없는 거리, 3개의 활주로, 19.3㎞의 울타리를 지역에 남겼다. 지역 주민의 삶에 큰 영향을 줄 수 있는 사안이다.

〈그림 49〉 Lowry 공군기지 모습(좌 : https://casestudies.uli.org, 우 : facebook)

로리 공군기지는 덴버(Denver)와 오로라(Aurora)라는 2개의 시(city)에 걸쳐 있다. 덴버의 중심지로부터는 차량으로 15분 거리에 있다. 미국 공군이 오랫동안 사용했던 이 거대한 공간을 개발하기 위해서는 막대한 자금이 필요하다. 주거 지역이나 상업지역으로 개발하기 위해서는 대규모 환경 정화도 해야 한다.

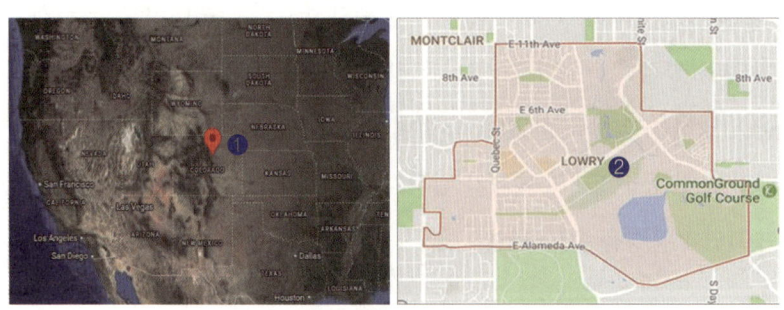

〈그림 50〉 콜로라도 덴버(❶)와 로리 공군기지(❷) 위치

수천 명의 실업자가 발생하고 지역 경제에 큰 영향을 주는 이 상황은 지역 사회에 위기 요인이었다. 대규모 기지의 폐쇄가 가져올 여파에 대한

위기의식을 느낀 덴버와 오로라 시장은 로리 공군기지의 재개발을 추진하기 위해 전례 없는 동맹을 맺고 서로 협력하였다.

기지의 폐쇄가 결정되자마자 시장들은 자문위원회를 구성하여 재개발계획을 수립하였다. 기지의 실제 재개발은 단계화하여 진행하였다.

덴버와 오로라 시장들이 제일 먼저 조치한 내용은 바로 폐쇄가 결정된 공군기지의 재활용 계획을 담당하는 자문위원회를 만드는 일이었다. 자문위원회는 40명으로 구성하였다. 이름은 Lowry Economic Recovery Project(LERP)였다.

LERP는 1991년부터 1993년까지 18개월 동안 재개발계획을 수립하였다. 여기에는 다수의 지역 대표들이 참여하였다. 재개발계획의 수립 과정에 참여한 지역 대표들은 교통, 주택, 경제 개발에 초점을 맞춘 재개발이 되어야 한다는 의견을 제시하였다.

당시의 기록을 정리한 보고서를 보면, 로리 공군기지의 재개발계획 수립 과정에서 수천 시간의 공개회의가 진행되었다. 지역의 많은 주민이 이러한 토의에 참석하였다. 지역 주민들은 로리만의 개성이 있으면서 편의시설이 충분하고, 가치를 더하는 개발을 해야 한다는 의견을 냈다.

LERP는 사업 추진을 위한 대출을 위해서 담보가 필요했다. 주택 임대 사업에 민간 기업을 유치하여 자금을 확보하는 방식을 선택했다. 기지에

800채 규모의 임대주택 건설을 계획하면서 우선 부동산 관리 기업과 계약을 체결하였다. 이 자금을 대규모 인프라 구축에 드는 자금 대출을 위한 담보로 활용하였다.

기지의 재개발계획에는 4,500채의 주택, 56,000평의 상업 공간, 학교, 979,339평의 공원과 레크리에이션 편의 시설이 포함되었다. 재개발계획이 완성되자, 덴버와 오로라시는 1994년에 LERP를 해체하고 실제 재개발 기관인 LRA(Lowry Redevelopment Authority)를 설립했다. LRA는 인프라 개선을 위한 수입 채권을 발행할 수 있도록 설립되었다.

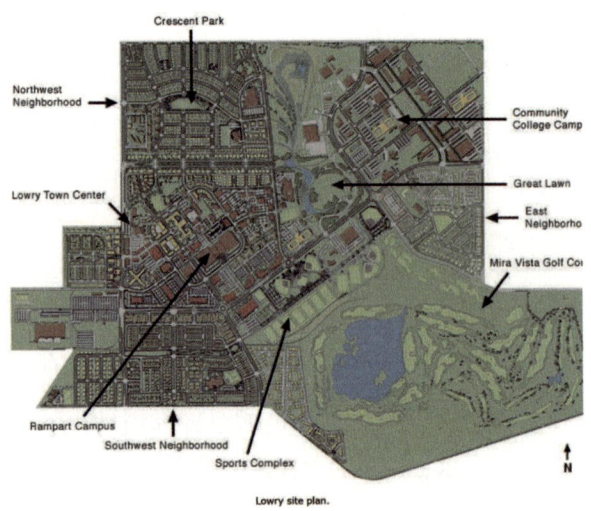

〈그림 51〉 Lowry 재개발계획 조감도
(https://casestudies.uli.org/wp-content/uploads/2015/12/C036009.pdf)

LRA(Lowry Redevelopment Authority)는 로리 기지의 재개발을 단계

화하여 추진하였다.

LRA는 기지의 부지 중에서 환경 오염이 없는 지역에 대한 주택 건설을 먼저 시작했다. 고품질의 건설과 설계를 보장하기 위해 덴버의 도시 건축을 반영하는 건축 설계 지침을 수립하였다. Southwest Neighborhood 지역에 650채의 단독 주택과 타운하우스를 신축했다. 신축된 주택은 지역민의 호평을 받았다.

다음 단계로 고용, 교육, 상업 및 기타 주거 프로젝트가 신속하게 진행되었다. 로리에는 3개의 유아 센터, 5개의 초등학교, 사립 고등학교, 2개의 성인 학습 기관이 설립되었다. 다양한 규모의 사무실 공간도 건설하였다. 공군기지에 있던 역사적인 구조물을 재활용하여 상업용 부동산의 다양화도 시도하였다. 상업시설은 금융 서비스 시설에서부터 의료 사무실까지 다양하게 준비되었다.

LRA에 의해 로리 공군기지의 재개발계획은 성공적으로 완료되었다. 재활용을 계획하는 단계에서 주민들에게 약속한 내용을 철저하게 이행했다. 주민, 덴버와 오로라 시, 지역 전체에 만족을 주는 사업이 되었다. 그 결과 2003년과 2005년 사이에 로리의 주택 가치는 평균 9.42% 상승하였다. 이러한 상승률은 인근 대도시인 덴버 시내의 주택 가치 상승률이 2.7%인 점을 고려할 때 엄청난 성공이다. LRA는 1994년과 2003년 사이에 전체 재개발이 40억 달러의 경제적 영향을 창출했다고 추정하고 있다.

이 사례는 장기간 군사기지로 사용된 공간의 재활용을 위한 지방정부의 역할과 지역 주민의 참여와 의견 반영이 얼마나 중요한지를 잘 보여준다.

첫째, 실제 재개발하는 공간을 활용할 주인인 지역 커뮤니티의 광범위한 참여가 돋보인다.

로리 공군기지의 폐쇄가 결정되자마자 지방정부는 재개발계획을 만들기 시작했다. 그런데, 지방정부가 계획의 수립을 일방적으로 주도하지 않았다. 지역 커뮤니티의 대표를 포함하여 다양한 분야의 의견과 전문성이 어우러지도록 위원회를 구성하여 운영하였다.

계획을 수립하는 과정에서 수천 시간을 할애하여 지역 주민의 의견을 수렴했다. 공군기지가 재개발되면 여기가 삶의 터전이 되어야 할 주민들의 의견이 충분하게 반영되었다. 주민들은 재개발계획을 수립할 때 반드시 반영되어야 할 원칙을 제시하였다. 재개발지역이 반드시 주변 지역과 조화를 이루어야 한다고 요구했다. 로리라는 지역의 강점을 바탕으로 새로운 공간으로 발전시켜야 한다고 주장했다. 주거 지역의 조성도 일률적이지 않고, 다양한 형태의 주택을 다양한 가격대로 제공하도록 요청하였다. 새로 건설되는 공간은 보행자 친화적으로 설계되어야 하며, 그래서 주거 지역에서 공원, 학교, 상업시설에 쉽게 접근할 수 있어야 한다는 원칙을 제시했다.

로리 공군기지의 재개발은 계획단계에서도 지역 주민의 의견이 충분히 반영되었다. 훌륭한 공간으로 재탄생할 수밖에 없는 접근이다. 커뮤니티의 참여와 의견 반영이 얼마나 중요한지 잘 보여 주는 사례이다.

〈그림 52〉 Lowry 공군기지 개발 후 모습
(https://casestudies.uli.org/wp-content/uploads/2015/12/C036009.pdf)

둘째, 한발 빠른 재개발계획의 수립을 높게 평가하고 싶다.

로리 공군기지의 폐쇄가 결정되자마자 지방정부는 재개발계획을 만들기 시작했다. 이러한 접근의 덕분에 기지가 실제로 폐쇄되기도 전에 재개발계획이 성공적으로 완성되었다. 미국 공군이 1994년 9월에 공식적으로 운영을 종료했을 때 계획 수립을 담당했던 자문위원회인 LERP는 이미 재개발계획의 작성을 끝냈다. LRA에 따르면, 로리 공군기지는 폐쇄되기 전에 재사용 계획을 수립한 최초의 기지이다.

모든 일은 최초의 방향 설정이 중요하다. 한발 빠른 계획의 수립은 폐쇄되는 거대한 공군기지의 부지를 개발하는 방향이 빨리 설정되었음을 의미한다. 전문가들은 로리 공군기지 재개발의 성공은 신속한 초기 계획 수립의 덕분이라고 분석하고 있다.

셋째, 로리 공군기지의 역사적인 특징을 살려서 스토리가 있는 공간을 만들었다.

로리의 재개발 과정에서 기지의 독특하고 역사적인 특징을 많이 유지하였다. 공군기지에서 사용하던 거대한 격납고 두 개가 그대로 보존되었다. 이 거대한 격납고들은 Wings Over the Rockies Air and Space Museum으로 사용되고 있다. 공군이 주둔할 때 사용하는 많은 장교 숙소도 철거하지 않고 원형을 잘 살려서 고급 주택으로 재개발하였다. 1,000명 규모의 인원을 수용하던 거대한 막사 건물은 원형을 보존하여 노인 생활 시설을 위한 아파트로 만들었다. 기지 내부에 있던 증기 발전소는 Power House Lofts라는 주거시설로 재개발되었다. 부대가 사용하던 연병장(parade ground)을 활용하여 주택을 건설하였다.

부대가 주둔하는 과정에서 사용하던 시설이나 공간 중에는 보존의 가치가 크고 스토리를 만들어 줄 수 있는 곳이 많다. 재개발을 위해서 기존의 공간에 있던 모든 건축물을 없애고 멋들어진 신축 건물로 채우는 방식의 개발이 우리에게 익숙하다. 그렇게 하면 개발의 높은 경제성을 얻을 수 있다. 그런데 사람이 살아가야 할 공간에 온기를 주는 스토리가 없어서 삭막함이 넘칠 것이다. 로리의 재개발 과정은 우리에게 그러한 교훈을 준다.

로리 공군기지의 재개발 사업이 성공적으로 진행되었다. 그래서 로리의 사례는 이 책에서 주장하는 세 마리 토끼를 잡았다고 생각한다.

첫 번째 토끼인 '군 본연의 임무 수행에 전념할 수 있는 여건의 조성'에 도움이 되었다.

로리 공군기지의 폐쇄는 효과적이고 효율적인 군 운용을 위한 미국 국방정책 추진의 일환이다. 이 공간의 개발이 성공적으로 진행되면, 기지의 축소와 재배치라는 미국 국방정책의 추진에 긍정적인 영향을 주게 된다. 결론적으로, 로리의 폐쇄된 공간은 성공적으로 개발되었다. 그래서 궁극적으로 미국 국방 차원에서 보면, 본연의 임무 수행에 전념할 수 있는 여건의 조성이 도움이 되었다고 생각한다.

두 번째 토끼인 지역 경제 활성화와 일자리 창출에 기여할 수 있었다.

로리 공군기지의 재개발은 매우 성공적이었다. 2009년에 사업이 완료되었는데, 일자리가 7,000개 창출되었다. 인구 천명이 유입되었으며, 4,500채의 주거시설이 조성되었다. LRA는 1994년과 2003년 사이에 전체 재개발이 40억 달러의 경제적 영향을 창출했다. 로리 주민들은 지출과 판매, 재산세를 통해 지방정부에 약 2,700억 원의 세수를 창출했다. 로리 공군기지의 성공적인 재개발은 그래서 두 번째 토끼도 잡았다고 할 수 있다.

세 번째 토끼인 민군 갈등의 완화에도 도움이 되었다고 생각한다.

기지가 폐쇄가 발표되었을 때 지역 주민들이 받은 충격이 컸다. 기지를 중심으로 창출되던 일자리가 줄어들고, 구매력이 크게 떨어지기 때문이다. 만약 기지를 폐쇄한 이후에 지역 경제가 나빠지면 주민들은 미국 공군과 국방부를 비난할 것이다. 아무런 대책도 없이 무책임하게 기지를 폐쇄했다고 주장할 수 있다.

로리 공군기지의 성공적인 재개발은 이러한 걱정을 모두 없앴다. 오히려 기지의 폐쇄라는 위기를 기회로 활용하여 지역이 더 활성화되고 부유해지는 결과를 가져왔다. 민과 군의 관계가 나빠질 이유가 없다. 오히려 부대의 재배치가 지역의 개발을 촉진했다고 평가될 수 있다. 이러한 여건이 조성되면 궁극적으로 민과 군의 갈등의 완화에 도움이 될 수 있다. 이렇게 하면 세 번째 토끼도 잡을 수 있다.

② 중국 베이징 무기공장 지대 재생

중국 북경에 있던 군사용 공장 지대가 폐쇄되면서 이곳을 문화예술의 공간으로 재탄생시킨 사례이다.

과거 군사 무기를 만드는 공장이었던 장소가 현재는 중국의 현대 미술과 문화의 중심지로 변모하였다. 군사용 공장의 이름이 798공장이었다. 그래서 예술의 중심지로 바뀐 이후 이 지역의 이름을 798 예술구로 부른다.

798 예술구(Art Zone)는 중국 북경에 있는 문화예술 중심 구역이다. 798 예술구는 50년 동안 군사용으로 사용하다가 폐쇄된 공장 건물 단지였다. 군사용 공장으로 사용하던 건물들은 약 50년 전에 폐쇄되었다. 지금은 폐쇄된 과거의 군사용 공장 지대가 중국의 현대 미술과 문화를 대표하는 지역이 되었다. 중국에서 예술과 문화를 즐기고 탐구하는 장소의 상징이다. 여기에는 갤러리, 작업실, 상점, 카페 등이 즐비하다. 전시 행사를 포함한 다양한 문화와 예술 활동이 진행된다. 이 지역은 북경의 예술과 문화의 중심이 되면서 북경의 관광 명소가 되었다.

매년 지구촌에서 중국 북경에 오는 많은 사람이 이곳을 찾는다. 이 지역의 갤러리와 공간에서는 세계적인 기업 행사나 패션쇼가 열린다. Sony, Omega, Christian Dior, Royal Dutch Shell, Toyota 등이 대표적이다. 이곳은 베이징 퀴어 영화제와 베이징 디자인 위크의 주요 행사장이기도 하다.

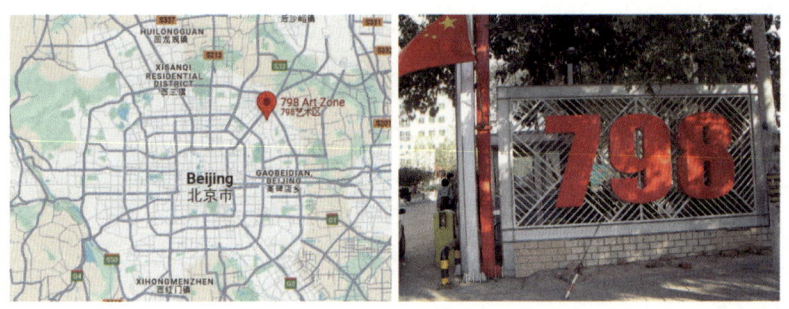

〈그림 53〉 중국 북경의 798 예술구(Google Map)

798 예술구의 예전 이름인 798공장 지대는 냉전 시기에 주로 무기를 생산하던 공장이 들어서 있던 곳이다. 동서 냉전으로 표현되는 2차대전 이후 공산 진영과 자유 진영의 대립이 계속되던 시기에 중국은 군사용 무기와 장비를 생산하는 공장을 짓기 시작했다. 새롭게 건설하는 공장 지대의 이름을 718 공장 단지로 명명하였다.

718 공장 단지는 여러 개의 하위 공장으로 구성되었다. 798 예술구는 여러 개의 하위 공장 중의 하나인 798공장 지대다. 〈그림 53〉에 표시된 대로, 798 예술구는 북경 시내의 동북쪽 외곽인 대산자교(大山子桥) 고가도로 남쪽, Jiǔxiānqiáo Lù(酒仙桥路)의 2번과 4번 골목에 있다.

군사용 무기를 생산하던 718 공장 단지의 조성은 1952년에 승인되었다. 당시에 자체 기술력이 충분하지 않던 중화인민공화국은 구소련과 동독의 도움을 받아서 공장을 설립하였다.

1954년 4월에 공장 건설이 착공되었다. 북경 동북쪽 농경지가 공장 건설의 터로 확정되었다. 중국 정부가 군 공장에 7로 시작하는 이름을 붙이는 방식에 따라 이 공장 지대는 공동공장(Joint Factory) 718로 명칭이 정해졌다. 공동공장 718은 다양한 군사 장비와 민간 장비를 생산했다. 718은 10년의 운영 기간을 거쳐서 여러 개의 하위 공장으로 분할되었다. 분할된 공장의 이름은 706, 707, 751, 761, 797, 798 등이었다. 798 공장은 그래서 718 공동공장 지대의 하위 공장이다.

군사용 공장 지대의 재생은 특별한 추진 주체가 없이 북경 시가지의 변화 및 확장과 연계하여 자연스럽게 외곽으로 밀려난 예술가들이 이 지역으로 들어오면서 예술지구로 변모했다.

1980년대에 들어서면서 718 공동공장 지역이 쇠퇴하기 시작했다.

등소평이 집권하여 개혁을 진행하는 과정에서 많은 국유 기업이 정부의 지원을 받지 못했다. 718 공동공장도 정부의 지원을 받지 못하면서 쇠퇴했다. 1980년대 후반에서 1990년대 초반에는 대부분 공장이 생산을 중단했다. 공장 건물이 대부분 폐허가 되고 버려졌다.

798 지역의 공장도 더 운영하지 않았다. 북경의 외곽에 있는 이 공장 지대는 그래서 방치 수준으로 남게 되었고, 폐허화되었다. 여기에 시내 중심지에서 밀려난, 경제적으로 상황이 좋지 않은 예술가들이 모여들기 시작했다.

798공장이 있던 지역에 예술가들이 모이고, 작업실이 생기고, 작품을 전시하는 공간이 생겨났다. 사람이 모이면서 음식점과 다양한 상점들이 생겨났다. 옛 공장 시설의 일부가 갤러리, 상점, 전시관, 강당 등 다양한 용도로 사용되었다. 이러한 과정을 거치면서 798 예술구는 중국의 문화와 예술을 대표하는 세계적인 명소가 되었다.

1980년대 당시 북경에서 활동하던 예술가들은 중국 정부의 환영을 받지 못했다. 북경의 예술가 집단은 1984년부터 1995년까지 북경 북서쪽의 옛 여름 궁전 근처의 낡은 건물에서 활동했었다. 중국 정부에 의해 이곳에서 퇴거당한 예술가들은 북경의 도심에서 차로 1시간 이상 떨어진 동부의 통저우 지역으로 옮겨갔다.

이러한 예술가 집단이 북경의 동북쪽으로 밀려나는 시기에 798공장을 포함한 718 공장 단지가 폐허가 되고 빈 건물이 생긴 것이다. 1995년에는 북경 중앙미술학원(CAFA, Central Academy of Fine Arts)이 창고와 작업 공간을 찾아 706공장에 자리를 잡았다. 이후 여기에 미술 활동을 위한 스튜디오가 세워졌다. 예술 활동과 관련된 노동자와 방문객이 이곳을 찾기 시작했다. 2003년까지 718공장 지대에 30명 이상의 예술가, 디자이너, 출판사들이 모여들었다. 전시 공간도 생겨나기 시작했다. 일본 도쿄 갤러리의 타바타 유키히토가 이곳에 북경 도쿄 아트 프로젝트(BTAP, 北京东京艺术工程)를 개장했다.

798공장 지역에는 〈그림 54〉에서 보는 바와 같이 독일 건축가들이 만든 높은 아치형 천장이 특징인 공간이 있었다. 이 공간이 전시 공간으로 개조되었다.

BTAP는 이 공간에서 2002년에 개막 전시회인 "Beijing Afloat"를 개최했다. 1,000명 이상이 전시회를 찾으면서 이 지역이 더욱 알려졌다. BTAP 옆에 798 스페이스 갤러리도 세워졌다. 798공장의 중심에 있는 건물은 면적이 1,200㎡의 동굴 같은 바닥과 여러 개의 아치형 천장으로 구성되었

〈그림 54〉 798 예술구의 상징인 아치형 천정이 있는 건물(Google Map)

다. 이 아치형 건물이 798 지역의 상징이 되었다. 이 공간을 활용하여 여러 개의 전시장이 준비되었다. 전시장의 뒷골목에는 카페와 레스토랑이 생겨났다. 미국인 로버트 버넬은 이곳에 타임존 8이라는 예술 관련 서점, 갤러리, 출판 사무실을 차렸다. 예술가들이 점차 이 지역의 공간을 확보하고 임대하였다. 입소문을 통해 예술가와 디자이너들이 모여들기 시작했다.

2003년에 루지에(卢杰)는 역사적 장정을 예술적으로 재해석하는 프로젝트인 장정재단을 설립했다. 그 무렵 싱가포르 소유의 차이나 아트 시즌(北京季节画廊)이 범아시아 미술품을 전시하기 위해 여기에 문을 열었다. 그 직후 UCCA(Center for Contemporary Art) 현대미술센터가 단지 내에서 가장 큰 공장 중 한 곳에 설립되어 이 구역의 랜드마크로 자리 잡았다.

798 예술구의 변화는 그래서 우리나라 성수동이 공장 지대에서 국내외 젊은이들이 찾는 인기 있는 지역으로 변모하는 과정과 유사하다.

방치되었던 군사용 공장 지대를 문화예술의 공간으로 성공적으로 변화시킨 798 예술구 사례는 군 유휴시설과 공간의 효과적인 활용의 관점에서 많은 시사점을 주고 있다.

첫째, 역사적으로 이야깃거리(story)가 있는 소재의 활용이다.

798공장 지역이 아무런 이야깃거리가 없이 단순하게 예술인들이 모여서 활동하던 거리였다면 오늘과 같은 명소가 되었을까? 사람의 감성을 자극할 수 있는 이야깃거리가 있다면, 그 공간은 비록 군사용 무기를 만드는 공장이라는 시설의 활용 차원을 넘어선다. 798공장은 냉전 시대 군사적 대치의 산물이다. 냉전 시대 군사시설이지만 여기에는 중국의 구상, 소련의 지원, 동독의 건축과 디자인 기술이 있다. 이러한 이야깃거리와 함께 중국 공산당 정부에 의해 북경의 중심부에서 밀려난 예술가들의 사연이 합쳐져서 798 예술구라는 명소가 탄생했다.

군사시설은 안보 환경 변화와 함께 새로 만들어지기도 하고 없어지기도 하고 방치되기도 한다. 이 과정에서 많은 이야깃거리가 공간에 담긴다. 군 유휴시설과 공간의 활용과 명소화는 늘 이야깃거리와 함께 생각해야 한다. 798 예술구가 우리에게 주는 시사점이다.

둘째, 건물과 공간 원형 유지의 가치에 대한 재발견이다.

무기의 생산과 민수용 물품의 생산을 위해 798공장이 세워질 때 동독의 기술자들이 설계하고 시공했다. 1950년대 당시 실용성을 추구하는 독일인의 건축 방식이 도입되었다. 1980년대에 공장이 가동을 멈추고 방치되는 상황에서 새로 개발할 때는 통상 오래된 건물을 모두 없애고 새로 짓는 방식이 많이 적용된다. 798공장 지대의 건물과 시설은 대부분 원형이 많이 유지되었다. 그래서 공간과 시설의 가치가 높아졌고, 이 지역이 명소로 탄생했다.

군 유휴시설이나 공간도 무조건 철거해서 없애기보다는 원형의 가치를 잘 따져야 함을 798 예술구는 우리에게 보여 준다. 특히 분단국가인 우리나라의 경우 안보 환경의 변화로 사용하지 않는 군사시설이나 공간이 앞으로 더 많아질 것이다. 군 유휴시설이나 공간의 재조정 과정에서 반드시 이러한 요소를 고려해야 한다.

셋째, 798 예술구는 군 유휴시설과 공간의 활용 과정에서 관의 개입이 없는, 민(民) 주도의 명소화 가능성을 보여 주고 있다.

798 예술구는 군 유휴시설이나 공간의 명소화 과정에서 민(民)에 의한 자발적이고 자연적인 재생 과정을 보여 주는 독특한 사례이다. 798 예술구가 새로운 모습으로 변모하는 과정을 보면 관의 개입이 거의 없었다. 일반적인 군 유휴시설이나 공간의 활용은 군이나 중앙정부 또는 지방정

부의 주도로 이루어진다. 상업지구나 주거 지역으로 개발은 민간 기업이 주도하지만, 798 예술구처럼 군 유휴시설과 공간을 명소화하는 과정에서는 그렇다. 군 유휴시설이나 공간이 개발되면 활용의 고객은 민(民)이다. 어떤 형태로든 민(民)의 참여가 많을수록 성공의 가능성이 커진다. 고객의 의견이 처음부터 끝까지 반영되기 때문이다.

우리나라의 군 유휴시설이나 공간 재생의 사례가 앞으로 많이 발생할 것이다. 798 예술구의 명소화 과정은 그런 차원에서 우리에게도 좋은 본보기가 될 수 있다.

798 예술구의 명소화는 민(民)에 의해 자발적이고 자연스럽게 진행되었다. 그래서 이 책에서 주장하는 세 마리 토끼 잡기 관점에서 보기가 쉽지 않다.

798 예술구의 명소화는 군 유휴시설과 공간의 활용으로 지역의 발전에 기여했다는 측면에서 직접적으로 두 번째 토끼 잡기와 연관이 된다. 첫 번째 토끼인 군 본연의 임무에 집중할 수 있는 여건의 조성과 세 번째 토끼인 민군관계의 발전 차원에서는 간접적으로 도움이 되었다고 생각한다. 방치된 군의 역사적 유물이 가진 시설, 공간, 이야깃거리가 798 예술구의 큰 자산이자 명소화의 원천이기 때문이다.

③ 싱가포르 공군기지 개발

군부대가 사용하는 시설을 이전, 재배치하여 국가의 미래 전략 구현에 필요한 공간과 가치를 창출하는 사례이다.

이 사업의 대상이 되는 군부대는 싱가포르 동남부에 있는 파야 레바(Paya Lebar)라는 싱가포르 공군기지다. 파야 레바 공군기지는 싱가포르 창이 국제공항 근처에 있다. 싱가포르 정부는 파야 레바 공군기지를 인근 다른 기지에 통합하면서 국가의 미래 전략과 연계하여 파야 레바 공군기지로 사용하던 공간을 주거와 상업시설로 개발하는 프로젝트를 계획하여 시행하고 있다.

〈그림 55〉 파야 레바 공군기지(좌 : Google Map, 우 : 싱가포르 도시재개발청)

파야 레바 공군기지는 1955년에 만들어졌다. 1954년에 싱가포르의 국제공항이었던 칼랑 국제공항(Kallang Airport)을 대체하기 위해 지어졌다. 최초 이름은 싱가포르 국제공항(Singapore International Airport)이었다. 싱가포르가 독립되기 이전에는 말라야 항공의 허브 역할을 했다. 말라야 항공이 말레이시아 항공과 싱가포르항공으로 분리되면서 이 공항은 싱가포르항공의 허브가 되었다.

이후 공항의 수요가 많아지고 시내 중심부와 가까워서 소음 문제도 제기가 되었다. 안전 확보를 위한 비행장 주변의 고도 제한이 국가 발전에 지장을 주었다. 싱가포르 정부는 공항의 확장을 시도했으나 성공하지 못하고 1975년에 시내 외곽의 창이에 새로운 국제공항을 만들기로 하였다. 1981년에 파야 레바 공항의 기능이 창이 국제공항으로 이전되었다.

민간공항의 기능이 없어지자, 이 비행장은 공군의 기지로 사용되었다. 명칭도 파야 레바 공군기지(Paya Lebar Air base)라고 불렀다. 미국 태평양공군 소속 제497 전투훈련비행대도 이 기지를 사용한다.

참고로 싱가포르 공군을 보면, 공군의 규모는 8,000여 명 정도이다. 싱가포르 공군은 최신예 전투기인 F-35를 포함하여 수백 대의 전투기를 보유하고 있다. 공중조기경보기, 공중급유기, 대형 수송기를 포함한 다양한 지원기도 보유하고 있다. 아파치 헬기, 해상초계기 등 다른 나라의 육군이나 해군이 보유하고 있는 모든 항공기는 싱가포르 공군에서 운영한다.

싱가포르의 면적은 약 720㎢이다. 면적이 약 605㎢인 서울과 비교하면 대략 규모가 상상된다. 싱가포르에는 공군기지를 포함해서 총 6개의 비행장이 있다. 국토의 전체 면적을 고려할 때 많은 활주로가 있는 편이다. 싱가포르 공군은 국내에서 파야 레바 공군기지, 텡가 공군기지, 셈바왕 공군기지를 운영하고 있다 창이 공항에서는 창이 공군기지도 같이 사용한다.

 싱가포르의 좁은 국토 면적으로 인해 자국에서 공군 자산을 모두 운용하는 데 어려움이 있다. 그래서 국내는 물론 호주, 인도네시아를 포함한 주변국과 미국에 공군의 자산을 주둔시키거나 훈련 목적으로 나가 있다.

 싱가포르 정부는 동남부에 있는 공군기지를 다른 곳으로 이전·통합하여 기존 군의 부지를 국가 미래 전략 구현에 필요한 공간으로 활용하는 전략을 수립하였다.

 군 시설과 공간의 효과적인 활용 차원에서 진행되고 있는 이 사업은 싱가포르 정부가 주도하고 있다. 사업의 핵심은 싱가포르 미래 세대를 위한 대규모 주거단지, 상업, 휴식 공간의 창출이다. 파야 레바 공군기지를 이전하고 그 부지에 공공 및 민간 주택 15만 호를 조성하는 것이 싱가포르 정부의 계획이다. 주택 단지에는 편의 시설, 여가 시설, 상업 및 산업 개발 지구가 함께 조성된다.

 싱가포르 정부는 파야 레바 공군기지의 시설 노후화 등의 이유로 2030년까지 군사기지의 역할을 싱가포르 창이 공항과 텡가 공군기지로 이전할 계획이다. 공군기지가 폐쇄되면 해당 지역은 물론 기지 주변의 고도 제한도 풀린다. 후강, 마린 퍼레이드, 풍골과 같은 지역이 고도 제한이 풀리는 곳이다.

파야 레바 공군기지는 싱가포르 동남부에 있다. 싱가포르에서 동남부는 시내 중심부보다 상대적으로 개발이 덜 된 곳이다. 공군기지가 많은 공간을 차지하고 있고 고도 제한으로 개발 규제가 많기 때문이다. 파야 레바 공군기지의 이전 검토는 공군기지의 시설 노후화라는 표면적인 이유는 물론 싱가포르의 인구변화 추이와 함께 보아야 한다.

싱가포르의 총인구는 계속 증가하고 있다. 2024년 인구는 600만 명을 넘었다. 싱가포르 정부의 계획은 2030년대 중반까지 총인구를 690만 명으로까지 확대하는 것이다. 이러한 인구의 증가는 새로운 공간이 필요하다.

싱가포르의 매우 제한된 공간을 효율적으로 활용하는 과정에서 핵심적인 역할을 하는 기관이 싱가포르 도시재개발청(URA, Urban Renewal Authority)이다. 싱가포르 도시재개발청은 장기 계획을 바탕으로 도시 디자인, 개발, 주택 보급은 물론 차량 주차 시스템까지를 통제하는 기관이다.

싱가포르 도시재개발청은 2021년에 파야 레바 공군기지 공간의 활용을 검토했다. 도시재개발청은 싱가포르의 토지를 향후 40~50년 동안 재활용할 수 있는 방법에 대한 국민의 의견을 수렴했다. 의견 수렴을 바탕으로 파야 레바 공군기지와 주변 지역의 재개발계획은 2022년 6월 6일에 일반에 공개되었다.

도시재개발청이 제안한 파야 레바 공군기지 개발의 핵심은 2030년부터 싱가포르 공군을 외부로 이전하여 공군기지와 주변 산업 공간 240만 평

(800ha)을 확보하는 것이었다. 이 개발 프로젝트의 소요 기간은 20~30년으로 하였다.

  싱가포르 도시재개발청은 파야 레바 공군기지에 주택과 레크리에이션 시설, 기업을 위한 공간을 제공하겠다고 했다. 공군기지 이전은 해당 지역의 직접적인 개발은 물론 공군기지 인근 지역인 후강, 마린 퍼레이드, 풍골과 같은 지역의 건물 높이 제한이 해제되기 때문에 도시 개발과 공간의 활용이 가능해짐을 의미한다.

〈그림 56〉 파야 레바 지역 재개발 조감도(싱가포르 도시재개발청, https://www.ura.gov.sg/Corporate/Planning/Master-Plan/Master-Plan-2019/Urban-Transformations/Paya-Lebar-Airbase)

싱가포르 도시재개발청의 파야 레바 공군기지 지역의 개발 전략을 보면, 우선 일반 국민과 민간 기업을 참여시키는 개념을 모색하고 있다. 워낙 큰 규모이고 20년 이상 추진하는 대형 사업이다 보니 대중의 의견 반영은 물론 민간의 자본이 투입되어야 함을 의미한다.

도시개발청은 또한 이 지역의 개발에 공군기지의 활주로를 효과적으로 활용하는 개발 전략을 모색하고 있다. 파야 레바 공군기지의 활주로 길이는 3.8km이다. 여기에 건설될 미래 도시를 활주로와 평행하게 배치하는 구상을 하고 있다. 활주로가 도시의 중심 척추가 되도록 용도가 변경되어 도시의 한쪽 끝에서 다른 쪽 끝까지 확장되는 개념이다. 공기의 순환도 고려하고 인접 도심과의 연결에도 좋다. 커뮤니티의 공간을 구성하는 데도 활주로를 중심으로 하는 기획을 하고 있다. 공군기지의 유산을 최대한 활용하면서 독특한 도시의 구조를 만들고자 하는 의도이다.

활주로 측면의 녹지와 기지의 다른 편의 시설도 사용하여 활주로를 고유한 특성과 목적이 있는 구간으로 꾸미는 구상을 하고 있다. 여객 건물, 관제탑, 벙커 시설 등을 주택은 물론 거주민의 레크리에이션 시설로 변형하고 통합하는 방안도 검토되고 있다.

환경을 고려한 녹색지대의 연계가 도시개발청의 개발 주안이다. 도시의 확장은 물론 미래 세대의 주거 환경까지를 고려한 개발을 진행하는 계획이다. 여기에 주거와 일터를 근접시켜서 도시의 지속 가능성을 높이고 일상의 공간을 확보하는 접근도 하고 있다.

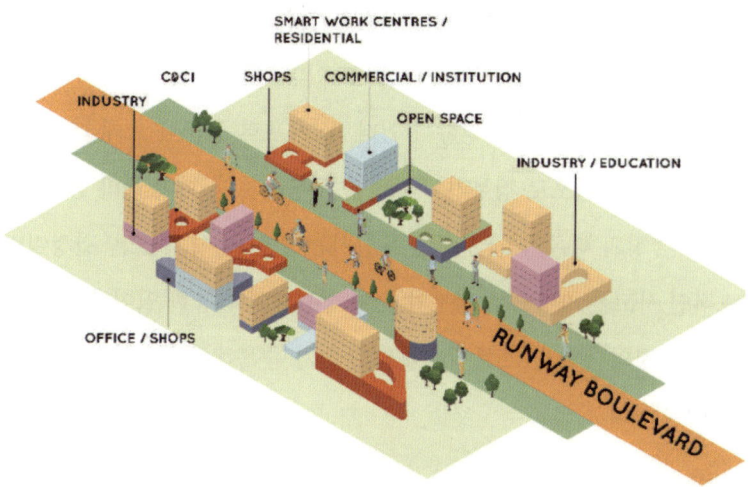

〈그림 57〉 파야 레바 활주로의 특징을 유지한 도시 개발 구상(싱가포르 도시재개발청)

파야 레바 지역에는 아직도 싱가포르 공군 부대가 주둔하고 있다. 지금은 20년 이상의 시간에 거쳐서 추진되는 개발사업의 초기 단계이다. 2030년에 부대가 이전하기 때문에 사업 추진의 모습이 아직은 물리적으로 드러나지 않는다.

사업의 초기 단계이지만, 군부대의 기능을 이전·통합하여 국가의 미래 전략에 필요한 공간과 가치 창출을 시도하는 싱가포르의 사례는 군이 점유하는 공간이 많고 점차 유휴시설이 증가하고 있는 우리에게 많은 시사점을 주고 있다.

첫째, 군 기지와 민간 공항의 기능을 과감하게 통합하는 구상에 주목해야 한다.

싱가포르는 국토가 매우 좁다. 공간의 가치가 소중한 나라이다. 좁은 국토에 여러 개의 공군기지를 운영하고 있다. 군은 기능 발휘에 필요한 전용 공간을 갖고자 하는 경향이 있다. 싱가포르 공군도 크게 다르지는 않을 것이다. 싱가포르 정부가 주도하는 구상이지만, 파야 레바 공군기지를 창이 공항과 다른 공군기지에 통합하는 방안은 쉽지 않은 결정이다. 전략적인 사고를 바탕으로 정부와 군이 공감해야 가능한 일이다. 파야 레바 공군기지의 재개발 프로젝트에서 우리가 주목해야 할 부분의 하나가 바로 이 점이다.

둘째, 군이 사용했던 공간의 재개발 과정에서 군의 유산을 잘 유지하고 활용하는 방안의 모색이 돋보인다.

파야 레바 공군기지에는 길이 3.8km의 활주로가 있다. 관제탑과 같이 공군기지를 운용하기 위해서 꼭 필요한 시설도 많다. 비록 이 공간이 도시 전체의 성장을 위해서 주거 공간과 경제활동 공간으로 재개발되지만, 싱가포르 정부는 공군기지의 역사와 정체성, 그리고 외형적인 특징을 유지하는 전략을 구상했다.

공군기지가 가진 풍부한 항공 자산을 유지하면서 공간을 재개발한다면 두 마리의 토끼를 동시에 잡을 수 있다. 경제 개발이라는 토끼와 함께 군의 정체성과 역사를 유지하는 토끼를 잡는 것이다. 지속 성장이 가능한 지역으로 개발되면서 동시에 공군이 오랫동안 주둔했던 기억이 보존되면 싱가포르군에서 복무했던 많은 사람에게 좋은 선물이 될 것이다. 이야깃거리

(story)가 함께하는 활기차고 즐거운 공간으로 변모가 가능할 것이다.

셋째, 군 시설과 공간을 국가 발전의 미래 전략과 연계하여 추진하는 모습이 매우 인상적이다.

이 사례는 정부 주도의 공간 개발과 활용 계획이다. 싱가포르 정부는 단순한 주거단지 조성과 경제활동 활성화를 위한 계획 이상의 의미와 의도를 갖고 이 사업을 추진하고 있다. 리셴룽 싱가포르 총리의 2022년 8월 1일 연설에 그 의도가 잘 드러나고 있다. 리 총리는 파야 레바 지역의 재개발계획을 밝히면서, 이 계획이 수십 년에 걸쳐 진행될 것이며 싱가포르 동부를 완전히 새롭게 변모시킬 예정이라고 했다. 과거 세대가 현재의 싱가포르를 계획하고 만들었던 것처럼, 지금의 싱가포르 국민이 다음 세대와 그 이후 세대를 위해 미래의 싱가포르를 상상하고 건설하는 것을 멈추지 않아야 한다고 강조했다.

군 유휴시설이나 공간의 활용이 국가의 미래 전략과 연계되는 소재임을 싱가포르의 파야 레바 사례는 잘 보여 준다. 국토의 효율적인 활용 차원이다. 우리나라의 군 유휴시설이나 공간 또는 군이 현재 사용하고 있는 공간의 재조정도 이러한 관점에서 디자인되어야 할 것이다.

넷째, 시민이 주도하는 공공 공간의 조성과 활용 계획에 주목해야 한다.

파야 레바 공군기지 부지의 재개발은 싱가포르 도시재개발청이 주도한다. 싱가포르 도시재개발청은 일찍부터 시민주도형 공공 공간 활성화 프로젝트를 시행해 오고 있다. 이 사례도 마찬가지다. 도시재개발청의 파야 레바 재개발계획 소개자료를 보면 이러한 의도가 잘 드러난다. 도시재개발청은 파야 레바 재개발을 계획하면서 재개발 개념을 정하는 초기 단계에서부터 대중을 참여시켰다. 새롭게 조성되는 공간에서 실제 살아가야 할 정책 고객의 의견을 반영하고 있다.

공간의 정책 고객인 대중의 의견이 반영된 파야 레바 재개발에서는 그래서 다음과 같은 요소들이 강조되고 있다. 첫째, 파야 레바 지역의 독특한 정체성과 장소 감각을 살리는 재개발을 추진하고 있다. 둘째, 문 앞에서 자연과 놀이하는 주거 공간을 만들고 있다. 건강한 커뮤니티를 육성하려고 하고 있다. 사람들이 즐길 수 있는 의미 있는 녹지와 놀이 공간을 만들고, 다양한 경험을 제공하는 공원과 놀이 공간의 네트워크를 만들고자 한다. 셋째, 미래 세대를 포용하는 차세대 동네를 만들고 있다. 한 공간에서 살고, 일하고, 놀고, 움직이는 흥미로운 새로운 방법을 모색하고 반영하려고 한다. 시민이 주도하고 정부가 계획성 있게 추진하면 새롭게 조성되는 공간에서 활동하는 싱가포르 시민들의 만족은 더욱 커질 것이다.

파야 레바 공군기지의 재개발 사업이 성공적으로 진행되면, 이 책에서 주장하는 세 마리 토끼를 잡을 수 있다고 생각한다.

첫 번째 토끼인 '군 본연의 임무 수행에 전념할 수 있는 여건의 조성'에 도움이 된다.

파야 레바 공군기지의 폐쇄와 이전통합은 국가 미래 전략 추진의 한 부분이다. 하지만, 정부의 계획에서 밝힌 대로 파야 레바 공군기지의 시설 노후와도 이전을 추진하는 핵심 이유의 하나이다. 공군부대가 낙후된 시설에서 이전하여 새롭고 편리한 시설을 사용하게 되면 임무 수행의 여건이 좋아진다. 군의 기능 발휘에 도움이 되는 계획이다.

싱가포르 공군의 처지에서도 여러 개로 분리되어 운영되던 공군기지가 통합되고 줄어들면 관리의 소요가 줄어든다. 기지가 통합되면 관리와 작전 수행 여건이 좋아진다. 여러모로 시너지 효과가 발생한다. 싱가포르 공군의 인력은 8,000여 명 규모이다. 이 규모의 병력으로 모든 항공 자산을 관리하고 운영해야 하는 싱가포르 공군의 입장을 고려하면 기지 통합의 당위성은 매우 높다. 파야 레바 공군기지의 재개발을 위한 이전과 통합은 그래서 첫 번째 토끼를 잡을 수 있다.

두 번째 토끼인 지역 경제 활성화와 일자리 창출에 기여할 수 있다.

파야 레바 공군기지가 폐쇄되고 재개발되면 15만 채 이상의 공공 주택이 공급된다. 상업지구가 동시에 조성되어 경제활동이 증가하게 된다. 도심에서 멀리 떨어진 지역의 주민이 일과 삶의 균형을 유지하도록 개발되기 때문이다. 이러한 재개발 과정을 거치면, 싱가포르에서 상대적으로 개발이 늦었던 동부지역이 싱가포르의 지역 중심지의 하나로 점차 변모할 것이다.

정주 인구가 증가하고 기업활동이 병행되면 지역의 일자리도 많이 창출된다. 파야 레바 공군기지의 이전과 재개발은 그래서 두 번째 토끼를 잡을 수 있다.

세 번째 토끼인 민군관계의 형성에도 긍정적인 영향을 줄 수 있다고 생각한다.

파야 레바 공군기지의 재개발은 인구 유입, 경제 활성화, 일자리 창출로 이어질 것이다. 1950년대부터 비행장이 운영되면서 고도 제한, 소음 등의 피해에 시달리던 지역 주민들의 삶이 윤택해진다.

파야 레바 주변 지역의 주민들도 공군기지의 폐쇄를 환영한다. 오랫동안 적용되던 건물의 높이 제한이 해제되기 때문이다. 고도 제한이 없어지면 토지의 공간 재생과 활용에 큰 도움이 된다. 해당 지역 전체를 구역 단위로 개발하는 방안의 구상도 가능해진다.

공군기지가 폐쇄되어 지역이 발전하고 지역 주민의 삶이 윤택해진다면 부대가 주둔함에 따른 그동안의 불편과 불만이 많이 해소될 것이다. 궁극적으로 국가의 미래 발전과 지속 성장에 군이 기여하는 모습이 된다. 민과 군의 관계가 좋아질 수밖에 없다. 이렇게 하면 세 번째 토끼도 잡을 수 있다.

④ 폴란드 레그니차 지역 군사시설 재생

　이 사례는 폴란드의 남서부에 있는 소도시인 레그니차(Legnica) 지역의 옛 군사시설의 재생에 관한 내용이다.

　동서 냉전 시대에 폴란드에는 큰 규모의 소련 군대가 주둔했었다. 냉전이 끝나면서 구소련군은 폴란드에서 철수하였다. 이 과정에서 대규모의 군 유휴시설과 공간이 생겼다. 많은 건물이 방치되고 버려졌다. 폴란드는 이전에 군사시설로 사용하던 건물과 공간을 다양한 형태와 방법으로 재개발하여 역사성과 정체성을 유지하면서 지역의 지속 발전을 위한 과정을 진행하고 있다. 이 사례에서는 폴란드의 군 유휴시설 재개발과 활용이 어떻게 진행되었고 우리에게는 어떤 함의를 주는지를 살펴보고자 한다.

〈그림 58〉 재생된 Niel 군 막사의 모습(https://doi.org/10.3390/buildings12020232)

이 사례에서는 폴란드 레그니차 지역의 군사시설 재활용에 관해 얘기하고자 한다. 폴란드에서는 군이 사용하던 많은 시설이 재개발되고 있다. 레그니차 지역은 폴란드 내에 군사시설이 있는 여러 도시의 하나이다.

폴란드 남서부에 있는 레그니차는 독일과의 남서쪽 국경 근처에 있다. 레그니차는 역사적으로 여러 왕조가 통치했다. 보헤미아 왕국, 오스트리아 합스부르크, 프로이센 왕국이 통치했던 지역이다. 1241년에 몽골군과의 전투가 있었던 곳이기도 하다. 2차대전 때는 독일군이 폴란드를 점령하여 통치했다. 2차대전이 끝난 후 레그니차는 폴란드 인민 공화국의 일부가 되었다. 이후 폴란드에 주둔하는 소련군의 본거지가 되었다.

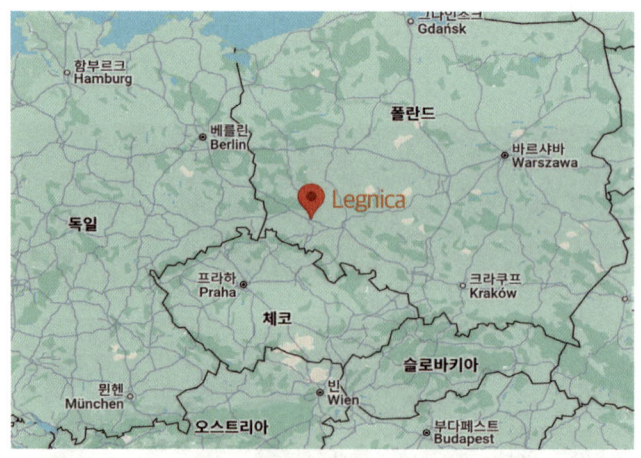

〈그림 59〉 폴란드 레그니차(Legnica)의 위치(Google Map)

소련은 2차 세계 대전이 끝난 후 48년 동안 레그니차에 소련군 북부군 사령부를 유지하였다. 소련 북부군 사령부는 당시 폴란드에 주둔한 소련군의 군사 조직이다. 레그니차에는 소련군 북부 집단군 사령부는 물론 소련군 제4공군사령부, 제19통신연대, 제91독립보호 및 보급대대, 제137통신대대, 제245헬리콥터 비행대, 제748통신 장비 저장소 등이 있었다. 소련 북부군 주둔으로 레그니차 면적의 3분의 1 이상이 군대의 영외 거주지로 바뀌었다.

동서 냉전 시대에 러시아인들은 레그니차를 '작은 모스크바'라고 불렀다. 소련군이 레그니차에 주둔한 1945년에서 1993년 사이에 폴란드의 레그니차에 대한 주권의 행사가 매우 제한적인 도시였다. 소련군 부대의 점령은 이 도시를 마치 소련의 작은 도시와 같은 느낌을 주게 했다.

〈그림 60〉 레그니차의 소련 북부사령부 모습(https://coldwarsites.net/country/poland/legnica-a-former-closed-military-town/)

레그니차는 지정학적인 특성으로 인해서 역사적으로 군대가 많이 주둔했다. 이곳에는 그래서 부대의 주둔에 필요한 시설과 공간이 많다.

문헌을 보면, 레그니차에 현재 남아 있는 군사시설은 1880년대부터 만들어졌다. 대부분 추가 건설은 1935년 징병제가 재도입된 이후에 진행되었다. 2차 대전이 끝나면서 레그니차 지역의 군사시설은 소련에 의해 인수되었다.

2차 대전 후에 폴란드 영토에서 소련은 총면적 약 700㎢에 달하는 59개의 군사시설을 사용했다. 레그니차에서 러시아는 약 17㎢의 공간을 차지하면서 1,200개가 넘는 건물을 포함하여 160개가 넘는 부지를 사용하였다.

1990년대 초에 동서 냉전이 끝나면서 군의 병력이 감축되었다. 소련군이 철수하면서 폴란드에 있는 많은 기지가 폐쇄되었다. 한때 소련군의 허브였던 레그니차에는 매우 큰 규모의 군대 막사와 인프라가 남게 되었다. 이렇게 폐기된 많은 군사시설의 활용이 레그니차라는 지역의 발전을 위한 중요한 요소였다. 방치되고 버려진 군 유휴시설을 주거 지역, 상업시설, 문화와 예술의 공간, 녹지로 바꾸는 과제가 남겨졌다.

군에서 사용하던 많은 시설은 원래의 기능을 상실했다. 도시가 번창하려면 새로운 용도로 활용해야 했다. 그런데 이러한 군 유휴시설의 관리와 처리에 필요한 적절한 법규도 아직 충분하게 마련되지 않았다. 폴란드는 군사시설 재생을 위한 기술과 자금도 충분하지 않았다. 과거의 유산인 군사시설이 레그니차에는 너무 많았다. 그중 일부를 매각하기도 했다.

폴란드는 역사적인 건축물을 보존하는 동시에 현대적 요구에 맞게 재활용하는 데 중점을 두고 군사시설을 재생하였다.

앞에서 살펴본 대로 냉전이 종식이 남긴 수많은 군사시설의 재사용이 레그니차 발전의 시급한 문제가 되었다. 이 지역의 군사시설 재사용을 위한 과제는 2가지였다.

첫째, 역사적 가치가 높은 군사시설의 보전이다. 군사시설의 재사용은 건물이나 공간의 역사적 특성을 보존하면서 오래된 건물을 새로운 기능에 맞게 조정해야 했다. 역사적 특성이 보존되지 않으면 엄청난 무형재산을 잃게 된다. 이야깃거리가 없는 도시재생이 되기 때문이다. 역사적 보존을 위해 군 막사의 건축적 특징을 유지하고 역사적 중요성을 토대로 재사용을 모색해야 하는 도전에 직면했다.

둘째, 역사적 특징을 보전하면서도 도시 개발의 기회를 최대한 넓히는 것이 숙제였다. 유휴화된 군사시설이나 부지를 활용하지 않고는 도시의 확장성을 확보하기 어려운 상황이었다. 군사시설과 부지를 재활용하여 도시 재개발과 주거 지역 확장은 물론 도시 내에 새로운 공공 공간을 조성해야 했다.

레그니차 지역의 군 유휴시설과 부지의 재생은 역사적 보전과 도시 개발의 기회라는 두 마리의 토끼를 잡으면서 진행되고 있다. 군 유휴시설과 공간의 재생으로 많은 역사적인 건물이 개조되었다. 군사시설이 주택, 레스토랑, 기업, 쇼핑, 대학 건물과 같은 용도로 전환되었다.

레그니차 지역 군사시설의 재사용을 분야별로 살펴보면, 우선 군사시설을 주거시설로 개발했다. 예전에 군대가 사용하던 막사는 아파트나 주택 단지로 전환되었다. 건물의 내부는 종종 거주민의 생활 수준을 개선하기 위해서 새 단장(리노베이션)이 진행되기도 했다.

〈그림 61〉 아파트(좌), 레스토랑(우)으로 전환된 군사시설
(https://doi.org/10.3390/buildings12020232)

레그니차 지역의 군사시설은 상업시설로도 재생되었다. 일부 건물은 상점과 레스토랑을 포함한 소매 공간으로 전환되었다. 카페나 바(bar)로 재생된 군대의 시설은 도시의 모습을 바꾸고 활기를 가져왔다. 문화와 예술을 위한 공공 공간으로도 활용되었다. 특정 건물은 박물관, 미술관 또는 커뮤니티 센터와 같은 문화적 용도로 재활용되었다. 이전에 군대가 사용하던 공간 일부는 도시의 녹지와 공원으로도 개발되고 있다.

레그니차 지역의 군 유휴시설과 공간의 재활용은 역사적인 가치를 보존하면서 도시 성장의 필요를 충족시켜야 하는 두 가지의 목적을 동시에 달성하는 과정에 주목해야 한다.

첫째, 시민과 함께하는 군 유휴시설의 재생에 주목해야 한다.

군사시설을 재활용하는 노력이 성공하려면 정책의 고객인 지역 주민이 계획단계에서부터 재생 후 활용단계까지 참여하고 그들의 의견이 반영되어야 한다. 레그니차 지역의 군사시설 재활용도 예외가 아니다. 레그니차에는 러시아 군대가 장기간 주둔했다. 도시의 30% 이상을 러시아군이 차지하면서 지역 주민들에게는 다소 이질적으로 느껴지는 러시아 문화가 도시의 분위기를 형성했다. 그래서 냉전이 끝나고 소련군이 철수한 이후에 남겨진 군사시설과 공간에 대한 지역민의 인식이 호의적이지는 않았다. 많은 유휴 군사시설과 공간이 초기에 방치되고 버려진 이유이다.

시간이 지나면서 레그니차 주민들은 군사시설과 공간의 재활용 필요성과 중요성에 공감하기 시작했다. 이 지역의 군사시설 재활용 노력은 그래서 속도가 빠르지는 않지만, 지역 주민의 호응을 받으면서 진행되고 있다. 군사시설의 재활용은 도시의 발전을 위해서 꼭 필요하다. 군사시설의 재활용 과정에서 지역 주민의 정서가 반영되고 고려되어야 성공적으로 진행될 수 있음을 레그니차 사례는 잘 보여 주고 있다.

둘째, 레그니차 지역의 사례는 군 유휴시설의 재생 과정에서 역사적 유산의 유지가 중요함을 잘 보여 주고 있다.

레그니차 지역의 군사시설은 돈으로 살 수 없는 무형적인 가치를 갖고 있다. 200년 이상 국경의 수비대가 주둔하던 곳이다. 1800년대 후반에 지어진 군사시설부터 소련군이 주둔하던 냉전 시기에 지어진 시설과 공간이 레그니차에는 많이 있다. 폴란드의 역사는 물론 레그니차 역사의 현장이다. 레그니차를 여러 왕조가 지배했으므로 유럽의 역사이기도 하다. 레그니차 군사시설의 보존은 이 지역의 역사, 전통, 문화의 보존이다.

폴란드는 레그니차의 군사시설 재활용 과정에서 역사적 가치의 보존을 중시했다. 레그니차 지역에서 2차 대전 직후에는 독일의 흔적을 지우는 차원에서 많은 시설과 상징물이 파기되었다. 냉전이 끝나고 소련군이 철수한 후에 본격적으로 시작된 군사시설의 재활용 과정에서는 소련군의 존재와 관련된 주요 시설과 상징들도 레그니차의 문화적 경관을 구성하는 중요한 요소임을 인식했다. 역사적 가치를 보존하려는 노력 덕분에 주거시설, 상업시설 등으로 재활용되는 레그니차 지역의 이름답고 고풍스러운 군사시설의 모습을 볼 수 있다.

셋째, 레그니차의 사례는 주변과 조화로운 군 유휴시설의 재생이 중요함을 상기시켜 준다.

다양한 용도로 재활용되고 있는 레그니차 지역의 군사시설을 보면 인위적으로 공간과 시설을 만든 흔적이 보이지 않는다. 1880년대 군부대가 주둔하던 모습과 건물이 그대로 있다. 1930년대는 물론 소련군이 주둔하던 건물과 모습도 대부분 그대로이다. 군사시설과 단지의 원형 보존이 이 도시의 경관 자체를 돋보이게 하고 다른 도시와 차별화된 분위기를 만들고 있다.

고풍스러운 근대의 군 막사 건물 옆에 현대식 건물의 극장이나 상업시설이 들어서는 모습을 상상해 보자. 오래된 군사시설이 가진 높은 무형적 가치가 일시에 사라질 것이다. 군 유휴시설의 재생 과정에서 주변과 조화로움 유지가 얼마나 중요한지를 레그니차 사례는 잘 보여 준다.

폴란드 레그니차 군사시설과 공간의 재활용 사업의 성과도, 이 책에서 주장하는 세 마리 토끼를 잡을 수 있음을 보여 주고 있다.

첫 번째 토끼인 '군 본연의 임무 수행에 전념할 수 있는 여건의 조성'에 직간접적으로 도움이 된다.

냉전이 종식되면서 소련군이 폴란드에서 철수했다. 직접적인 군사적 위협이 사라진 폴란드군은 규모를 재정비하고 역할과 기능을 재정립해야 한다. 이 과정에서 많은 시설과 공간이 유휴화되었다. 유휴화된 군사시설과 공간을 처리할 경제적인 여력은 물론 기술적인 능력도 충분하지 않았다. 그래서 많은 시설과 공간이 방치되고 버려졌다.

군 자체적으로 유휴시설과 공간을 정리하기는 어려운 상황이었다. 군사시설과 공간을 성공적으로 재활용된다면, 폴란드군의 입장에서는 부담이 줄어들게 된다. 대규모 유휴시설과 공간의 처리에 대한 부담이 줄어들면 폴란드군은 본연의 국방 임무 수행에 더 집중할 수 있다. 그래서 군사시설과 공간의 성공적인 재활용은 첫 번째 토끼를 잡는 데 도움이 된다.

두 번째 토끼인 지역 경제 활성화와 일자리 창출에 이바지할 수 있다.

레그니차에 주둔하던 소련군은 도시의 30% 이상을 차지했다. 소련군이 사용하던 시설과 공간이 폐허가 되고 방치되었다. 도시 공간 대부분이 기능 발휘가 안 되는 상황이다. 방치된 군사시설과 공간의 활용 없이는 레그니차라는 도시의 성장이 어려운 여건이다.

군 유휴시설과 공간이 성공적으로 재사용되면 도시의 경제가 활력을 갖게 된다. 새로운 일자리가 생길 것이다. 지역의 발전에 도움과 이익이 되는 것은 당연하다. 잘 보전된 군사시설과 공간 자체는 매우 가치가 높은 무형자산이다. 잘 정비되고 재생된 옛 군사시설을 보기 위해서 많은 외부인이 레그니차를 찾게 될 것이다. 그렇게 되면, 유휴 군사시설과 공간의 재활용으로 두 번째 토끼를 잡을 수 있다.

세 번째 토끼인 민군관계의 형성에도 긍정적인 영향을 줄 수 있다고 생각한다.

레그니차 지역은 200년 이상 국경 수비대나 군대가 주둔했다. 군대의 주둔이 지역 주민의 삶에 긍정적인 영향을 주기도 했지만 많은 불편함도 주었다. 소련군이 주둔하던 시기를 보면, 소련군을 위한 교통체계, 소련군과 가족의 생활을 위한 여건의 조성, 소련군의 주둔을 위한 시설과 공간의 차지, 소련군 주둔이 가져오는 문화적 이질감 등이 레그니차 주민의 삶에 영향을 주었다.

방치된 수많은 군사시설과 공간을 재활용하여 도시의 경제가 활성화되고 일자리가 늘어나면 주민의 삶이 윤택해진다. 군사시설과 공간의 재생으로 문화와 예술 공간의 늘어나고 녹지와 공원이 많아지면 주민의 행복도가 높아진다. 이러한 변화는 직간접적으로 민군관계의 형성에 긍정적으로 작용할 것이다. 그래서 세 번째 토끼도 잡을 수 있다.

⑤ 리투아니아 플록스틴 미사일 기지 재생

이 사례는 소련이 리투아니아에 건설했던 핵미사일 기지를 냉전 후에 군사 박물관으로 재생하여 관광 명소로 변모시킨 내용이다.

동서 냉전 시기에 소련은 리투아니아의 플록스틴(Plokštinė)이라는 마을에 핵미사일 기지를 만들어서 운용했다.

플록스틴은 리투아니아의 북서쪽에 있는 마을이다. 사모기티아라는 도시에 있는 Plateliai 호수 근처에 있다. 〈그림 62〉에서 보듯이, 발트해에서 45km 떨어진 텔샤이(Telsiai)시의 제마티자(Zemaitija) 국립공원 안에 있는 마을이다. 이 기지는 지하에 최초로 건설된 소련의 핵미사일 기지이다. R-12 Dvina 기지로 불렸으며, NATO에서는 SS-4 Sandal이라고 보고되었다. 소련군은 이곳에 중거리 탄도미사일을 보관했다.

소련의 미사일 기지 건설은 미국과의 군사적 대결의 산물이다. 미국이 1950년대 후반에 유럽에 지하 군사기지를 건설했다. 소련은 이에 대응하

〈그림 62〉 리투아니아 플록스틴 마을 위치(Google Map)

여 1960년대부터 지하 군사기지를 만들기 시작했다. 소련이 선정한 위치는 리투아니아의 플록스틴이라는 마을이었다. 이 마을은 주민이 많지 않고, 평평한 지형을 이루고 있었다. 이곳에 사거리 2,000km 내외의 탄도미사일을 배치하면 유럽의 모든 NATO 회원국에 도달할 수 있었다. 문헌을 보면, 1960년에 10,000명이 넘는 소련 군인이 2년 이상 비밀리에 이 기지를 건설하였다.

이 기지에는 핵탄두가 장착된 R-12 Dvina 미사일을 보관하는, 깊이 30m 내외의 4개의 사일로가 있었다. 4m 탄두를 포함하여 높이 23m인 R12 핵미사일 4개가 사일로에 설치되었다. 4개의 사일로는 서로 터널로 연결되어 있었다. 미사일의 무게는 1,500kg의 탄두를 포함하여 40톤이 넘었다. 각각의 미사일이 보관된 갱도는 30분 안에 레일 위로 옮길 수 있는 콘크리트 돔으로 덮여 있었다.

〈그림 63〉 리투아니아 플록스틴 소련 미사일 기지 사일로 모습(wikipedia)

이 기지는 1970년대 후반까지는 서방 국가에 알려지지 않았다. 소련이 군사 비밀 시설로 운영했기 때문이다. 1978년에 미국 정찰을 통해 서방세계에 존재가 밝혀졌다. 플록스틴 기지에 배치되어 있던 미사일은 1978년 6월에 기지에서 제거되었다.

냉전이 끝나고 방치되었던 플록스틴 소련 핵미사일 기지는 냉전 박물관으로 재생되었다.

소련의 플록스틴 미사일 기지는 냉전이 끝나면서 폐쇄되고 방치되었다. 이 미사일 기지는 소련군이 12년 동안 운영했었다. 소련이 붕괴한 이후에 이 기지는 폐쇄되었다. 기지가 버려지고 시설은 유지가 되지 않았다. 심지어는 기지에 있던 많은 금속이 도난을 당하기도 했다.

방치되어 있던 플록스틴 미사일 기지는 리투아니아 정부에 의해 냉전 박물관으로 변환되었다. 미사일 기지는 2012년에 냉전 박물관으로 재생되어 문을 열었다.

2012년에 대대적인 재건축이 시작되었다. 냉전 박물관은 미사일 기지 안에 있던 4개의 사일로 중 하나를 재생하여 만들었다. 냉전 박물관 전시에는 다양한 미사일의 실물, 내부 시스템, 냉전 당시 동구권과 NATO에서 사용했던 군사 및 기타 장비가 전시되어 있다.

〈그림 64〉 리투아니아 플록스틴 냉전 박물관 내부(wikipedia)

냉전 시대에 소련의 핵전략 구상에 핵심적인 역할을 했던 미사일 기지의 박물관으로의 재생은 다음의 세 가지 관점에서 살펴볼 필요가 있다.

첫째, 방치되었던 군사기지의 이야깃거리를 활용하는 접근에 주목해야 한다.

미국과 소련이 군사적으로 대결했던 냉전 시대의 가장 강력한 수단은 핵무기였다. 당시에 핵무기는 지구촌의 모든 사람에게 공포의 대상이었다. 리투아니아 플록스틴은 그 공포의 주인공이다. 플록스틴은 저절로 동서 냉전의 시대에 핵무기라는 재앙적 수단을 활용한 공포가 대결하는 무대가 되었다.

기억하기 싫고 그래서 덮어 버리고 싶은 현대사의 부끄러운 부분이다. 발상을 전환해 보면, 공포와 잔악함의 상징이 될 수 있는 사연은 반대로 훌륭한 이야기의 소재가 될 수 있다. 리투아니아는 플록스틴 핵무기 기지가 오히려 냉전을 기억하고 교훈을 남기기에 가장 좋은 장소라고 생각했다.

이러한 역발상으로 냉전 박물관이 핵미사일 기지에 만들어졌다. 플록스틴을 찾는 사람들은 이곳에서 냉전 시대를 경험할 수 있는 매우 특별한 기회를 가질 수 있게 되었다. 전쟁과 관련된 시설이나 공간은 항상 이런 양면적인 성격을 갖고 있다. 군사기지의 이야깃거리를 활용한 새로운 박물관의 등장은 그래서 군 유휴시설과 공간의 활용에 대한 많은 영감을 준다.

둘째, 냉전 시대 핵전쟁과 관련된 군사시설의 원형 보존 노력이 돋보인다.

플록스틴 미사일 기지는 소련군이 핵전쟁을 준비했던 시설이다. 이러한 이설의 원형이 훼손되면 그 가치가 상실된다. 소련의 지배를 받으면서 고통을 받았던 리투아니아 처지에서는 과거의 아픈 상처의 흔적을 모두 없애 버리고 싶은 정서도 있었을 것이다. 마치 우리나라가 일제 강점기에 경복궁 앞에 세워진 조선총독부 건물을 모두 없앤 것처럼 리투아니아도 했을 수 있다.

과거 핵미사일 기지의 구조물을 완전히 없애고 공터로 만들어서 그 위에 냉전과 관련된 박물관을 만들 수도 있었을 것이다. 리투아니아는 핵미사일 기지의 원형을 최대한 보존하여 가치를 높였다.

우리나라가 일제 강점기의 치욕스러운 역사를 상징하는 총독부 건물을 없앨 때 찬반 의견이 분분했다. 플록스틴 기지의 원형 유지에 대해서도 찬반이 있을 수 있다. 우리 군의 유휴시설이나 공간의 재생이나 처리에도 이러한 맥락에서 생각해 볼 여지가 있다. 예를 들어, 춘천 시내에 있던 육군 102 보충대가 해체되었다. 102 보충대를 거쳐 간 대한민국의 청년들에게는 잊을 수 없는 추억의 장소이다. 통상 도심지에 있는 부대가 해체되면 지방자치단체나 민간 기업에 매각되어 주거시설이나 상업시설로 개발된다. 102 보충대의 역사와 추억을 간직한 일부 건물이나 시설의 원형을 보존한다면 엄청난 무형자산이 될 수 있을 것이다.

셋째, 역사적인 유물을 훌륭한 안보 교육의 소재로 활용하는 지혜의 발휘이다.

플록스틴 냉전 박물관은 많은 사람이 찾는 명소이다. 이곳에 오는 방문객은 기지의 지하에 있는 핵미사일 시설을 포함해서 냉전 시대의 유물과 전시물을 볼 수 있다. 냉전 이후 세대의 젊은이나 학생들도 이곳에 오면 냉전 시대의 역사에 대해 이해할 수 있다. 핵미사일에 대한 이해도 높일 수 있다.

역사적인 유물을 활용한 냉전 박물관은 안보에 대한 산 교육의 장소가 되었다. 리투아니아 자국민은 물론 유럽의 여러 나라에서 이곳을 찾는다. 군 유휴시설이나 공간에 이야깃거리를 입히면 훌륭한 안보 교육의 소재가 될 수 있음을, 이 사례는 잘 보여 준다.

리투아니아 플록스틴 핵미사일 기지의 재생도 이 책에서 주장하는 세 마리 토끼를 잡을 수 있음을 보여 주고 있다.

첫 번째 토끼인 '군 본연의 임무 수행에 전념할 수 있는 여건의 조성'에 직·간접적으로 도움이 된다.

냉전 후에 플록스틴 핵미사일 기지는 관리가 되지 않고 방치되어 있었다. 이 기지는 군사시설이다. 관리의 책임이 리투아니아 정부와 군에 있었을 것이다. 만약 리투아니아군이 방치된 군사시설의 관리를 맡으면 예산 투입을 포함해서 여러 가지 어려움이 있었을 것이다. 더구나 냉전 시대가 끝나면서 대규모 감군이 진행되는 상황에서 리투아니아군이 이러한 방치된 시설까지 관리하기에는 여력이 충분하지 않았을 것이다.

비록 외부의 지원을 받기는 했지만, 리투아니아 정부 차원에서 과거 군사시설을 냉전 박물관으로 재생했다. 이 과정을 통해서 궁극적으로 군이나 정부 당국의 부담이 완화되었다고 볼 수 있다. 냉전의 유물인 소련군 핵미사일 기지의 박물관으로의 재생은 그래서 첫 번째 토끼를 잡는 데 간접적으로 도움이 되었다고 생각한다.

두 번째 토끼인 지역 경제 활성화와 일자리 창출에도 도움이 된다.

방치되어 있던 냉전 시대의 핵미사일 기지가 박물관으로 변모하면서 많은 외부인이 이곳을 찾았다. 플록스틴은 리투아니아의 제마티자(Zemaitija) 국립공원 안에 있는 작은 마을이다. 냉전 시대의 군사기지를 직접 볼 수 있는 명소로 만들어서 외부인의 유입을 유도한 것이다.

외부인이 많이 찾는 명소가 되면 지역의 발전에 도움이 된다. 명소가 되어 외부인의 유입이 증가하면 방문객을 위한 편의시설인 식당, 카페, 숙소 등이 준비되어야 한다. 방문객을 상대로 기념품은 물론 지역의 특산품도 판매할 수 있다. 냉전 시대의 유산을 활용한 다양한 행사도 할 수 있다. 이러한 일련의 활동은 지역의 경제 발전에도 도움을 주고 있다. 그래서 핵미사일 기지의 냉전 박물관으로의 재생은 두 번째 토끼도 잡았다고 볼 수 있다.

세 번째 토끼인 민군관계의 형성에도 긍정적인 영향을 줄 수 있다고 생각한다.

플록스틴 마을에 방치되어 있던 냉전 시대 군사시설이 훌륭한 안보 교육의 명소로 재생되었다. 냉전 시대의 기지를 직접 보는 자체만으로도 안보의 중요성을 느끼고 군의 필요성을 인식할 수 있게 된다. 냉전 박물관에서 냉전의 역사를 배우면 국가 생존이 얼마나 중요한지를 체감하게 된다.

군의 역할과 안보의 중요성을 느끼는 사람이 많아질수록 리투아니아 군의 임무 수행을 지원하고 지지하게 된다. 이러한 과정이 반복되면 민과 군의 관계가 튼튼해질 수밖에 없다. 플록스틴 핵미사일 기지의 재상 사례는 그래서 세 번째 토끼도 잡았다고 생각한다.

⑥ 독일 베를린 템펠호프 공항 재활용

냉전 시대 서베를린에서 미군이 민간과 함께 사용하던 공항을 공공 공원으로 재생하여 문화행사, 스포츠 활동, 레저 활동이 가능한 시민의 공용 공간으로 재창조한 사례이다.

템펠호프(Tempelhof) 공항은 독일의 베를린 시내에 있던 공항이다. 1929년에 건설이 시작된 이 공항은 히틀러 시대에 독일의 자존심을 대변하는 상징으로 확장되었다. 2차 세계대전 이후 독일이 분단되면서 그 역할과 중요성이 커졌다. 고립되었던 서베를린 지역 공수작전을 위해 사용되었기 때문이다. 공수작전을 위해 미군이 수송기 운용에 이 공항을 사용했다. 템펠호프 공항은 냉전 이후에 미군이 더 이상 사용하지 않았다. 민항기 운용도 2008년에 종료되어 공항의 기능을 마쳤다.

〈그림 65〉 독일 베를린 템펠호프 공항(좌 : google map, 우 : wikipedia)

템펠호프 공항이 있던 자리는 오래전부터 군대의 퍼레이드 장소로 사용되었다. 프로이센 왕국이 육군을 양성하던 1720년부터 1차 세계대전 때까지 이 장소는 프로이센 육군과 독일 육군의 군사 퍼레이드 장소였다.

제1차 세계대전 이후에 이곳에 공항을 건설하여 베를린의 관문이 되었다. 히틀러 시대에 템펠호프 공항은 독일 제국의 관문이라는 위상을 고려하여 대규모로 확장되었으며, 그 공사는 1941년에 완료되었다.

제2차 세계대전 후에는 동서 베를린 분단으로 육지의 섬이 된 서베를린을 연결하는 하늘길의 핵심적인 역할을 했다. 당시 서베를린 공수작전에 투입된 미군을 포함한 수많은 서방 수송기가 이 공항을 이용하였다. 1975년에는 미군의 군용 공항으로 전환되었으며, 냉전이 끝난 후인 1981년부터 공항이 폐쇄된 2008년까지는 민항기가 다시 이 공항을 이용했다.

폐쇄된 템펠호프 공항 부지는 다양한 의견 수렴 과정을 거쳐서 공공 개발이 아닌 대규모 공공 공원으로 재생되었다.

공항이 폐쇄되면서 템펠호프 공항이 자리 잡고 있던 공간의 활용과 개발에 관한 관심과 논의가 시작되었다. 템펠호프 공항의 재활용을 논의하는 과정은 '개발'과 '보존'의 끊임없는 경쟁과 충돌, 그리고 합의의 연속이었다. 베를린 도심에 값싸게 공급이 가능한 넓은 공간이 생기면 저비용 고수익을 추가하는 개발에 가장 적합한 기회가 되기 때문이다.

베를린 중심부에 매우 넓은 공간을 차지하던 템펠호프 공항의 폐쇄는 베를린시 당국과 시민들에게 지역 개발의 기회를 제공할 수 있는 가치를 갖고 있었다.

냉전 이후에 템펠호프 공항은 자동으로 폐쇄되지 않았다. 공항의 기능 유지에 대한 주민의 찬반 의견이 팽배했기 때문이다. 공항의 역사성과 도심에서의 기능 유지에 필요하다는 의견도 많았다. 주민투표로 공항은 최종 폐쇄가 확정되었다.

폐쇄가 확정된 템펠호프 공항의 활용도 주택이나 산업 용지로 재개발하는 방안과 녹지와 공용 공간으로 유지하는 방안이 제시되었다. 시민의 의견이 반영되어 공원으로의 활용이 최종적으로 확정되었다.

템펠호프 공항의 재개발은 시민의 주도적인 역할에 의해 '개발'과 '보존'의 경쟁에서 '보존'이 이기는 과정이었다.

템펠호프 공항 부지의 면적은 3,801,652㎡이다. 여의도 면적의 1.3배로,

미국 뉴욕의 Central Park보다 10만 평이 더 넓다. 이렇게 넓은 면적의 공간을 공원으로 재개발하는 프로젝트는 2010년 베를린시의 공모에서부터 시작되었다.

베를린시의 공모 조건은 25%를 주거와 상업 공간으로 개발하고 나머지 75%를 공원 공간으로 마스터플랜을 구성하는 방안이었다. 25%의 공간을 개발하려고 계획한 이유는, 베를린시 당국의 처지에서는 당시 심각한 주택의 부족을 해결해야 하는 숙제를 안고 있었기 때문이다.

국제공모와 함께 베를린시는 시민의 참여를 유도했다. 시민 아이디어 공모, 우편 설문조사, 토론회 등을 열어서 주민의 의견을 수렴하고 프로젝트 진행의 초기 단계부터 참여시켰다.

2011년에 공모 당선작이 선정되었다. 서덜랜드 허시 아키텍즈(건축 부문)와 GROSS.MAX(조경)의 공모작이 채택되었다. 개발과 보존의 가치 충돌을 고려해서 공모작에서는 공간의 가장자리에 주택과 상업시설을 배치하여 대부분의 중앙 공간을 공공 공간으로 활용하는 구상을 했다.

그런데 베를린 시민들은 국제공모에 당선된 이 계획에 반대했다. 시민들은 공항의 부지 전체를 공원으로 만들자는 주장을 계속했다. 2014년에 '100% 템펠호프 공원'이라는 이름의 시민단체가 주도하여 이 운동이 전개되었다. 결국 2014년에 국민투표가 진행되고, 주민 과반수의 동의를 얻어서 템펠호프 공항 부지 100%를 공원으로 개발하게 되었다. 25%를 주택과 상업단지로 개발하려는 베를린시의 의도가 무산되었다.

시민단체를 중심으로 템펠호프 개발을 반대했던 시민들이 제시한 이유는 다음의 3가지였다.

첫째, 공항 부지에 주택을 건설하려는 주된 이유가 시의 부족한 주택 문제의 해결이 아니라 투자자의 높은 수익성을 보장하기 때문이라고 보고 개발에 반대했다. 도심에 있는 템펠호프 공항 부지는 토지 가격이 매우 낮아서 개발업자에게 높은 수익성을 보장할 수 있었다. 가장 저렴한 개발 용지의 토지 가격임에도 불구하고 개발업자들이 제시하는 주택의 임대료는 도심의 다른 지역과 거의 차이가 없었다. 주민들이 개발의 진정한 목적에 의구심을 갖는 이유였다. 그래서 시민들은 부지 전체 면적의 25%에 주택과 상업시설을 만드는 개발에 반대했다.

둘째, 템펠호프 공항은 베를린에서 생활하는 모든 시민의 삶의 공간을 연결하는 중심이 되는 장소로 활용될 수 있는 위치이므로, 이곳이 개발 대신 공공 공간으로 남아야 한다고 주장했다. 도심에 있는 덕분에 베를린에는 사회적, 문화적 요소의 차원에서 다양한 계층의 시민이 생활하고 있었다. 템펠호프 공항은 이러한 사람들의 삶의 공간적인 중앙에 있으면서 서로를 연결할 수 있는 위치에 있었다. 공항 부지가 온전히 공공 공간으로 남아야 이러한 연결 통로의 기능을 할 수 있다고 시민들은 주장했다.

셋째, 환경 보호의 이유에서 시민들은 개발 대신 보전을 주장했다. 시민단체에 따르면 템펠호프 공항은 멸종 위기에 처한 동식물을 포함하여 다양한 생물의 서식지였다. 공항 부지가 개발되면 이러한 동식물의 서식지가 파괴될 수 있었다. 이러한 환경적인 요소가 시민들이 보존을 주장하는 이유의 하나였다.

시민의 참여와 노력으로 공공의 공간으로 보존된 템펠호프 공항의 부지는 여가 활동에 활용됨은 물론 다양한 행사의 공간으로 활용되고 있다. 공원을 운영하는 주체인 '템펠호프 프로젝트 GmbH'는 공원에 있는 건물을 단지 하나의 기능으로만 사용하지 않는 원칙을 갖고 있다.

예를 들어, 터미널 빌딩은 공간의 1/3 정도만 고정된 전시 공간으로 활용하고 나머지는 다양한 행사 공간으로 활용된다. 활주로 공간도 자전거, 킥보드 타는 공간으로 활용하면서 때로는 자동차 경주, 연날리기 같은 행

〈그림 66〉 공원으로 개장한 템벨호프 공항에서의 자동차경주 모습(wikipedia)

사를 하기도 한다. 2016년에 대규모 시리아 난민이 발생하여 일부가 독일로 오면서 격납고 공간이 이들을 수용하는 시설로 활용되었다.

공항 부지를 공원으로 재생하는 과정에서 역사성 유지가 중시되었다.

템펠호프 공항 지역은 프로이센 군대의 유산, 히틀러 시대의 제국의 위상을 추구했던 공항 확대, 서베를린 공수작전의 애환 등 템펠호프 공항이 갖는 역사적인 의미가 크다.

히틀러 시대에 대규모로 확장되었던 터미널 건물이 그대로 존치되었다. 활주로도 원형 그대로 남겨서 시민의 여가 활동 공간으로 활용되도록 하였다. 고정건물뿐만 아니라 베를린 공수작전 당시에 사용되었던 연합군 수송기도 전시했다. 공수작전 기간에 순직한 사람들을 추모하는 위령비도 건립하여 역사적인 이야깃거리도 추가했다.

이러한 과정을 거쳐서 공원으로 재생되어 시민들에게 개방되었다. 독일의 근대 역사의 숨결과 흔적을 유지한 거대한 공공 공간에서 현대의 베를린 시민들이 다양한 여가 활동을 즐기는 공간으로 재탄생되었다.

공항이 있던 공간이 공원으로 변모된 지 10여 년이 지난 최근에는 다시 개발이 시도되고 있다. 2024년에 베를린시는 템펠호프 공항 부지를 주거 용도로 개발하는 계획을 발표하였다. 베를린 시민은 다시 이러한 개발 계획에 반응하고 있다. 이번에는 이 공간을 보전하기 위해 유네스코 세계문화유산으로 지정하여 맞서려고 하고 있다. 개발과 보존의 사이에서 템펠호프 공항 부지가 앞으로 어떻게 변화할지 지켜보아야겠다.

냉전 시대에 군사적으로 중요한 역할을 했던 독일 템펠호프 공항의 재활용은 다음의 세 가지 관점에서 주목해야 할 사례이다.

첫째, 군 유휴시설과 공간의 활용 지혜이다.

템펠호프 공항의 군사적 용도로의 활용은 냉전의 종식과 함께 사라졌다. 민항기의 크기가 커지면서 긴 활주로가 필요해졌고, 이에 따라 민항기 운용도 제한되었다. 2008년부터 공항의 기능은 끝났다.

도심에 있던 이 공항은 2010년부터 재생이 계획되고 추진되었다. 몇 년 후에 공항 부지 전체가 공원으로 조성되었다. 공원으로 변모한 이 공간은 베를린시의 다양한 커뮤니티를 연결하는 통로의 역할을 하고 있다. 시민들의 여가 활동은 물론 광활한 녹지공간을 제공하고 있다. 잘 존치된 건물과 활주로와 같은 공간을 활용하여 다양한 전시회를 한다. 콘서트, 패션쇼와 같은 대규모 행사가 진행되는 장소가 되고 있다. 이러한 공간의 활용은 사람을 모이게 하여 관련 서비스산업을 촉진하고 있다.

템펠호프 공항이 도심에 있고, 공간이 넓어서 어떤 형태로든 개발이 되고 재생이 되었을 것이다. 군 유휴시설 재생의 관건은 시간과 내용이다. 이 사례는 재생의 시간과 내용 면에서 모두 성공적이었다.

둘째, 도시 공간의 재생 과정에서 시민 참여의 중요성을 잘 보여 주는 사례이다.

군사용 시설의 유휴화로 생기는 부지가 도시에 있을수록 그 공간의 가치는 크다. 개발의 가치와 이익이 크기 때문이다. 도심에 있던 군 유휴시설의 공간이 넓을수록 그 공간의 가치는 커진다. 개발을 포함한 활용의 범위가 넓어지기 때문이다.

템펠호프 공항은 도심에 있으면서 부지의 규모가 매우 큰 공간이다. 개발의 이익이 충분히 보장될 수 있는 여건이다. 당연히 개발과 보존의 가치가 대결할 때 개발의 가치가 압도할 수 있는 상황이다. 베를린 시민이 이 공간의 재활용에 참여하여 의견을 제시하고 목소리를 내지 않았다면, 템펠호프 공항 부지는 주거나 상업 용도로 개발되었을 것이다.

군 유휴시설의 활용 목적은 정책의 고객인 지역에 사는 주민의 삶을 더 윤택하게 하는 데 있어야 한다. 실제 군 유휴시설이 재활용되는 현실은 반드시 주민의 삶이 우선하지 않는 경우도 많다. 베를린 시민의 참여와 보존 운동 덕분에 거대한 공원 공간이 도심의 한복판에 만들어졌다. 세대를 거치면서 이 지역에 사는 사람은 이 공간이 주는 혜택을 누릴 수 있게 된 것이다.

정책의 고객인 지역의 주민이 개발을 원하면 군 유휴시설의 재활용도 보존보다는 개발에 더 비중을 두고 진행되어야 한다. 어떤 형태로 진행이 되든 그만큼 주민의 의견을 반영하는 정책의 추진이 중요하다. 이 사례를 우리가 주목해야 하는 이유이다.

셋째, 역사성 유지의 지혜를 발휘하면서 무형의 자산을 활용해야 함을 잘 보여 준다.

공항을 다른 용도로 재생하는 과정에서 역사성을 유지하는 지혜를 잘 발휘했다. 2008년에 폐쇄된 템펠호프 공항은 근대 독일과 함께한 역사적인 유산을 갖고 있다. 18세기 프로이센 군대는 이곳에서 군사 퍼레이드를 하였다. 독일이 근대화되고 제국을 꿈꾸는 과정에서는 독일의 하늘길 관문이 되었다. 동서 냉전의 시기에는 육지의 섬으로 고립된 서베를린의 생계를 책임지는 대규모 공수작전을 수행하는 군사기지였다.

공항을 다른 용도로 재개발하는 과정에서 이러한 역사성을 상징하는 시설 대부분이 원형 그대로 유지되었다. 가장 웅장한 규모를 자랑하는 터미널 건물이 원형대로 유지되었다. 독일 제국의 위상을 보여 주기 위해 1930년대 후반에 만들었던 건물이다. 터미널 건설 과정에서 희생된 강제로 동원되었던 많은 노동자의 슬픈 사연도 품고 있는 곳이다. 군사용으로 사용되던 격납고 건물도 그대로 보존되었으며, 활주로도 원형 그대로 보존되었다.

물리적인 시설물의 보존과 함께 냉전 시대 서베를린의 생존을 위한 공수작전의 무형자산도 유지하였다. 당시에 연합군이 공수작전에 사용하던

〈그림 67〉 옛 공항 시설이 그대로 남아 있는 템벨호프 공원의 모습(wikipedia)

수송기도 원형 그대로 보여 주고 있다. 여기에 공수작전을 수행하던 과정에서 순직한 분들을 추모하는 위령탑도 마련했다. 후대에 역사의 숨결을 부어 넣기 위함이다.

군사용 공항으로 사용되던 부지가 단순히 광활한 공원으로 재생된다면 공간 활용의 효과는 반감될 것이다. 여기에 역사성을 유지하고 무형의 자산을 더하면 풍부한 이야깃거리가 곁들여지면 공간의 가치가 배가된다. 이 점이 템펠호프 공항의 재생 사례에서 얻을 수 있는 지혜이다.

독일 베를린의 템펠호프 공항의 공공 공원으로의 재생도 이 책에서 주장하는 세 마리 토끼를 잡을 수 있음을 보여 주고 있다.

첫 번째 토끼인 '군 본연의 임무 수행에 전념할 수 있는 여건의 조성'에

4장 다른 나라 군사시설 활용의 과거와 현재 215

직간접적으로 도움이 된다.

템펠호프 공항은 과거 민간 공항과 군사기지로 모두 사용되었다. 그래서 군 유휴시설의 사례에 포함하였다. 이 공간의 재생은 직간접적으로 독일군이 본연의 임무 수행에 전념할 수 있는 여건의 조성에 간접적으로 도움이 되었다고 생각한다.

동서 냉전이 끝나면서 독일군도 군대의 규모를 축소했다. 북대서양조약기구(NATO)라는 집단안전보장 체제의 도움으로 충분히 자국의 생존을 보장할 수 있다고 생각했기 때문이다. 같은 맥락에서 징병제도 폐지했다.

군대의 규모가 축소되면 여기에 맞게 관련 시설의 축소조정이 수반된다. 템펠호프 공항이 더 이상 군사 목적으로 사용되지 않는다면 군의 부담이 줄어든다. 폐쇄된 시설의 재생도 군의 노력이 아닌, 다른 기관이 해 주면 더 그렇다. 이렇게 절약된 자원을 본질적인 군의 임무 수행에 전환할 수 있다. 이러한 전환은 궁극적으로 군이 본연의 임무 수행에 전념할 수 있는 여건을 조성하게 된다. 템펠호프 공항의 폐쇄와 공원으로의 재생은 그래서 첫 번째 토끼를 잡는 데 간접적으로 도움이 되었다고 생각한다.

두 번째 토끼인 지역 경제 활성화와 일자리 창출에도 도움이 된다.

군사기지였던 템펠호프 공항의 재생은 넓은 녹지공간을 제공하여 시민의 행복 지수를 높여 주고 있다. 남겨진 시설과 공간을 활용한 다양한 전시, 행사, 프로그램의 진행은 많은 외부인을 유입시키면서 지역의 경제 발전에도 도움을 주고 있다. 군사용으로 사용되면 활주로, 격납고 시설을 원형 그대로 유지하여 이야깃거리가 있는 공간을 창출하고 있다. 스토리가 있는 공간은 많은 사람의 발길을 유도한다. 군 수송기를 포함한 냉전시대 공수작전을 상징하는 유무형의 자산이 공원에 있다. 스토리가 있고 역사적인 유물이 남아 있는 공간은 항상 많은 사람의 발길을 유도한다. 템펠호프가 그렇다.

세 번째 토끼인 민군관계의 형성에도 긍정적인 영향을 줄 수 있다고 생각한다.

템펠호프 공항은 개발과 보존의 경쟁에서 보존이 이기면서 베를린 시민들에게 매우 큰 규모의 공공 공간을 주었다. 새롭게 조성된 공간은 과거에 군사용으로 사용되었던 곳임을 시민들은 알고 있다. 공원에는 군사작전용으로 사용하던 격납고, 활주로, 수송기 등이 그대로 남아 있다. 공간의 가치를 높이고, 그래서 외부인을 포함한 많은 사람이 모이는 곳이 되었다.

이곳에서는 군사용으로 사용하던 시설과 장소를 활용하여 다양한 프로그램이 진행되고 있다. 전시회, 대규모 실내외 행사가 연중 계속된다. 군대의 유산이 지역 주민의 삶에 도움이 되고 있다. 군 유휴시설과 공간을 잘 재생한 덕분이다. 이러한 변화는 직간접적으로 민군관계의 형성에 긍정적으로 작용할 것이다. 그래서 이 사례는 세 번째 토끼도 잡을 수 있다.

⑦ 일본 오키나와 미하마 아메리칸 빌리지 조성

오키나와에 주둔하던 미군이 비행장으로 사용하던 부지를 반환받아서 복합 레저와 쇼핑, 문화단지로 개발하여 지역의 관광 명소를 만든 사례이다.

미하마 아메리칸 빌리지(Mihama American Village)는 일본 오키나와 중부 차탄(Chatan)시의 바닷가에 있는 복합문화 쇼핑타운이자 리조트이다. 오키나와의 주도인 나하 공항에서 차로 약 40분 거리에 있다. 공식 이름은 미하마 타운 리조트 아메리칸 빌리지이다.

〈그림 68〉 아메리칸 빌리지 위치(좌 : https://www.travelingcircusofurbanism.com/okinawa/americanvillage/, 우 : www.japan.travel)

기지가 반환된 시기인 1980년대에 이 지역에 주둔한 미군과 가족을 위한 쇼핑몰 건설로 시작되었다. 이후, 이 공간과 시설이 대중에 반환되고 개발이 진행되었다. 다양한 상점, 식당, 천연 온천, 놀이공원 등으로 구성된 아메리칸 빌리지는 오키나와의 대표적인 관광 명소가 되었다. 코로나 발생 이전에는 매년 약 800만 명 이상의 일본인과 외국인이 아메리칸 빌리지를 방문했었다.

 아메리칸 빌리지는 미군이 사용하던 부지의 개발에 관한 얘기다. 아메리칸 빌리지는 오키나와 차탄에 있다. 차탄을 포함한 오키나와의 미군 주둔은 2차 세계대전 때 시작되었다. 1945년에 미국 해군이 차탄 항구에 상륙했다. 이후 지금까지 미군이 차탄을 포함한 오키나와 전역에 주둔하고 있다.

 일본에 주둔하고 있는 미군의 70%가 오키나와에 있다. 오키나와 전체 면적의 25%를 미군이 사용하고 있다. 크기로 비교하면 일본 동경보다 더 넓은 공간이다. 미국과 일본 정부의 협의에 따라 오키나와에 주둔하고 있는 미군이 사용하는 일부 공간이 반환되거나 재배치되고 있다. 아메리칸 빌리지가 있는 차탄시에는 아직도 많은 미군 시설이 있다. 차탄시 면적의 53.5%는 미군이 사용하고 있다.

 미군의 주둔은 오키나와를 포함한 일본의 안보를 도와주는 역할을 한다. 미군의 주둔은 동시에 소음, 훈련과 연계된 사고, 재산권 행사의 제약, 미군에 의한 범죄 등 주민의 삶을 불편하게 하는 요소가 되기도 한다. 오키나와 주민은 오랜 시간 동안 미군이 사용하고 있는 공간의 반환을 요구했다. 일본과 미국은 오키나와에 있는 11개 미군 기지의 재편과 축소에 합의했다. 1980년대에 미국과 일본 정부의 협의 때문에 일부 공간이 반환되거나 시설이 재배치되기 시작했다. 여기에는 현재 아메리칸 빌리지가 있는 부지도 포함되었다.

미군 해병대가 주둔하고 있던, 차탄에 있는 캠프 포스터(Camp Foster)의 일부인 해안에 있던 햄비 비행장(Hamby Airfield)이 1981년에 반환되었다. 1988년에는 햄비 비행장 부지 북쪽에 인접한 해안에 새로운 매립지가 조성되었다. 이렇게 조성된 공간에 아메리칸 빌리지가 들어섰다.

아메리칸 빌리지가 조성된 차탄은 일본 오키나와현 나카가미군에 위치한 정(町)이다. 2016년 10월 현재 이 도시의 인구는 약 28,000명 정도이다. 차탄의 전체 면적은 13.62㎢이다. 앞에서 살펴본 대로, 도시 면적의 53.5%가 미군 기지로 이루어져 있다.

반환된 미군 기지의 개발은 미국 냄새가 물씬 나고, 일본 문화가 미국의 문화가 융합된 즐거움을 주는 명소 만들기에 집중되었다.

차탄 주민의 오랜 세월에 걸친 요구로 미군이 사용하던 부지 일부가 도시로 반환되었다. 반환된 부지에 오늘날의 미하마 아메리칸 빌리지 개발이 시작되었다.

미군이 점유했던 공간의 개발은 지방정부가 주도하였다. 오키나와 현지 주민은 1945년부터 미군이 주둔하여 소음, 환경, 미군에 의한 사고 등 여러 가지 어려움을 겪었다. 반환된 부지의 개발은 역발상이 접목되었다. 오히려 미국을 테마로 명소를 만드는 전략을 선택했다.

주일 미군의 시설이 집중된 이 지역의 특성을 살려 미국스러운 분위기의 명소를 만들고자 했다. 동중국해를 바라보는 곳에 있는, 아름다운 해변을 활용하여 상업과 리조트를 만드는 지역 재생 프로젝트를 기획하였다. 오키나와의 중심인 나하(Naha)와 불과 20km 떨어진 비교적 가까운 거리에 있는 장점도 활용하였다. 오키나와의 문화와 미군 주둔에 의한 차탄 특유의 미국 문화를 혼합하는 방향으로 재생이 계획되었다.

아메리칸 빌리지의 구상은 미국의 샌디애고(San Diego)에 있는 시포트 빌리지(Seaport Village)를 모델로 하여 계획하였다. 시포트 빌리지는 캘리포니아주 샌디애고 도심의 샌디에이고 만에 인접한 워터프런트 쇼핑 및 다이닝 단지이다. 시포트 빌리지는 경치 좋은 해안 전망이 있는 매력적이고 보행자 친화적인 지역이다. 약 2,500평 규모의 워터프런트 부지에 70개 이상의 상점, 갤러리, 식당이 있다. 이곳의 건물은 빅토리아 시대부터 전통 멕시코 스타일까지 다양한 건축 양식으로 지어져 있다.

자동차가 다니지 않는 환경으로 설계된 이 단지는 다양한 건물을 연결하는 도로가 아닌 6km의 구불구불한 길을 특징으로 한다. 샌디에이고 컨벤션 센터와 크루즈 선박 터미널에서 걸어서 갈 수 있는 곳에 있다.

아메리칸 빌리지 조성의 시작은 1981년이다. 최초 계획했던 미군 전용시설이 아닌 다양한 상점, 식당, 엔터테인먼트 장소를 갖춘 작은 미국 마을이 만들어져서 1984년에 대중에게 공개되었다.

1995년부터 새롭게 조성된 작은 오키나와판 미국마을의 인기가 급증했다. 인근에 있던 다른 엔터테인먼트 지역이 폐쇄되었기 때문이다. 1997년부터는 추가적인 시설이 계속 들어섰다. 2002년에는 아메리칸 빌리지의 랜드마크가 된 대형 관람차가 설치되었다. 오늘의 아메리칸 빌리지 모습은 2004년에 거의 완성되었다. 2010년에는 새로운 야외 광장이 건설되었으며, 상점과 식당도 추가되었다. 최근에도 이 지역은 대대적인 리모델링을 하였다.

이런 과정을 거쳐서 차탄에 미하마 아메리칸 빌리지가 탄생하였다. 오키나와에 주둔하고 있는 미군에게 편안한 안식처가 되고 있으며 현지인을 포함하여 많은 관광객이 많이 찾는 명소가 되었다.

〈그림 69〉 아메리칸 빌리지 야경
(https://kr.pinterest.com/pin/22588435601199443/)

이곳을 찾는 미국인에게는 제2차 세계대전 이후 미국의 정취를 느끼면서 그 시절을 회상하고 향수를 느끼는 시간을 만들어 준다. 관광객과 오키나와 현지인에게는 미군 문화와 오키나와 문화가 결합한 독특한 경험의 기회를 준다. 바다와 인접하여 멋진 경치를 자랑하는 곳에는 카페와 레스토랑이 방문객을 반긴다. 미군 반환기지의 성공적인 변신으로 탄생한 아메리칸 빌리지는 오키나와를 찾는 외지인에게 꼭 가야 할 명소가 되었다.

미군 반환기지를 성공적으로 재생하여 관광명소로 만든 오키나와 아메리칸 빌리지 사례는 다음의 세 가지 관점에서 주목해야 할 사례이다.

첫째, 미국을 테마로 복합 레저와 엔터테인먼트 단지를 조성한 역발상의 지혜가 돋보인다.

아메리칸 빌리지가 조성된 곳은 1945년부터 미군이 주둔하던 공간이다. 미군이 오랫동안 지역에 주둔하면서 차탄시 주민은 여러 가지 어려움을 경험했다.

지역 주민의 이러한 경험은 미군이 사용 후 반환된 공간에서 미국을 지우고 싶을 것이다. 반환된 공간의 재생을 기획한 지방정부는 오히려 오랫동안 미군이 주둔하면서 자연스럽게 형성된 미국적인 분위기와 냄새를 활용하는 접근을 했다.

반환기지 재생의 역발상은 대성공이었다. 이곳을 찾는 사람들에게 규모는 작지만, 실제 미국 샌디애고의 시포트 빌리지에 와있는 듯한 느낌이

들게 한다. 미군이나 미군 가족들이 많이 오기 때문에 아메리칸 빌리지의 분위기는 오키나와의 다른 곳과 전혀 다르다. 대부분 가게에서는 달러 결제도 가능하다. 많은 상점, 레스토랑, 대형 주차장은 미국의 쇼핑몰과 비슷한 분위기를 느끼게 한다. 미국 브랜드의 의류를 판매하는 패션 매장이나 핫도그와 햄버거를 전문으로 하는 레스토랑 등 많은 시설에서 미국이라는 분위기를 느끼게 한다. 미국을 테마로 시작한 반환기지 재생은 그래서 대성공이다.

둘째, 미국 문화와 일본 오키나와 현지 문화를 융합으로 아메리칸 빌리지가 방문객에게 독특한 경험을 제공하는 사실에 주목해야 한다.

아메리칸 빌리지는 미국과 오키나와의 문화가 융합되어 있다. 오키나와의 자연경관을 잘 활용하고 있다. 동중국해를 바라보는 해변에는 아름다운 레스토랑과 낭만적인 카페가 줄지어 있다. 오키나와 요리와 공예품을 판매하는 상점이 많다. 이곳에서는 오키나와의 자연과 문화를 만끽할 수 있다.

아메리칸 빌리지에서는 캘리포니아 마을을 연상하게 하는 미국적인 분위기를 느낄 수 있다. 영화관, 라이브 음악 공연장, 미술관을 포함한 다양한 상점, 레스토랑, 카페, 엔터테인먼트 장소는 미국적인 모습이다. 영화관에서도 미국 영화와 일본 영화를 보여 준다. 미국적인 모습과 오키나와 현지의 문화가 자연스럽게 융합되는 모습을 연출하고 있다. 아메리칸 빌리지 방문객은 이곳에서 미국과 오키나와를 동시에 방문한 느낌을 받게 된다. 문화가 융합된 아메리칸 빌리지는 미군과 오키나와 현지인들의 문화 교류의 상징이다. 이러한 독특함은 아메리칸 빌리지를 모두에게 인기 있는 목적지로 남게 한다.

셋째, 지방정부 주도로 방문객에게 독특한 경험을 주기 위한 노력과 조치에 주목해야 한다.

아메리칸 빌리지의 성공 요인은 방문객에게 주는 독특한 경험이다. 현지 지방정부는 미군이 비행장으로 사용하던 부지에 미국을 테마로 하는 복합 관광단지를 조성했다. 2004년까지 계획된 단지의 조성이 성공적으로 끝났다. 지방정부는 여기서 멈추지 않았다. 대형 관람차를 설치하고, 시설을 계속 개선하였다. 경치가 좋은 해안가의 활용을 모색했다. 광장을 조성하여 연중 다양한 이벤트와 공연을 하고 있다.

방문객에게 독특한 경험을 주기 위해서 지방정부는 놀거리, 볼거리, 먹을거리, 쉼 거리, 즐길 거리를 생산하고 있다. 명소가 되기 위해서는 군 유휴시설이나 부지의 최초 개발계획의 완료가 끝이 아님을 아메리칸 빌리지 사례는 잘 보여 주고 있다. 지방정부의 이러한 노력으로 아메리칸 빌리지는 기지 거주자들에게 향수를 불러일으키는 즐거움을 제공하고 지역 주민에게는 흥미로운 오락거리를 제공하는 명성을 이어 가고 있다.

미하마 아메리칸 빌리지의 성공적인 재생도 이 책에서 주장하는 세 마리 토끼를 잡을 수 있음을 보여 주고 있다.

첫 번째 토끼인 '군 본연의 임무 수행에 전념할 수 있는 여건의 조성'에 직간접적으로 도움이 된다.

오키나와는 대만과 일본 본토 사이에 있는, 150개가 넘는 섬으로 이루어진 일본 최남단의 행정구역이다. 오키나와의 지정학적인 위치로 인해서 중국을 견제하는 미국의 아시아태평양 전력 구현을 위해 미군이 꼭 주둔해야 하는 곳이다.

1945년부터 미군은 오키나와에 주둔해 왔다. 오키나와 본섬 면적의 약 25%를 미군 기지가 차지하고 있다. 일본과 미국 정부의 협의로 오키나와에 있는 미군 기지가 통폐합되거나, 축소되거나, 이전하여 재배치되고 있다. 기지의 통폐합과 축소는 많은 관리 소요를 줄여 준다. 기지의 통폐합 과정에서 공간의 반환 소요는 계속 발생한다.

아메리칸 빌리지는 기지의 조정과 재배치 과정에서 발생한 유휴시설 활용의 성공적인 사례이다. 반환된 유휴시설이나 공간이 성공적으로 활용되면, 직간접적으로 오키나와에 주둔하고 있는 미군 본연의 임무 수행에 전념하는 여건의 조성에 도움이 된다.

두 번째 토끼인 지역 경제 활성화와 일자리 창출에도 도움이 된다.

차탄 지역에서 반환된 미군 기지의 재활용은 지역 경제와 문화에 긍정적인 영향을 미치고 있다. 아메리칸 빌리지가 조성된 후 많은 사람이 이곳을 방문한다. 코로나 발생 이전에는 1년에 800만 명 이상이 방문했다.

방문객의 증가는 지역 경제의 활성화로 이어진다. 고용의 창출도 따라오고 지역 주민의 소득이 높아진다. 더 많은 방문객을 유치하기 위한 아메리칸 빌리지의 투자와 리모델링은 다시 고용 창출과 소득의 증가로 이어진다. 미군이 반환한 유휴공간의 재생 산물인 아메리칸 빌리지는 그래서 두 번째 토끼도 잡을 수 있다.

세 번째 토끼인 민군관계의 형성에도 긍정적인 영향을 줄 수 있다고 생각한다.

오키나와는 제2차 세계 대전 중 미국 해병대와 육군이 일본 제국군과 치른 태평양 전쟁 최악의 전투가 벌어진 곳이다. 이 과정에서 오키나와 거주민 4분의 1이 사망했다. 전쟁이 끝난 지 70년이 넘은 지금도 미군은 계속 주둔하고 있다.

아메리칸 빌리지가 있는 차탄은 제2차 세계 대전 이후 미군 주둔의 영향을 받아 왔다. 1945년에 미국이 상륙한 곳이다. 미군기지 대부분은 오키나와 58번 고속도로 주변의 편리하고 평평한 땅에 있다. 미군 기지로 인해서 지역 주민의 주거 지역은 지리적으로 나누어져 있다. 미군의 주둔은 항공기 사고, 환경, 소음, 미군에 의한 범죄 등으로 개인의 재산권 침해나 정신적인 피해를 주고 있다.

미국과 일본의 국가 안보상 필요로 미군은 여전히 오키나와에 주둔하고 있다. 필연적으로 지역 주민과 끊임없는 마찰을 수반한다. 아메리칸 빌리지가 탄생하여 지역 경제를 활성화하고 일자리를 창출하는 데 도움이 된다면 오키나와에 주둔하는 미군과 현지 주민의 긍정적인 관계 형성이 도움이 될 수 있다. 그래서 이 사례는 세 번째 토끼를 잡을 수 있다.

⑧ 미국 루이지애나주 공군기지 개발

미국 루이지애나(Louisiana)주에 있는 공군기지가 폐쇄되면서 생긴 공간을 주거와 상업 복합단지로 성공적으로 재생한 사례이다.

1980년대 후반부터 미국 국방부는 대대적인 기지 폐쇄와 재조정을 했다. 잉글랜드(England) 공군기지도 조정 대상의 하나였다. 루이지애나주 중부 지역의 도시인 알렉산드리아(Alexandria)에 있는 잉글랜드 공군기지가 사용하던 부지는 현재 England Airpark and Community라는 복합단지로 조성되어 있다. 잉글랜드 공군기지의 재생 대상 공간의 면적은 약 360만 평 규모이다. 개발 후에 이 지역은 국제공항, 골프장, 주거 및 상업 공간, 제조 시설 등이 포함된 새로운 공동체가 되었다.

잉글랜드 공군기지는 1939년에 시립 공항으로 출발하여 미국 육군과 공군이 군사기지로 사용해 오다 1992년에 폐쇄되었다.

잉글랜드 공군기지는 원래 알렉산드리아 시립 공항이었다. 알렉산드리아는 지리적으로 미국 루이지애나주 중앙지역에 있다. 루이지애나 중부 지역의 항공 물류 처리를 위해서 알렉산드리아시는 1942년에 도심에서 북서쪽으로 약 8km 정도 떨어진 곳에 공항 건설을 시작해서 1943년에 완성하였다.

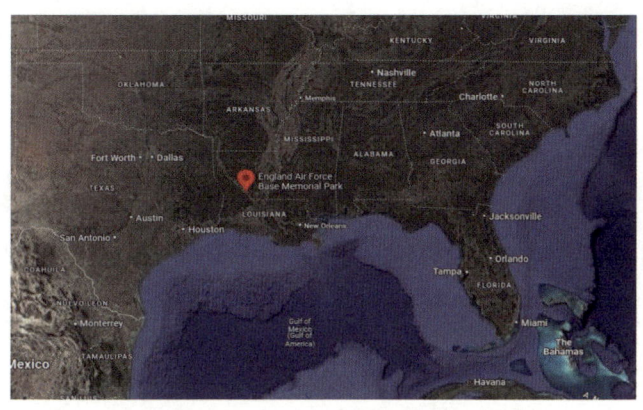

〈그림 70〉 잉글랜드 미군 공군기지 위치(Google Map)

제2차 세계 대전의 위협이 커지면서 군사적인 필요로 미국 육군 항공대가 이 공항을 임대해서 사용했다. 전쟁이 끝난 후에 이 기지는 다시 알렉산드리아시도 반환되었다. 알렉산드리아시는 상업 항공 서비스를 포함한 민간 운영을 시작했다.

1950년에 한국에서 전쟁이 시작되면서 미국 공군이 이 공항을 인수하였다. 비행장은 알렉산드리아 공군기지라는 이름으로 재가동되었다. 1954년에 미국 공군은 이곳에 영구 공군기지를 건설하기로 했다. 알렉산드리아시로부터 추가 공간을 기부받아서 1955년에 이 공항을 공군기지로 확장하기 시작했다. 이후 이곳은 B-52 폭격기, 공중급유기 등이 작전을 수행하는 미국 공군의 중요한 기지 역할을 했다.

1955년에 미국 공군은 공항의 확장과 함께 기지의 명칭도 변경했다. 공군 비행대 사령관이었던 잉글랜드 중령의 이름을 따서 잉글랜드 공군기지로 변경하였다. 잉글랜드 중령은 2차 세계 대전과 6·25 전쟁에 참전하여 수많은 전과를 올린 유명한 조종사였다. 이후 미국 국방부의 정책 변화에 따라 1992년에 잉글랜드 공군기지는 폐쇄되었다.

기지 폐쇄에 대해 지역사회는 기지 폐쇄를 반대하는 그룹과 기지 폐쇄를 받아들이고 새로운 발전의 기회로 활용하자는 그룹으로 양분되었다.

잉글랜드 공군기지는 1992년 12월 15일에 최종적으로 폐쇄되었다. 미국 국방부가 추진하는 '기지 재정비 및 폐쇄' 정책인 BRAC(Base Realignment and Closure)에 따른 조치였다. BRAC은 미국 국방부가 효율성을 높이고 작전 수행을 지원하기 위해 시행하였다. 미국 의회의 승인을 받고 진행된 미군 기지의 재정비와 폐쇄는 1988년부터 2005년까지 진행되었다. 이 과정에서 350개 이상의 미군 시설이 폐쇄되었다.

잉글랜드 공군기지의 폐쇄는 1991년에 최종 결정되었다. 잉글랜드 공군기지의 폐쇄는 루이지애나 중부의 지역사회에 경제적으로나 심리적으로 큰 충격이었다. 잉글랜드 공군기지는 지역의 경제와 주민의 삶에 큰 부분을 차지하고 있었다. 폐쇄되기 이전의 잉글랜드 공군기지는 3,000여 명의 군인과 700여 명의 민간인을 고용하고 있었다. 알렉산드리아시 인구가 약 4,400명임을 고려할 때 적지 않은 숫자이다. 잉글랜드 기지는 그래서 이 지역의 경제에 필수적인 역할을 했다. 관련 문헌을 보면 당시에 매년 약 1억 달러를 지역 경제에 가져다주었다.

70년 이상의 세월 동안 지역사회의 번영을 위해 중요한 역할을 하던 기지가 폐쇄되면 당장 경제적인 여파는 물론 고용 불안과 함께 산업 유발 효과에도 부정적인 영향을 줄 수 있는 상황이었다. 막연한 불안감이 지역사회를 덮쳤다. 기지의 폐쇄는 알렉산드리아시를 포함한 중부 루이지애나 지역사회의 미래에 대한 실제적인 위협으로 인식이 되었다.

1980년대 후반부터 잉글랜드 공군기지의 폐쇄에 대한 소식이 들려왔다. 이때부터 지역사회는 반응했다. 기지의 폐쇄에 대해 지역사회의 대응은 두 그룹으로 나누어 진행되었다. 한 그룹은 기지의 폐쇄를 반대하면서 기지의 존속을 위한 대응에 주력했다. 다른 그룹은 기지 폐쇄를 기정사실로 받아들이면서 반환되는 부지의 효과적인 활용을 모색했다. 알렉산드리아시 당국이 이러한 대응 활동을 앞장서서 진행했다.

기지의 폐쇄를 반대하는 그룹은 대부분 선출직 공무원과 기지 폐쇄를 우려하는 시민으로 구성되었다. 이 그룹은 기지 폐쇄를 막기 위해서 공개적으로 활동했다. 루이지애나주 정부와 의회를 찾아가 로비했다. 공군과 국방부 대표를 찾아가서 잉글랜드 공군기지 유지의 필요성을 설명하고 설득했다. 이들은 BRAC 위원회에 기지 유지의 필요성을 공식적으로 제기했다. 루이지애나 주지사를 포함한 기지 폐쇄를 반대하는 그룹은 잉글랜드 공군기지 폐쇄가 루이지애나 중부에 미치는 경제적 중요성과 함께 기지 폐쇄의 부정적인 영향을 강조했다.

 기지의 폐쇄를 받아들이고 대안을 모색하는 그룹은 소규모 전문가 그룹과 지역 상공회의소 임원들이었다. 이들은 기지의 폐쇄를 반대하지 않았다. 대신에 기지가 폐쇄된 다른 지역사회의 대응과 성공 요인의 파악에 집중했다. 폐쇄되는 기지의 효과적인 개발 방안에 대해 논의했다.

 1991년 잉글랜드 공군기지의 폐쇄가 확정되었다. 이때부터 기지 폐쇄를 반대했던 그룹과 기지 폐쇄를 기정사실화하고 발전적인 활용 방안을 모색하던 그룹이 서로를 존중하고 미래를 위해 협력했다. 공군기지의 폐쇄가 지역의 개발과 성장의 기회가 되는 방안을 모색하기 시작했다.

 알렉산드리아 지역 공동체는 폐쇄되는 잉글랜드 공군기지를 상업용 공항을 갖춘 주거와 상업의 복합단지로 조성하는 전략을 수립하여 추진하였다.

 중부 루이지애나 지역의 경제에 큰 역할을 해 오던 잉글랜드 공군기지의 폐쇄로 지역사회는 매우 절망적인 분위기가 되었다. 지역 상공회의소를 중심으로, 분야별 전문가들은 폐쇄되는 기지의 활용에 대한 선제적인 전략이 시급함을 인식하였다.

잉글랜드 공군기지의 재생을 위해 제일 먼저 지역 지도자들을 중심으로 기지의 재개발을 계획하고 실행할 주체의 필요성에 공감했다. 기지 폐쇄가 발표된 직후에 지역의 지도자들이 주도하여 재개발을 계획하고 실행할 전담 기관으로서 England Authority라는 준정부 기관이 설립되었다. England Authority는 지방정부 공무원, 기업의 리더, 지역의 대표, 교육 기관의 대표로 구성되었다. 이사회도 구성되어 England Authority의 정책 방향과 예산을 승인하고 운영을 감독하였다.

England Authority는 기지의 재생 과정에서 핵심적인 역할을 했다. England Authority의 책임 범위는 기지 재생을 위한 마스터플랜 작성, 연방 정부로부터 부동산 인수와 관리, 실제 개발과 기업의 유지, 기반 시설 확충, 개발 자금 확보, 지역사회 참여와 민간 협력 파트너십 구축, 재정 관리, 반환된 기지의 환경 정화 등이었다.

England Authority는 개발 전략을 수립하면서 다각적인 접근 방식을 선택했다. 한 가지의 목적을 달성하는 개발 전략은 충분하지 않다고 판단했다. 포괄적이고 다각적인 공간의 활용 전략을 개발했다. 새로 개발되는 단지의 명칭은 England Airpark and Community로 하였다.

이 공간의 개발을 위한 과정에서 제일 먼저 주목한 분야는 군사기지의 기능과 시설 활용을 극대화하는 접근이었다. 항공 산업을 중심으로 기지의 재생을 설계했다. 이를 위해 공군기지의 활주로와 관련 시설을 활용하는 계획을 했다. 약 3km 길이의 활주로, 관제탑, 격납고와 같은 기존 인프라의 활용을 모색했다. 이러한 기존 시설을 이용하여 항공기 유지관리, 수리와 정비 시설, 전세 서비스, 비행학교와 같은 항공 관련 기업을 유치하는 계획을 수립했다.

잉글랜드 공군기지 주변으로 발달한 주요 교통 인프라를 활용한 산업과 상업단지 개발을 모색하였다. 이를 위해서는 공군기지 부지에 반드시 상업용 공항이 유지되어야 한다고 판단하여 계획에 반영하였다.

알렉산드리아는 루이지애나주의 중심부에 있는 지역 교통의 허브이다. 미국의 각 주를 연결하는 주요 고속도로인 I-49가 알렉산드리아를 직접 통과하여 우수한 연결성을 제공한다. 국제공항은 항공 수송의 편리성을 제공한다. 화물 철도 접근성도 좋다. 목재, 농업, 제조업을 위한 대량 상품의 운송에 편리성을 제공한다. 알렉산드리아는 수로 접근성도 좋다. 레드 강을 통해서 미시시피강 체계에 접근성을 제공한다.

England Authority는 이러한 우수한 교통 인프라를 활용하여 제조업체, 유통 센터와 같은 산업과 상업단지 개발을 계획하였다. 활기차고 매력적인 도시 환경을 조성하는 전략을 수립했다. 주거 개발, 공원, 레크리에이션 시설, 문화 명소를 만드는 계획이 마스터플랜에 포함되었다. 지역에 우수한 인적 자원을 공급하기 위해서 교육 기관과 연구 기관을 유치하는 계획도 수립했다. 풍부한 인력의 창출이 기업의 유치와 직접적으로 연계되기 때문이다. 최종 개발계획에는 국제공항, 사무실 및 창고 시설, 호텔, 레스토랑, 탁아 시설, 은퇴자 커뮤니티, 일반 주택 등이 포함되었다.

England Authority는 성공적인 기지 재생을 위해서는 공공과 민간의 파트너십 구축이 중요하다고 인식했다. 자본의 투자는 물론 전문 지식이 바탕이 되어야 개발이 성공할 수 있다고 판단했다. 민간 개발자, 대학, 다양한 지역의 조직과의 파트너십을 적극적으로 구축하는 계획을 수립했다.

〈그림 71〉 잉글랜드 공군기지 부지 개발계획(https://englandairpark.org/)

잉글랜드 공군기지의 재개발은 복잡한 여러 단계의 과정을 거치면서 진행되었다.

잉글랜드 공군기지의 재생을 위한 구역이 별도로 설정되었다. 구역의 명칭은 '잉글랜드 경제 및 산업 개발지구(EEIDD, The England Economic and Industrial Development District)'이다. EEIDD는 루이지애나주의 독립적인 정치적 하위 구역이다.

England Authority는 공군 및 기타 연방 기관과 긴밀히 협력하여 폐쇄되는 공군기지의 자산을 원활하고 효율적으로 이전했다. 여기에는 광범위한 환경 평가, 부적합한 건물 철거, 임대 계약 협상이 포함되었다. 이 과정에서 공군이 사용하던 활주로와 공항 운영시설의 인수가 중요했다. 활주로와 항공 교통 관제탑의 소유권을 확보는 새롭게 조성되는 개발 단지에 항공 관련 기업을 유치하는 데 매우 중요한 요소였기 때문이다.

이어서 개발 대상 부지의 인프라를 구축하였다. 공군기지로 사용할 때의 인프라가 구축되어 있었지만, 새롭게 유치하는 기업의 요구 사항을 충족하기 위해서는 추가적인 조치가 필요했다. England Authority는 이를 위해 재개발되는 부지의 도로, 설비, 통신 인프라 등을 개선하였다.

England Authority는 기업의 유치를 위해서 다양한 인센티브를 제공하고 홍보 마케팅을 했다. 세금 감면, 필요한 인프라 개선, 일자리 창출에 따른 추가 보상 등 다양한 인센티브를 제공하여 기업을 새로 개발되는 단지로 유치했다. 이러한 노력의 결과로 제조, 물류, 기술 및 서비스 분야의 많은 소규모 기업이 재개발되는 단지에 들어왔다.

잉글랜드 공군기지의 재생 과정에서 또 다른 핵심은 알렉산드리아 국제공항(Alexandria International Airport)의 개설이다. England Authority는 상업용 공항의 확보가 항공 교통의 가용성을 높이는 동시에 항공 관련 산업의 유치에 꼭 필요한 조건으로 판단했다.

군용 비행장을 민간용 공항으로 변경하기 위해서는 연방 정부의 승인이 필요했다. 지방정부의 조례도 개정하여 영공 충돌의 위험을 해소해야 했다. 알렉산드리아 인근에 있는 다른 소규모 공항을 폐쇄하여 통합해야 한다. 자체적으로 공항의 운영에 필요한 비용도 충당해야 한다.

England Authority는 지역 주민의 의견 수렴과 통합 과정을 거쳐서 조례도 개정하고 인근에 있던 공항의 폐쇄에 대한 지역의 동의도 얻어냈다. 개발되는 공간에 기업을 유치하여 발생한 임대 수입을 바탕으로 초기 공항의 운영유지 비용도 확보했다. 이러한 과정을 통해서 알렉산드리아 국제공항이 성공적으로 개설되었다. 공항이 개설되면서 상업용 및 군용 항공기에 대한 유지관리, 수리와 정비 서비스를 제공하는 기업의 유치가 가능했다.

활기찬 지역 공동체를 조성하는 계획도 추진되었다. 약 300채의 주택이 준비되었다. 보육시설, 레스토랑, 호텔도 완공되었다. 기존에 있던 9홀 규모의 골프장은 18홀 골프장으로 확장되었다.

잉글랜드 공군기지의 민간으로의 전환과 재사용 계획의 추진은 대성공이었다.

잉글랜드 공군기지의 재생은 매우 성공적이었다. England Airpark and Community(England Airpark라고 불림)라는 새로운 지역 공동체가 탄생했다. 이 공동체는 루이지애나 중부 경제의 활기찬 허브가 되었다. 지역 공항을 중심으로 제조, 운송, 상업 공간, 주거 공간, 골프장을 포함한 레크리에이션 시설을 갖춘 매력적인 공간이 되었다. 잉글랜드 공군기지의 재생 사업은 연방 정부로부터 성공적인 군사기지 재사용의 국가적 모델로 인정받았다.

〈그림 72〉 England Airpark 모습(https://englandairpark.org/)

 잉글랜드 공군기지 재개발의 마스터플랜에 따라 England Airpark에는 상업 공항인 알렉산드리아 국제공항이 개설되었다. 이 공항은 연간 50,000회 이상의 항공 운항으로 250,000명 이상의 승객에게 서비스를 제공하고 있다. 공항과 연계하여 비행학교, 4개의 항공 서비스 제공업체, 기지 운영자 등이 지역 항공 산업을 이끌고 있다. 루이지애나에 주둔하고 있는 군과의 계약을 통해 유사시 군사작전을 위한 적재와 하역의 서비스도 제공하고 있다.

England Airpark는 루이지애나 중부 지역의 경제를 다각화하는 데 성공했다. 항공, 기업 교육 및 공유 서비스, 철도 차량 관련 클러스터, 플라스틱 제조, 지역 유통, 국토 안보 및 국방 분야 기업을 유치하여 지역사회의 특정 단일 산업에 대한 의존도를 낮췄다.

경제의 다각화와 기업의 유치는 지역의 일자리 창출로 이어졌다. England Airpark는 수천 개의 일자리를 창출하여 기지 폐쇄로 인해 손실된 일자리를 초과했다. 관련 문헌을 보면, 2007년까지 7,500여 개의 일자리가 새로 생겼으며, 이들의 연평균 수입은 약 3만 6천 달러였다. 5년 후인 2013년까지 지속적인 기업 유치와 투자 유치로 3천 개 이상의 일자리가 추가로 창출되었다. 일자리의 창출은 지역사회의 경제적인 안정과 기회를 제공하는 역할을 했다.

기업의 유치와 일자리 창출은 세수입의 증가로 이어졌다. England Airpark의 개발은 지방정부에 상당한 세수입 증가를 가져왔다. 지방정부는 이러한 자금을 이용하여 지역의 필수 서비스와 인프라를 개선하였다. 공군기지의 개발 후 15년이 지난 2007년까지의 기록을 보면, 지역 매출세의 징수액이 3,694만 달러(한화 약 550억 원) 증가했다.

England Airpark는 주거 지역, 공원, 레크리에이션 시설의 개발로 지역사회를 활성화하여 주민들의 삶의 질을 높였다. 군사시설을 활용하여 은퇴자 숙소도 새로 마련했다. 골프장을 포함한 주민을 위한 편의시설이 늘어났다. England Authority를 지역의 공원과 인프라에 대한 투자를 계속하고 있다. 기업의 유치, 일자리 창출, 세수 증가의 선순환이 계속되면서 편리하고 활력이 넘치는 지역 공동체로 발전해 가고 있다.

England 기지의 재개발 사례는 지역 공동체가 협력하여 기지 폐쇄의 충격을 극복하고 성공적으로 지역을 활성화한 요소가 무엇인지를 잘 보여 준다.

첫째, 군대가 사용하던 부지의 성공적인 재개발을 위해서는 사전 계획이 중요한 성공의 요인임을 이 사례는 잘 보여 준다.

잉글랜드 공군기지의 재사용 계획은 기지가 폐쇄되기 전에 이미 시작되었다. 잉글랜드 공군기지의 폐쇄는 1991년에 발표되었다. 실제 기지의 폐쇄는 1992년 12월에 이루어졌다. 반환되는 공간의 활용 계획이 기지가 완전히 폐쇄된 1992년 12월 이후에 작성되지 않고, 기지 폐쇄가 확정되자마자 작성되었다. 전문가들은 이러한 접근이 잉글랜드 공군기지 재생의 가장 중요한 성공 요인으로 평가하고 있다.

앞에서 살펴본 것처럼 잉글랜드 공군기지의 폐쇄 움직임은 1980년대 후반에 시작되었다. 기지 폐쇄 움직임에 대한 지역사회의 대응은 기지를 유지해야 한다는 그룹과 기지 폐쇄를 기정사실화하고 효과적인 활용을 모색하는 그룹으로 나누어졌다. 하지만, 기지 폐쇄가 결정되자 상반된 견해를 갖고 있던 두 그룹이 지역의 발전을 위해서 협력했다.

지역의 지도자들은 군사기지 폐쇄의 충격을 극복하고 성공적으로 재생하기 위해서는 선제적인 계획이 중요하다고 생각했다. 이와 함께 기지의 재생을 전담할 기관의 구성도 중요하게 생각했다. 기지가 폐쇄되기 전에 주민의 의견을 수렴하여 재활용을 위한 전담 기관을 만들었다. 새롭게 만들어진 재활용을 전담할 기관을 중심으로 최적의 개발계획을 완성했다. 잉글랜드 공군기지의 성공적인 전환은 이러한 노력의 결과였다.

둘째, 폐쇄된 기지의 재개발을 위한 협의와 추진의 창구를 일원화하여 효과적으로 사업을 진행한 사실에 주목해야 한다.

잉글랜드 공군기지의 재개발을 주도할 전담 기관인 England Authority 출범이 성공적인 재개발의 핵심적인 요소였다. 지역사회는 폐쇄되는 잉글랜드 공군기지의 재개발을 관리하기 위해 England Authority라는 준정부 기관을 설립했다. 재개발이 진행되는 과정에서 England Authority는 협의와 사업 추진의 창구 역할을 했다.

England Authority로 창구가 일원화되면서 신속하고 효율적으로 연방정부로부터 기지를 반환받을 수 있었다. 기지의 재산권을 이전하는 절차는 복잡하고 관련되는 법규가 많다. 개발사업의 성공은 시간이 중요한 요소이다. 빠른 시간에 재산권이 지방정부로 이전되어야 개발이 가능해진다. England Authority가 그 역할을 해냈다. 반환되는 기지의 재산권 이전과 동시에 전문가를 포함한 지역 주민의 의견을 수렴하여 다목적 개발 전략과 추진 계획이 수립될 수 있었다. 지역 공항의 개설은 물론 많은 투자와 기업의 유치도 가능했다.

잉글랜드 기지의 재개발이 끝난 후에도 England Authority의 역할은 계속되고 있다. England Airpark 지역의 관리, 신규 사업의 유치, 단지에 있는 기업의 지원, 인프라와 지원 서비스 확충, 주거단지 입주자 지원 등 기능을 수행하고 있다.

셋째, 기지 재활용 사업의 성공을 위해서는 접근성이 확보되어야 한다고 판단하고, 이를 위해 상업 항공 인프라를 구상하고 구축한 지혜가 돋보인다.

잉글랜드 공군기지가 폐쇄된 지역에 있던 활주로와 관제탑 시설을 활용하여 알렉산드리아 국제공항이 운영되고 있다. 2개의 주요 민간 항공사가 매년 30만 명 이상의 승객 운송 서비스를 제공하고 있다(공항 개설 직후에는 3개의 주요 민간 항공사 취항). 잉글랜드 공군기지 재생의 성공 요인 중 하나는 바로 이 공항의 기능 유지에 있다.

알렉산드리아 지역사회 지도자들은 폐쇄되는 잉글랜드 공군기지의 재활용을 위한 방향을 설정할 때 상업용 공항의 필요성이 제기되었다. 루이지애나 중부에 있는 잉글랜드 공군기지의 지리적인 위치를 볼 때 항공 서비스가 있어야 기업의 유치와 지역 경제의 활성화가 가능하다고 보았다. 상업용 공항의 기능이 유지되면 항공 서비스와 연관되는 기업의 유치가 가능하다고 평가했다. England Authority와 함께 지역의 지도자들이 주목한 분야는 항공 정비와 수리부속 지원(MRO, Maintenance, Repair and

Operations 또는 Maintenance, Repair and Overhaul)과 관련된 산업단지의 조성이었다.

지역의 지도자들은 미국 군대의 군사작전 지원을 위해서도 잉글랜드 공군기지에 상업용 공항이 필요하다고 주장했다. 잉글랜드 공군기지 인근 Leesville에는 포트 폴크(Ft. Polk)라는 미국 육군의 기지가 있다. 매년 수천 명의 미군이 그곳에서 훈련을 받는다. 이곳에서 훈련을 받기 위해서는 미국 전역에서 루이지애나 중부로 이동해야 한다.

폐쇄되는 잉글랜드 공군기지에 상업용 공항이 개설되기 위해서는 몇 가지 해결해야 할 조건이 있었다. 상업용 공항 신설을 허가하는 연방 정부는 지방 조례의 개정, 인근 소규모 공항의 통합, 공항 운영을 위한 비용의 확보를 요구하였다. 지방정부와 지도자들은 연방 정부의 모든 조건을 충족하여 상업용 공항 개설을 승인받았다.

넷째, 폐쇄되는 군사기지의 기능과 시설 활용을 극대화하는 지혜가 돋보인다.

England Authority에 의해 많은 기존 건물이 새로운 세입자의 요구를 충족하도록 재활용되었다. 공군에서 사용하던 활주로와 관제탑은 상업용 공항이 만들어지면서 그대로 사용되었다. 공군이 사용하던 격납고는 제조 시설로 재활용되었다. 부대의 기숙사는 사무실 공간으로 활용되었다. 공항에 있던 라운지나 클럽은 컨퍼런스 센터로 전환되었다. 부대의 주거시설 일부는 은퇴자 숙소로 개조되었다.

〈그림 73〉 군 시설을 활용한 은퇴자 주택(https://englandairpark.org/)

군사기지의 기능과 시설의 재활용으로 비용이 절감되었다. 군사기지의 역사성을 유지하고 이야깃거리를 간직한 공동체가 될 수 있었다. 환경을 보호하는 효과도 부가적으로 달성되었다.

미 공군이 사용하던 기지가 폐쇄되면서 발생한 군 유휴공간을 활용한 England Airpark 조성 사업의 성과도, 이 책에서 주장하는 세 마리 토끼를 잡을 수 있음을 보여 주고 있다.

첫 번째 토끼인 '군 본연의 임무 수행에 전념할 수 있는 여건의 조성'에 직간접적으로 도움이 된다.

잉글랜드 공군기지 지역의 주민은 기지의 폐쇄를 받아들이고 발전적인 활용 방안을 마련하여 England Airpark라는 상업과 주거가 결합한 새로운 복합단지를 성공적으로 만들었다. 군사기지의 폐쇄와 재조정이 순조롭게 진행되면 군대의 기능 발휘에 좋은 여건이 조성된다. 분산된 기지의 통폐합으로 예산이 절감된다. 기지가 통합되고 새로운 시설이 확충되면 군대는 더 좋은 시설에서 더 효과적으로 기능을 발휘할 수 있다. 궁극적으로 미군이 군 본연의 임무인 훈련과 작전 수행에 전념할 수 있는 여건이 조성되는 데 도움이 된다. 그래서 첫 번째 토끼를 잡는 데 직·간접적으로 도움이 된다.

두 번째 토끼인 지역 경제 활성화와 일자리 창출에 이바지할 수 있다.

잉글랜드 공군기지의 성공적인 재활용은 지역 경제를 활성화하고 일자리를 창출하였다. 수십 년 동안 지역 경제의 핵심적인 역할을 하던 군사기지의 폐쇄라는 충격에서 벗어나기에 충분한 성과였다. 관련 문헌을 보면, 1992년부터 2007년까지 총투자와 운영 수익은 루이지애나 중부 경제에서 73억 달러 이상의 경제적인 이익을 가져왔다. 같은 기간에 지역 주민들에게는 18억 달러 이상의 추가 가계 수입이 창출되었다. England Airpark는 수천 개의 정규직과 임시직 일자리를 창출했으며, 이러한 새로운 일자리의 연평균 수입은 3만 6천 달러였다.

England Airpark는 루이지애나 중부 지역의 경제를 활성화하고 많은 일자리를 창출하여 지역의 발전을 이끌었다. 잉글랜드 공군기지의 재생 사례는 그래서 두 번째 토끼를 잡았다고 볼 수 있다.

세 번째 토끼인 민군관계의 형성에도 긍정적인 영향을 줄 수 있다고 생각한다.

잉글랜드 공군기지 폐쇄가 거론될 때 지역사회는 큰 충격에 빠졌다. 공군기지가 지역경제에 기여하는 부분이 많았기 때문이다. 지역 주민의 3분의 1 이상이 군인이었다. 군인 가족이 도시의 큰 부분을 차지하고 있었다. 기지가 폐쇄되고 그 여파로 지역경제가 쇠퇴했다면 주민들은 기지 폐쇄를 결정한 국방부를 비난할 것이다. 국방부에 대한 주민의 비난은 군에 대한 부정적인 감정으로 이어질 수 있다.

지역사회의 노력과 지도자들의 헌신으로 잉글랜드 공군기지는 성공적으로 재생되었다. 지역 경제를 활성화하고 많은 일자리를 창출했다. 결론적으로 군사기지의 폐쇄가 주민의 삶에 도움을 주는 결과를 가져왔다. 군에 대한 주민의 감정이 나빠질 이유가 없는 상황이다. 이러한 결과는 결국 민과 군의 좋은 관계의 형성에 긍정적인 역할을 하게 된다. 그래서 성공적인 잉글랜드 공군기지 재생은 세 번째 토끼도 잡을 수 있었다.

⑨ 체코 밀로비체 훈련장 재활용

이 사례는 체코에 있던 구소련 군사기지의 재생에 관한 내용이다. 유휴화된 대규모 군사기지를 주거와 산업, 그리고 자연 친화 공간으로 변화시켰다.

동서냉전 시대에 체코 밀로비체(Milovice)에는 대규모의 소련군이 주둔했다. 소련이 붕괴되면서 유휴화된 군사기지는 냉전 직후 아무런 조치 없이 방치되었다. 1996년부터 EU를 포함한 국제사회의 도움을 받아서 체코 중앙정부와 밀로비체 지방정부의 노력으로 옛 소련의 군사기지 일부를 주거 지역과 경제활동 지역으로 개발하였다. 일부 지역은 자연 친화적인 공원으로 변모하였다. 그러나 군사기지 재생의 노력은 아직 충분하지 않다. 밀로비체 기지는 아직도 방치된 공간이 많다.

소련군은 1968년부터 1991년까지 밀로비체 군사기지를 운영했으며, 이 기지는 체코슬로바키아에서 가장 큰 소련군 기지 중 하나였다.

〈그림 74〉 밀로비체 위치(Google Map)

밀로비체는 체코의 수도인 프라하로부터 북동쪽으로 약 28km 떨어진 곳에 있는 도시이다. 밀로비체 지역에서 소련군이 사용했던 군사기지는 도시의 동북쪽 지역에 있다.

밀로비체 군사기지의 역사는 1904년으로 올라간다. 당시에 오스트리아-헝가리 군대가 이 지역에 기지를 설립했다. 1차 세계 대전 때는 이곳에 러시아와 이탈리아 군인을 수용하는 포로수용소가 있었다. 전쟁 후에는 체코슬로바키아 군대가 기지로 사용했다. 이후 독일이 체코슬로바키아를 점령했던 기간에는 독일군이 이 기지를 독일 선전용 영화를 제작하는 장소로 사용하였다.

1968년부터 이 기지는 소련군이 사용하기 시작했다. 소련은 이곳에 소련군 중부군 사령부를 설치했다. 이 기지는 체코슬로바키아에서 가장 큰 소련군 기지 중 하나였다. 기지가 차지한 면적은 약 280㎢였다. 밀로비체 군사기지에는 약 10만 명 규모의 소련군 장병과 가족이 거주했다. 약 7.4만 명의 군인과 4만 명 이상의 가족 구성원이 기지에서 생활했다. 소련군 기지는 밀로비체에 거주하는 체코인들과 물리적으로 완전히 격리된 생활을 했다. 기지에는 공항, 막사, 주택, 학교, 병원, 상점 등 다양한 시설이 있었다.

밀로비체 군사기지에는 전차 사격과 기동훈련장, 보병 훈련장, 포병사격장, 방공훈련장 등 다양한 훈련장이 있었다. 소련군 중부사령부 행정시설도 갖춰져 있었다. 기지에 있는 군인, 가족, 지원 인력을 위한 대규모 병영과 주거시설도 군사기지 안에 있었다. 차량 수리소, 탄약 창고, 보급 창고 등 기지의 유지관리를 위한 시설도 갖춰져 있었다. 대형 비행장은 물론 통신 기반 시설과 병원, 체육관, 영화관 등의 시설도 기지 내부에 건설되었다.

냉전이 종식되고 1989년에 체코슬로바키아에서 일어나 비폭력 혁명인 벨벳 혁명으로 공산당이 무너지면서 소련군은 밀로비체 기지에서 1991년에 철수했다. 1991년 기지에서 철수한 소련군의 규모를 보면, 군인 74,000명, 군인 가족 40,000명, 전차 1,300대, 포 131문, 탄약 차량 260대였다.

체코 중앙정부와 밀로비체 지방정부는 옛 소련군의 기지를 자연 녹지로 변환하고 일부 제한된 공간을 경제활동과 주거를 위해 재개발하는 전략을 수립했다.

1991년에 소련군이 철수하고 남겨진 밀로비체 군사기지는 광활한 공간이었다. 체코 공화국 자체 역량으로 재생할 수 없는 상황이었다. 이 기지는 그래서 소련군이 떠난 후부터 1995년까지 황량한 상태로 방치된 공간이 되었다.

체코 공화국은 소련군이 떠난 280㎢의 광활한 공간을 바로 재생할 여력이 되지 않았다. 옛 군사기지를 가치 있는 공간으로 바꾸기 위해 조치해야 할 소요가 너무 많았다.

소련군이 떠난 후 밀로비체 군사기지가 수년 동안 방치되고 투자가 제한되어 기지 내부에 있던 건물, 도로 및 기타 기반 시설이 황폐해졌다. 소련군의 철수로 인해 지역사회에서 상당한 일자리 손실과 경제적 어려움이 발생했다. 소련군이 사용하던 토지 및 건물과 관련된 소유권을 결정하고 법적 문제를 해결하는 데도 시간이 걸렸다. 수십 년 동안의 소련군 군사 활동으로 인해 연료 유출, 탄약 및 기타 오염 물질로 토양과 지하수가 오염되었다. 오염된 환경을 치유하기 위해서는 광범위한 복구 노력이 필요했다. 공산당 통치에서 벗어난 체코 공화국 정부 차원에서는 이러한 치유 역량이 충분하지 않았다.

소련군은 체코 공화국과 지역 주민에게 많은 과제를 남기고 밀로비체 기지를 떠났다. 소련군의 철수는 지역에 많은 부담을 남겼지만 동시에 체코 공화국과 지역사회가 새롭게 도약할 기회도 되었다.

지방정부는 군사기지의 환경은 물론 개발 여력이 제한되는 경제 상황, 지역 주민의 정서를 포함한 사회적인 요소를 고려하여 재활용을 위한 포괄적이고 현실적인 계획을 만들었다. 이 과정에서 지역사회의 구성원을 재활용 계획의 수립 과정에 참여시켰다.

밀로비체 군사기지의 일부를 주택, 산업단지, 자연 보호 구역을 포함하여 민간 용도로 재개발하는 과정에서 지역사회의 의견은 물론 중앙정부와 지방정부의 재정 능력을 고려하였다. 참고로 당시 유럽 연합에서는 옛 소련 군사시설의 재생을 위해 두 가지 종류의 지원 프로그램을 운영하고 있었다. 군사나 산업부지 재사용 프로그램(MISTER)과 유럽의 브라운필드 재생에 대한 맞춤형 개선(TIMBRE) 프로그램이다. MISTER는 "Military and Industrial SiTEs Reuse"의 약자로, 유럽 연합의 자금 지원을 받아 2006년 6월부터 2008년 6월까지 진행된 프로젝트다. 이 프로그램은 폐기된 산업 및 군사 지역 내 기존 건물의 재사용을 통해 도시를 재구축하고 재생하는 것을 목표로 했다. TIMBRE는 "Tailored Improvement of Brownfield Regeneration in Europe"의 약자로, 유럽의 브라운필드(방치된 군사시설이나 기지) 재생을 위한 맞춤형 개선을 목표로 하는 EU 연구 체계 프로그램이다. 이 프로그램은 브라운필드 재생의 재정적, 생태적 효율성 및 사회적 수용성 측면에서 기존 장벽을 극복하는 데 중점을 두었다.

소련군이 사용하던 군사기지 전체를 주거 지역이나 상업시설로 재생하는 계획을 하지 않았다. 대부분의 공간을 자연 녹지로 전환하고, 소련군이 사용하던 행정시설과 주거시설의 일부를 활용한 제한적인 개발로 방향을 정했다. 필요한 재원의 확보를 위해 유럽 연합으로부터 옛 소련군 군사기지 복구와 기반 시설 개발을 위한 자금을 지원받는 방안도 모색했다. 공공과 민간의 동반관계를 통해 민간투자 유치도 추진했다.

밀로비체가 프라하라는 대도시에 근접해 있는 지리적 장점도 계획에 반영되었다. 대도시에서 일하는 젊은 층에 상대적으로 저렴한 주거시설을 제공할 수 있다면, 인구의 유입과 도시의 활성화가 가능하다고 판단했다.

1996년 8월에 산업단지 조성, 주거단지 조성, 자연보호 구역 설정, 영화산업을 포함한 문화, 예술, 교육 관련 시설 준비 등 본격적으로 유휴화된 군사기지의 재활용 사업이 시작되었다. 소련군이 철수하고 남겨진 군사기지의 소유권은 대부분 지방정부로 이전되었다. 건물의 경우, 지방정부로 소유권이 이전되거나 일부 개인 투자자에게 매각되었다.

밀로비체 군사기지 재활용의 가장 특이한 점은 많은 공간을 자연보호 구역으로 지정하여 생태를 복원시키는 계획과 추진이다. 이 과정에서 지방정부는 환경 단체나 전문가와 협업했다. 광활한 군사기지였던 밀로비체 지역은 인위적인 군사 활동으로 나무나 관목이 우거지는 것을 막았다. 그런데 군사기지가 철수하면서 관목과 나무가 우거지기 시작했다. 이러한 변화는 개방된 환경에서 서식하는 많은 동식물의 생존을 위협했다.

이러한 변화에 대응하는 최적의 방법은 재야생화(Rewilding)이었다. 대형 초식 동물을 이용해서 초지 환경을 조성하고 건강한 생태계를 만들었다. 2015년부터 유럽 대륙의 대형 초식 동물을 이곳으로 옮겨서 방사했다. 엑스무어 조랑말(Exmoor ponies), 타우로스 소(Tauros cattle), 유럽들소(Wisent) 등의 초식 동물을 유럽의 곳곳에서 데려와서 유휴화된 군사시설 지역에서 살게 했다.

재야생화는 매우 성공적이었다. 제초나 벌목과 같은 인위적인 관리 없이 대형 초식 동물의 활동만으로 지속 가능한 서식지 관리가 가능해졌다. 자연적인 방법으로 생태계를 복원하였다.

〈그림 75〉 밀로비체 자연보호 구역의 2020년 모습
(https://learningenglish.voanews.com/)

소련군이 군사기지로 사용하던 부지에 밀로비체 비즈니스 구역(Milovice Business Zone)이 조성되었다. 산업단지를 개발하여 투자를 유치하고 고용을 창출하여 지역 경제를 활성화하는 것을 목표로 했다.

1999년에 밀로비체 비즈니스 존 조성이 시작되었다. 2001년에 자동차 부품회사를 여기에 최초로 유치하였다. 2005년에 산업단지의 기반 시설인 도로, 전기, 수도 등이 완성되었다. 2010년부터는 다양한 분야의 기업을 유치하고 확장하고 있다. 밀로비체 비즈니스 존에는 현재 약 30개의 기업이 입주해 있다. 우리나라 기업인 현대모비스, LG전자를 포함하여 파나소닉, DHL 등 자동차 부품, 전자제품, 물류, 식품 분야의 기업이 입주해 있다.

체코의 밀로비체 군사기지 재활용 계획에는 산업단지 조성 외에도 주거단지를 조성하는 계획도 포함되었다. 주거단지의 조성은 2가지 방향으로 계획했다. 하나는 과거 소련군이 사용하던 주거시설의 재활용이다. 소련군이 철수하면서 많은 주거시설이 방치되었다. 이 중에서 일부를 개보수하여 저렴하고 비교적 짧은 기간에 주거시설을 공급하는 방안이다. 또 하나는 새로 아파트나 주택을 건설하여 산업단지에서 일하는 근로자에게 제공하고 지역사회를 활성화하는 방안이다.

밀로비체 군사기지 중에서 소련군이 사용하던 주거시설은 밀로비체 군사기지의 북동쪽 지역인 Boží Dar에 있었다(참고로, 체코 북쪽 국경에도 Boží Dar라는 지역이 있다. 이곳은 소련군의 레이다기지가 있던 곳이며, 밀로비체 군사기지 내부에 있는 Boží Dar보다 훨씬 큰 지역이다). Boží Dar는 주로 소련군 장교와 그 가족이 살던 주거 지역이다. 여기에는 극장, 체육관, 수영장, 군 공항 등이 있었다.

〈그림 76〉 Boží Dar 옛 소련군 아파트 모습(https://commons.wikimedia.org/)

1996년에 Boží Dar 구역에 있는 소련군이 사용하던 주택의 재활성화가 진행되었다. 밀로비체 군사기지에는 소련군이 사용하던 600채 이상의 아파트가 있었다. 체코 중앙정부와 유럽 연합의 보조금을 받아서 주거시설의 재활성화가 진행되었다. 다양한 국가 기관, 민간투자, 지방정부의 재정적인 지원이 있었다.

소련군이 사용하던 주거시설을 개조하여 200여 가구의 아파트가 완공되었다. 주거시설의 확충과 연계하여 밀로비체 주민도 1,000여 명에서 2012년 말에는 1만여 명으로 증가했다. 현재의 밀로비체 인구는 1만 3천여 명이다. 프라하와의 근접성과 비교적 저렴한 주택 옵션으로 인해 이 지역으로 유입되는 인구를 수용하기 위해 새로운 주택 단지가 건설되었다. 이러한 주거 지역의 성장은 도로, 학교, 상점, 공공 서비스를 포함한 기반 시설의 개발과 함께 이루어졌다.

밀로비체 군사기지의 재활용 계획은 산업단지나 주거시설의 조성뿐만 아니라 지역 주민의 삶의 질을 향상하기 위해 문화와 레저 시설 확충도 포함하였다. 과거 군사시설을 활용하거나 새로운 시설을 조성하여 극장, 다양한 스포츠 시설, 박물관 등이 만들어졌다. 비교적 넓은 부지를 활용하여 다양한 종류의 스포츠 시설이 조성되었다. 과거 군용 차량 훈련장이나 활주로를 활용하여 모터스포츠나 경항공기 운영시설이 설치되었다.

밀로비체는 군사기지 지역은 광활하고 열린 공간과 버려진 건물 덕분에 영화와 TV 제작에 인기 있는 장소가 되었다. 프라하에서 비교적 가까

〈그림 77〉 2008년 자동차 튜닝 행사 모습(www.forgottenairfields.com)

운 좋은 접근성과 함께 유럽의 다른 나라에 비해 제작비가 저렴한 장점도 갖추고 있다. 유로트립(EuroTrip, 2004), 본 슈프리머시(The Bourne Supremacy, 2004), 호스텔(Hostel, 2005), 차일드 44(Child 44, 2015), 넷플릭스 드라마 '카르텔'(Cartel)과 같은 영화와 TV 프로그램이 밀로비체 군사기지 지역에서 촬영되었다.

체코 밀로비체 군사기지의 재활용을 위한 다양한 노력의 결과 제한된 범위에서 성공적인 결과를 냈다.

소련군이 떠나 밀로비체 군사기지의 치유와 활용은 체코 중앙정부와 지역사회에 큰 숙제였다. 기지 재활용의 성공은 군사기지의 폐쇄와 오랜 기간의 방치에 대한 지역 주민의 우려는 희망으로 변화되었다.

대부분의 공간을 자연 보호구역으로 설정하여 친환경 녹지 공간으로 만들었다. 산업단지를 조성하고 기업을 유치했으며, 군사기지 내부에 있던 건물을 재생하여 주거시설도 늘렸다. 많은 젊은 층 인구가 밀로비체로 유입되었다.

거대한 자연 녹지의 확보로 자연 생태계를 보전한 밀로비체는 폐쇄된 군사시설의 재활용 과정에서 환경과 자연 보호의 모범 사례가 되었다. 자연 녹지는 희귀하고 멸종 위기에 처한 동식물의 안식처가 되었다. 보호구역이 제공하는 광활한 공간은 야생 동식물의 관찰과 학습의 기회를 제공함은 물론 하이킹, 자전거 타기 등 지역사회와 주민에게 활력을 주는 공간이 되었다.

군사시설을 활용한 산업단지의 조성은 지역의 경제를 활성화했다. 30여 개의 기업을 유치하여 1만 명 이상의 고용을 창출했다. 지역과 중앙정부의 세수를 증대시켰으며, 인구의 유입은 주거시설을 포함한 생활 편의시설의 확충으로 선순환되었다. 밀로비체 군사기지의 이야깃거리와 독특한 환경은 유럽의 영화산업을 유치하였다. 촬영 스태프들의 숙박과 식사 등은 지역 상권을 활성화했고 고용도 창출했다.

군사기지에 있던 시설을 재활용하여 주거단지가 개발되었다. 인구의 유입과 연계하여 군사기지 외의 시내 지역에는 새로운 주거단지가 신축되는 선순환적인 효과로 이어졌다.

밀로비체 군사기지의 재활용이 가져온 많은 성과와 함께 여전히 해결이 필요한 숙제도 안고 있다. 옛 군사기지에는 아직도 방치된 시설이 많다. 미확인 폭발물도 많이 존재해서 추가적인 조사와 정리가 필요하다. 소련군의 군사 활동 과정에서 발생한 토양 오염도 아직 완전히 정화되지 않은 상태이다. 이러한 숙제를 해결하면서 추가 개발을 위해서는 이 지역의 효과적인 관리 대책과 함께 자금 지원이 계속되어야 한다.

밀로비체 군사기지의 재활용 사례는 여러 가지 어려움이 있는 상황에서 가시적인 성과를 내기 위해서는 어떠한 접근과 노력이 필요한지를 잘 보여 준다.

첫째, 중앙정부와 지방정부의 여건을 고려한, 자연 보호구역 지정으로 생태를 보호하고 녹지 공간을 확보하는 혁신적인 접근 방식에 주목해야 한다.

밀로비체 재활용을 계획하고 추진하는 과정에서 지방정부는 옛 군사기지 공간의 많은 부분을 자연 보호구역으로 설정하였다. 소련군이 사용하다가 철수한 밀로비체 군사기지는 280㎢에 이르는 광대한 면적이다. 이 공간의 재활용을 위해서는 어떤 형태로든 많은 재원이 필요하다. 소련군이 떠난 후에도 이 공간은 특별한 조치 없이 방치되었다. 중앙정부와 지방정부의 역량이 충분하지 않았기 때문이다. 군사기지의 일부 공간이 재활용되고 있지만 아직도 방치된 공간이 있다.

재원의 부족함을 해결하고 옛 군사기지의 재생에 필요한 재원의 부족함을 해결하는 방안으로 자연 녹지의 조성을 선택했다. 광활한 지역을 녹지로 조성하여 환경과 생태계를 살리면서 군사기지를 재생하는 방법이다. 이러한 공간의 재활용에 대한 실용적인 접근으로 밀로비체 군사기지 재생은 환경적이고 경제적인 이점을 얻었다.

둘째, 군사시설의 재활용으로 공간의 재생에 필요한 비용과 시간을 절감했다.

밀로비체 군사기지의 재생은 기존 시설의 재활용에서 출발했다. 소련군은 밀로비체 군사기지에 수천 개의 시설을 남기고 떠났다. 이 중에는 낡루하거나 안전하지 않아서 사용할 수 없는 시설도 많았다. 탄약저장시설이나 차량 정비시설처럼 오염 정화나 위험 요소의 제거와 같은 추가적인 조치가 필요한 시설도 많았다. 주거시설이나 행정시설 중에는 약간의 보수와 정비 후에 사용할 수 있는 건물도 남아 있었다.

새로운 건물이나 시설의 신축은 비용도 많이 들고 시간이 걸린다. 밀로비체 군사기지의 재생은 남아 있는 시설물을 활용하여 주거단지와 산업단지를 조성하는 접근 방식을 선택했다. 조성된 산업단지에는 기업이 유치되었다. 새로 단장된 주거단지에도 프라하에 일터가 있는 젊은이들이 모여들었다.

〈그림 78〉 밀로비체 군사기지 Boží Dar의 주거시설 재생(Google Map)

활주로나 격납고는 원형 그대로 활용되었다. 대규모 야외 행사 장소로 이용되거나 민간 경비행기의 활주로와 격납고로 사용되었다. 군사기지에 있던 다양한 구조물은 소련군이나 냉전 시대를 테마로 하는 영화나 드라마의 촬영 장소로 사용되었다. 모두 소련군이 사용하던 시설의 재활용이다.

셋째, 군사기지 재생 과정에서 밀로비체만이 갖고 있는 지리적, 자연적, 사회적인 강점을 잘 활용했다.

밀로비체는 지리적으로 체코의 수도 프라하에 근접해 있다. 밀로비체에 살면서 프라하로 출퇴근이 가능한 거리이다. 군사시설의 재활용으로 저렴한 주거시설을 제공하여 프라하에 일터가 있는 젊은이들의 유입이 가능하게 했다. 군사기지로 사용되면서 밀로비체 지역에는 넓은 녹지가 형성되어 있었다. 자연 녹지 자체가 밀로비체의 가치를 높였다. 다양한 동식물이 서식하는 생태 탐방의 명소가 되어 사람들이 찾아왔다. 넓은 공간을 활용한 다양한 레크레이션 관련 행사나 활동이 가능해졌다.

밀로비체 군사기지는 다양한 모습으로 존재하고 있다. 자연 보호구역으로 지정되어 녹지가 조성되어 있다. 한편으로는 버려진 군사시설의 잔해가 그대로 남아 있다. 현대식 주거 지역과 산업시설의 모습도 보인다. 인위적인 개발과 동서 냉전 시대의 역사를 간직한 공간과 구조물이 혼재되어 있다. 이 자체가 밀로비체만의 독특함을 줄 수 있는 소재이다. 군사기지의 재생 과정에서 밀로비체는 이러한 강점을 잘 활용하는 지혜를 발휘하였다.

소련군이 사용하던 대규모 군사기지가 폐쇄되면서 발생한 유휴 공간을 재생한 밀로비체 군사기지 재생 사업의 성과도, 이 책에서 주장하는 세 마리 토끼를 잡을 수 있음을 보여 주고 있다.

첫 번째 토끼인 '군 본연의 임무 수행에 전념할 수 있는 여건의 조성'에 직간접적으로 도움이 된다.

냉전 시대에, 체코에 주둔하던 소련군의 규모는 약 80만 명이다. 이들이 철수하면서 발생한 유휴시설과 공간은 모든 체코인에게 큰 숙제가 되었다. 체코 군대가 이 공간을 모두 사용할 수도 없다. 이 공간을 일시에 재생할 수 있는 국가의 여력도 안 되었다. 체코에 있던 소련 군사기지 중에서 가장 큰 규모였던 밀로비체 군사기지의 성공적인 재생은 그래서 의미가 크다. 밀로비체 군사기지의 일부 공간은 지금도 체코 군대가 사용하고 있다.

밀로비체 사례처럼, 소련군이 사용하던 공간이 성공적으로 재생되면 체코의 군대가 해결해야 할 과제가 많이 줄어든다. 일반적인 재생은 국가의 다른 기능이 수행할 수 있지만 폭발물 처리를 포함한 군사시설은 군대만이 할 수 있기 때문이다. 성공적으로 재생이 되면 체코군의 부담과 과업이 줄어든다. 그래서 밀로비체 군사기지의 성공적인 재생은 체코군이 본연의 임무 수행에 전념할 수 있는 여건의 조성에 직간접적으로 도움이 된다.

두 번째 토끼인 지역 경제 활성화와 일자리 창출에 이바지할 수 있다.

밀로비체 군사기지의 재생 과정에서 산업단지가 조성되고 주거시설이 마련되었다. 산업단지에 성공적으로 기업이 유치되면서 지역경제가 살아나고 일자리가 늘어났다. 주거단지가 조성되면서 인근 대도시인 프라하에서 젊은 층 인구가 유입되었다. 군사기지가 폐쇄된 1991년과 비교하면 2012년 밀로비체의 인구는 무려 10배 이상으로 증가했다. 지역 인구의 증가는 기지 재생의 성과를 보여 주는 대표적인 수치이다. 옛 군사기지의 성공적인 재생이 지역을 발전시키고 있다. 그래서 두 번째 토끼도 잡았다고 볼 수 있다.

세 번째 토끼인 민군관계의 형성에도 긍정적인 영향을 줄 수 있다고 생각한다.

밀로비체에 군사기지에 거주하는 소련군과 가족은 밀로비체에 사는 체코인들과 물리적으로 완전히 격리되었다. 그들은 기지 안에서 모든 것을 자체적으로 해결했다. 지역사회와의 물리적인 단절은 체코인들의 소련군에 대한 거부감으로 이어졌다. 소련군에 대한 거부감은 소련군의 철수 후에 체코군과 국민과의 관계에도 영향을 줄 수 있다.

밀로비체 군사기지가 성공적으로 재생되면서 주민의 삶이 좋아졌다. 인구가 10배 이상 증가했다는 사실은 도시가 발전하고 활성화되었음을 의미한다. 주민의 삶이 윤택해지면 군대에 대한 인식도 좋아진다. 그래서 민군관계의 형성에도 긍정적인 영향을 주었다고 볼 수 있다. 세 번째 토끼도 잡은 것이다.

⑩ 그리스 벨리사리오 군사기지 재활용

이 사례는 그리스의 북서부 이오아니나(Ioannina)에 있는 벨리사리우(Velissariou) 군사기지가 폐쇄되면서 생긴 공간의 재개발과 활용에 관한 내용이다.

벨리사리우 군사기지의 정식 명칭은 Camp "Major(PZ) Velissariou Ioannis"이다. 그리스 발칸 전쟁의 영웅 육군 보병 소령 Velissariou Ioannis의 이름을 기지의 명칭으로 사용했다. 이 기지는 1909년에 지금의 위치에 들어섰다. 1912년에 건설을 마치고 운영이 시작된 기지이다. 1950년대부터 그리스 육군 보병학교가 이곳을 사용했다. 그리스 국방부의 군사시설 통폐합과 재배치 계획에 따라 2018년에 기지가 폐쇄되었다.

일반적인 군 유휴시설의 개발 형태와 다르게, 이 부지는 주거시설이나 상업시설로 개발하지 않는다. 녹지, 문화, 레저, 스포츠, 지역 공동체 활동이 가능한 복합 기능을 갖춘 공원으로 재생될 예정이다. 2023년에 국제 건축 설계 공모전을 개최하여 재생 계획이 확정되었다. 지금은 세부적인 실시 설계가 진행되고 있다.

벨리사리우 군사기지가 있는 이오아니나는 그리스 북서 지역 국경에 인접한 전략적 요충지이다.

이오아니나는 그리스 수도인 아테네에서 북서쪽으로 410km 떨어진 곳에 있다. 인구가 11만 명 정도 되는 북서부 그리스의 중심 도시이다. 이오아니나는 1912년에 시작된 제1차 발칸 전쟁 당시 그리스 군의 중요한 목표였다. 그리스가 북부 지역을 통치하기 위해서는 반드시 확보해야 하는 중요한 지역이었기 때문이다. 오스만 제국과 발칸 지역 국가가 싸웠던 제1차 발칸 전쟁에서 그리스가 승리하여 이오아니나 지역을 탈환하여 그리스 영토로 편입했다.

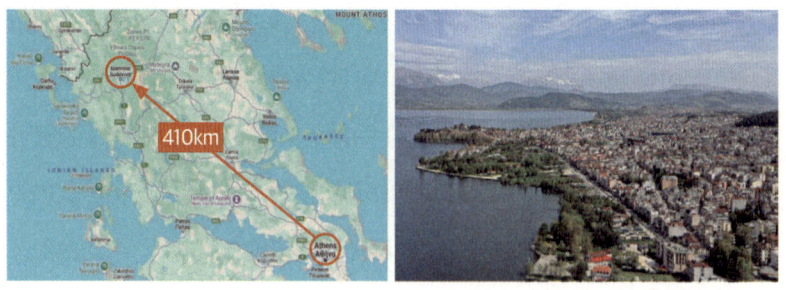

〈그림 79〉 이오아니나 지역 위치와 모습(좌 : Google Map, 우 : wikipedia)

그리스 북부의 중요한 전략적 요충지인 이오아니나의 확보와 연계하여 그리스는 이 지역에 군사기지를 건설했다. 이 기지는 이오아니나 도심지 남부의 중앙에 있다. 도시 중심부와 가깝고 기지 주변으로 도시의 주요 도로가 발달해 있다.

기지의 기원은 20세기 초반으로 거슬러 올라간다. 1912년에 완성된 기지는 1차 발칸 전쟁 중이던 1912년에서 1913년까지는 오스만 군대의 포로를 위한 장소로 사용되었다. 이후 다양한 부대가 기지에 주둔하고 또 기지가 확장되었다. 현재의 기지 모습을 갖춘 시기는 그리스 육군 보병학교(Hellenic Army Infantry School)가 이전해 온 1949년 이후이다. 이때부터 벨리사리우 기지는 그리스군의 중요한 교육과 훈련시설이 되었다.

부지의 면적은 약 8만 평 정도 된다. 기지의 설치 후에 이오아니나도 도

〈그림 80〉 벨리사리우 캠프 위치(Google Map)

시화가 진행되었다. 기지를 중심으로 도시가 확장되었다. 최초 만들어질 때와는 다르게 군사기지는 도심의 한 부분이 되었다.

군사기지 주변의 사회적 변화가 함께 국방정책의 변화도 진행되었다. 그리스 국방부는 국방 환경의 변화를 고려하여 군사기지 재배치와 통폐합을 시도하였다.

군사기지와 관련한 이러한 변화로 벨리사리우 군사기지는 2018년부터 운영이 중단되었다. 그리스 국방부가 육군 보병학교로 다른 지역으로 이전하는 결정을 했기 때문이다. 이 기지는 2024년 12월에 군사기지의 기능을 중단했다. 현재는 부지의 소유권이 지방정부로 이전되었고, 해당 공간은 〈그림 80〉과 같이 공터로 남아 있는 상태이다.

이오아니나 시 당국은 벨리사리우 군사기지를 시민들을 위한 대규모 도심 공원(Metropolitan Park)과 복합 문화·레크리에이션 공간으로 재생하기로 결정했다.

재활용의 대상이 되는 군사기지의 대부분은 처음부터 도심의 중심부에 있지 않는 경우가 많다. 시간이 지나면서 외곽에 설치되어 있던 군사기지의 주변까지 도시화가 진행되어 이전과 재활용이 추진된다. 벨리사리우 기지도 최초에는 도시의 중심부가 아니었다. 이오아니나 도시가 확장되면서 도심의 일부가 되었다.

한편, 그리스 국방부는 국방의 환경 변화에 대응하면서 군사기지를 재조정하고 있다. 유럽의 변화하는 안보 환경, 국방 예산의 제약, 군사 효율성 증대 요구가 군사시설의 조정과 재배치를 촉진하고 있다. 그리스 군사기지 재조정의 핵심은 수백 개의 기지 폐쇄와 통합이다. 벨리사리우도 재조정의 대상이 되면서 기지가 폐쇄되었다.

그리스 국방부는 2017년에서 2018년 사이에 벨리사리우 군사기지에 있던 보병학교의 이전을 검토하고 발표했다. 벨리사리우 기지의 폐쇄가 결정에 대해 이오아니나 시민은 우려와 실망을 나타냈다.

시민들의 가장 큰 우려는 기지 폐쇄가 지역 경제에 미칠 부정적인 영향이었다. 육군 보병학교에서는 장교, 부사관, 병사를 대상으로 다양한 교육 프로그램을 운영하고 있었다. 육군 보병학교가 이오아니나로 옮겨 오면서 많은 군인이 지역사회의 일원으로 생활했다. 군인과 가족들이 주택 임대, 상점, 식당 등 여러 분야에서 소비 활동을 하여 지역경제에 상당한 도움이 되었다. 지역 주민이 부대의 운영에 필요한 인력으로 고용되어 일자리도 창출했다. 기지가 폐쇄되고 군인과 가족이 떠나면 지역 경제에 큰 타격이 될 것을 우려했다.

지역 주민의 반발과 기지를 유지하기 위한 노력도 있었다. 지역의 정치인과 경제인들이 그리스 국방부의 기치 폐쇄에 강력하게 반대하면서 중앙정부와 국방부에 기지의 유지를 요구했다. 그러나 그리스 국방부의 재배치는 계획대로 추진되었고, 2024년에는 기지가 폐쇄되었다.

기지의 폐쇄가 되돌릴 수 없는 상황이 되자 한편으로는 폐쇄되는 기지의 활용에 대한 기대감도 커졌다. 오랫동안 접근할 수 없었던 귀중한 도심의 부지를 시민을 위한 공간으로 활용할 중요한 기회였기 때문이다. 점차 지역 지도자들과 시민들은 벨리사리우 군사기지의 공간 활용에 집중했다. 이오아니나 시 당국과 시민들은 이 부지가 공공의 이익을 위해 활용되어야 한다는 데 강한 공감을 형성했다.

폐쇄되는 벨리사리우 군사기지의 활용은 일반적인 도시화로 경제적 이익을 창출하는 방안과 도시의 지속가능성을 위해 복합 공원으로 조성을 방안이 대립하면서 논의가 진행되었다.

벨리사리우 기지는 도시적, 공간적, 생태적인 차원에서 매우 중요했다. 도시적 차원에서 보면, 도심에서 매우 가까운 거리에 있는 넓은 공간을 제공할 수 있다. 기지를 중심으로 남과 북으로 양분된 도시의 연결이 가능하다. 공간적인 차원에서도 개발이 가능한 공간이나 녹지 조성의 공간이 부족한 이오아니나에 새로운 부지를 제공하는 기회였다.

한편에서는 경제적인 이익의 창출을 위해 기지를 건물 블록으로 나누어 도시화하고 다양한 교육 수준의 학교와 스포츠 시설을 건설하여 서비스를 제공하는 방안이 제시되었다. 다른 한편에서는 군사기지의 부지에 대규모 공원을 조성하여 도시의 지속성을 유지하고 도시의 녹지 공간을 확보하는 방안이 제시되었다.

이오아니나 시 당국은 벨리사리우 기지의 공간을 대도시 공원으로 조성하여 도시의 지속가능성을 높이는 방안을 개발의 방향으로 정했다. 지속가능성과 녹지 공간의 확보를 위해 시 당국은 벨리사리우 군사기지 공간의 재활용을 위한 국제적인 공모전을 했다.

2023년에 진행된 국제 건축 설계 공모전에서는 그리스의 건축 및 조경 설계 사무소 Topio7 Architects가 주도한 팀의 설계안이 선정되었다. Topio7 Architects 팀이 제안했던 내용의 주제는 "기억의 흔적과 미래의 공원(Weaving Memory and Future Park)"이었다. 단순히 도시에 새로운 공원을 만드는 차원이 아닌, 군사기지의 역사적 기억과 흔적을 존중하고 이를 공원 디자인에 자연스럽게 엮어 내고자 했다.

대상 부지의 중앙 전체를 관통하는 녹지 축(Green Spine)을 설정하여 녹지 공간의 확보와 시각적인 개방감을 제공하는 계획을 했다. 기존 군사시설의 배치나 도로의 흔적을 따라 산책로를 조성하여 방문객들이 자연스럽게 부지의 역사를 느낄 수 있도록 '기억의 산책로(Memory Lane/Path)'도 포함했다. 시민의 문화 활동과 공동체의 중심이 되도록 기지의 상징성이 있는 기존 건물을 리모델하여 워크숍 공간, 박물관, 전시 공간, 카페, 레스토랑, 커뮤니티 센터 등으로 재탄생시키는 계획도 포함하였다. 공원의 중심부나 주요 진입부에 넓은 광장을 조성하여 다양한 축제, 공연, 마켓 등 시민 행사를 개최할 수 있는 공간의 조성도 계획하였다. 이러한 공간의 디자인에는 연결성, 지속가능성, 포용성, 유연성의 원칙을 적용했다.

이오아니나 시 당국은 벨리사리우 부지를 이오아니나의 새로운 심장(Green Heart)으로 만드는 목표를 세웠다. 군부대가 주둔했던 역사적인 가치를 존중하면서 동시에 현대 도시의 요구에 부응하여 문화, 레저, 교육, 커뮤니티 활동이 어우러지는 녹지 공간을 만들고자 했다.

대규모 도심 공원을 조성하여 도시의 부족한 녹지 공간을 확충하고, 시민들에게 다양한 활동과 휴식을 위한 공간을 제공하기 위한 공간으로 재생하기 위한 실시계획이 진행되고 있다. 부지의 이관을 마치고 구체적인 개발계획 수립과 예산의 확보가 진행 중이다.

벨리사리우 부지의 개발계획 핵심은 대규모 녹지 공간의 조성이다. 녹지 공간에는 보행자 산책로와 자전거 도로 네트워크를 구축한다. 시 당국은 특히 공원이 주변 도시 지역과 연결되어야 함을 강조하고 있다. 군사기지가 도심을 분할하고 있었기 때문이다. 도심의 고립된 섬을 재생하여 도심을 다시 연결하고자 했다. 〈그림 81〉과 같이 군사기지 인근에 있는 피르시넬라 공원(Pyrsinella Park)과 연계된 녹지 공간의 조성을 계획했다.

국제 공모전 당선작에서 제시된 대로, 기지의 역사적 가치가 있는 건물을 활용하여 다양한 문화 활동과 지역 공동체 공간이 조성된다. 야외 공연이나 행사를 개최할 수 있는 시설과 광장도 포함된다. 시민들이 모여 교류하고 휴식을 취할 수 있는 다양한 형태의 쉼터와 광장도 배치된다. 공원에는 각종 스포츠 시설, 스케이트 파크, 암벽 등반 시설 등 다양한 여가 활동 공간과 시설도 만들어질 예정이다.

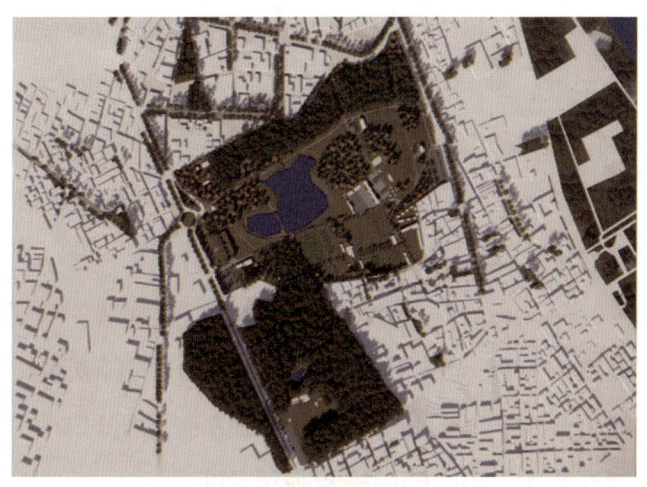

〈그림 81〉 개발 조감도
(https://iopscience.iop.org/article/10.1088/1755-1315/899/1/012019/pdf)

벨리사리우 군사기지의 재개발은 시민들의 높은 관심 속에서 진행되고 있다. 이오아나 시는 벨리사리우 부지의 재생 과정에서 시민의 의견을 다양하게 수렴하여 반영하고 있다. 기지의 폐쇄 문제가 언론에 보도되고 지역 의회에서 논의되는 시점부터 시민들은 부지의 활용에 관심을 보였다. 시민들은 상업적인 개발보다는 공원으로 조성해야 한다는 의견을 기지 이전이 논의되던 초기 단계에서부터 제시했다.

대규모 공원으로 개발한다는 기본 방향을 설정하면서 시민의 이러한 요구가 반영되었다. 국제 공모전의 선정 기준에도 시민의 의견이 반영되었다. 시 당국은 공모전의 당선작 선정과 함께 당선작의 내용과 비전을 시민과 공유했다.

세부 실시계획을 작성하는 단계에서도 다양한 이해관계자들과 협의하고 시민의 의견을 반영하는 노력을 하고 있다. 지역의 주민 대표, 환경 단체, 문화예술 단체, 스포츠 협회 등의 의견을 수렴하고 있다. 전문가와 분야별 단체에서 특정 시설의 위치나 종류, 운영 방식 등에 대해 의견을 제시하고 조언을 해 주고 있다.

그리스 벨리사리우 군사기지의 재활용 사례는 군 유휴시설의 활용이 상업적인 이익 추구의 차원을 넘어서 궁극적으로 정책의 고객인 주민의 삶을 윤택하게 해야 의미가 있음을 잘 보여 준다.

첫째, 벨리사리우 기지의 재생이 상업성을 추구하는 일반적인 추진 행태를 벗어나서 도시의 품격을 높이는 방향으로 추진되고 있음에 주목해야 한다.

벨리사리우 기지의 재생은 아직 완성되지 않았다. 재개발을 위한 계획이 완성된 상태다. 기지의 재개발 계획을 기준으로만 살펴보아도, 이번 사례는 매우 특이한 접근을 시도하고 있음을 볼 수 있다. 이오아니나 시의 지도자와 주민들은 자녀와 손자 세대를 위한, 지속 가능한 도시를 만들기 위한 개발을 선택했다. 폐쇄되는 군사기지를 상업적인 목적으로 개발하면 당장 지방정부의 세수가 증가하고 일부 지역 주민에게는 경제적인 이익을 가져다줄 수 있다. 그러나 건물의 신축으로 사라지는 녹지 공간은 다시 만들 수 없다. 8만 평이 넘는 공간을 도시의 공원으로 만들어놓으면 세월이 흐를수록 그 가치가 높아질 것이다. 품격 있는 삶의 공간을 만들어야 한다는 공론을 형성하고 계획에 반영하는 지도자들과 시민의 노력이 돋보이는 대목이다.

20세기 초반부터 군부대가 주둔했던 역사적인 사실도 보존되고 기억되어야 한다. 그래야 도시의 품격이 올라간다. 공원의 조성보다 더 중요한 사안은 공원의 유지와 지속적인 기능의 발휘이다. 지속 가능한 개발을 위해서는 환경을 보호하는 각별한 관심과 배려가 필요하다. 차별성도 없어야 품격이 높아진다. 도시의 모든 시민이 함께 사용하는 공간이 되어야 한다. 신체적인 장애가 있는 사람, 어린이, 노약자도 이 공간에 접근하고 누릴 수 있어야 한다. 벨리사리우 기지의 재생 계획에는 이런 요소들이 반영되었다.

둘째, 군사시설의 재활용으로 역사성을 유지하고 공간의 재생에 필요한 비용과 시간을 절감하는 방안을 채택했다.

이오아니나는 그리스에서 중요한 지역이다. 예전부터 이곳은 북서쪽 국경 근처의 전략적 요충지이다. 제1차 발칸 전쟁에서 그리스 군대가 반드시 확보해야 할 목표였다. 벨리사리우 군사기지의 역사는 1909년에 시작되었다. 1950년부터 이 공간은 그리스 육군 보병의 산실이었다. 이 공간에는 그리스군의 역사적인 유산과 기억이 가득하다. 이곳의 군사기지 기능은 중단되지만, 소중한 역사는 기억되어야 한다. 벨리사리우 기지의 재개발 계획은 군사시설과 흔적의 재활용을 중시한다.

기지의 재생 과정에서 군사시설을 재활용하면 두 가지의 이득이 있다. 우선, 이곳을 찾는 방문객에게 풍부한 이야깃거리와 함께 군사기지의 시설이나 흔적을 직접 볼 수 있는 독특한 경험을 선물할 수 있다. 벨리사리우에 직접 와야 보고 경험할 수 있는 특별한 경험이 된다. 또 다른 이득은 공간의 재생에 필요한 시간과 비용의 절감이다. 벨리사리우 기지의 재개발은 이러한 이점을 잘 활용하고 있다.

셋째, 군사기지의 재생 과정에서 연결성(connectivity)을 중요시하고 이를 계획에 반영하는 지혜가 돋보인다.

벨리사리우는 군사기지였다. 일반인과 물리적으로 차단되어야 하는 군사기지의 특성상 이곳은 근본적으로 폐쇄적인 도시 공간이다. 기지 주변으로 도시화가 진행되면서, 기지는 도서의 중간에서 양쪽을 단절시키는 섬과 같은 존재였다.

재개발되는 군사기지가 활기찬 시민의 공간으로 전환되기 위해서는 주변과의 연결이 중요하다. 시민을 위한 대규모 공원의 조성을 계획하면서 반환되는 기지를 새로운 녹지로 만드는 데 그치지 않았다. 새롭게 조성되는 대규모 녹지 공간이 인접해 있는 다른 녹지 공간인 피르시넬라 공원과 연결되도록 계획하였다. 도시의 단절을 해소하기 위해서 기지의 주변 도로망을 연결할 예정이다. 걸어서 또는 자전거를 타고 공원의 어디든지 할 수 있도록 재생될 예정이다.

이오아니나의 벨리사리우 군사기지 재생이 만약 계획대로 진행된다면, 이 책에서 주장하는 세 마리 토끼를 잡을 수 있다.

첫 번째 토끼인 '군 본연의 임무 수행에 전념할 수 있는 여건의 조성'에 직접적으로 도움이 된다.

벨리사리우 기지는 그리스 국방부의 군사 시설 합리화 및 재구조화 계획에 따라 폐쇄되었다. 2014년 12월에 그리스 국방부 장관은 안보 환경의 변화, 국방 예산의 제약, 군사적 효율성의 증대 요구 등과 같은 변화에 대응하기 위해서는 군사시설의 통폐합이 선택이 아닌 필수라고 밝혔다. 그리스 국방부 장관은 2024년 12월에 언론을 통해 2025년까지 137개의 기지를 폐쇄한다고 발표했다.

그리스 국방부는 보병학교를 할키다로 이전하여 다른 훈련 시설과의 연계성을 높이고자 했다. 전투 준비태세를 향상시키려는 목적이다. 물론 여기에 예산 절감의 목적도 있었다. 궁극적으로 본연의 임무에 전념할 수 있는 여건을 조성하기 위해서 교육 시설의 통폐합을 진행했다.

벨리사리우 기지의 재개발이 정상적으로 진행되면 그리스 국방부의 기지 재배치 계획이 더욱 호응을 받게 될 것이다. 부대가 통폐합되고 폐쇄되면 그리스 군대는 많은 자원과 인력을 줄여서 그야말로 군 본연의 임무 수행에만 전념할 수 있는 여건이 조성된다. 그래서 첫 번째 토끼를 잡을 수 있다.

두 번째 토끼인 지역 경제 활성화와 일자리 창출에 이바지할 수 있다.

벨리사리우 군사기지의 재개발 계획은 매우 독특하다. 이곳에는 직접적인 경제적 이익을 창출하기 위해서 산업단지나 주거시설이 마련되지 않는다. 도시의 품격을 높이기 위해서 역사의 기억을 담은 대규모 공원이 조성된다. 이 기지는 그리스의 영웅 벨리사리우 소령의 이름을 붙이고 20세기 초부터 전략적인 요충지인 이오아니나 방어는 물론 국가 안보의 핵심 역할을 했다. 기지 재활용 계획을 위해 수립된 디자인대로 재생이 되면, 그리스의 역사적인 이야깃거리와 함께 수십 년의 세월을 머금은 구조물과 장소가 이곳을 찾는 방문객에게 새롭고 독특한 경험을 제공할 것이다. 방문객에게 어디에서도 체험할 수 없는 소중한 기회를 제공하면 벨리사리우 기지는 지역을 대표하는 명소가 될 것이다. 공장이나 상업시설, 주거시설이 없어도 많은 외부인이 이곳을 찾게 될 것이다. 외래인의 증가는 지역의 경제를 활성화하고 일자리를 창출할 수 있다. 지역의 발전에 직접적으로 기여할 수 있다.

이오아니나 시 당국은 벨리사리우 기지를 대규모 공원으로 변환하는 과정에서 연결과 지속성 유지의 원칙을 적용한다. 군사기지가 도심의 한 부분을 차지하면서 도심을 단절시켰다. 이 공간이 열리고 도심이 연결되면 시민의 이동과 관련된 기회비용을 줄여서 무형의 가치를 창출할 수 있다. 지속성이 유지되어 후세들에게까지 소중한 녹지 공간이 제공되면 건강한 도시, 건강한 시민의 삶을 제공하게 된다. 윤택한 시민의 삶의 여건을 조성하여 이 또한 무형의 가치를 창출하게 된다. 벨리사리우 기지의 재활용이 계획대로 추진된다면, 두 번째 토끼도 잡을 수 있다.

세 번째 토끼인 민군관계의 형성에도 긍정적인 영향을 줄 수 있다고 생각한다.

벨리사리우 기지의 폐쇄가 논의되고 실제로 폐쇄되었을 때 이오아나 시민의 반응은 매우 부정적이었다. 군사기지의 폐쇄가 지역경제의 주는 타격이 클 것을 우려했기 때문이다. 기지의 폐쇄가 확정되고 재활용이 진행되면서 지역의 지도자와 시민들은 상업적인 개발을 원하지 않았다. 대규모 녹지 공간을 만들어서 후세들에게까지 좋은 삶의 여건을 만들어 주는 방안을 선택했다.

시민의 의견이 반영된, 대규모 공원으로 조성하는 계획이 성공적으로 추진된다면 기지 폐쇄에 따른 시민들의 우려가 희망과 긍정으로 변화될 것이다. 폐쇄된 군사기지에 만들어진 공원 덕분에 시민이 다양한 활동을 하게 되면 지역이 활성화되고 시민의 삶이 윤택해진다. 그러면 시민의 군대에 대한 인식도 좋아진다. 민군관계의 형성에 긍정적인 영향을 줄 수 있다. 그래서 세 번째 토끼도 잡을 수 있다.

5장

효율적인 군사시설 활용 전략

1. 유휴시설을 포함한 군의 시설이나 공간은 어떻게 활용하면 좋을까?

일반인에게 군 유휴시설이나 공간의 개발은 매우 어렵게 다가오는 사안이다. 군 유휴시설이 정말로 개발의 가치가 있어요? 접근이 어려워서 사업 추진이 어렵지 않나요? 군의 특성상 관련 정보가 부족하지 않아요? 군 관련 사안이니 규제가 많지 않나요? 이런 질문이 먼저 던져진다.

군 유휴시설의 효과적인 활용을 위해서는 군과 민이 줄탁동기(啐啄同機, 안과 밖에서 서로 쪼아야) 해야 한다.

군 유휴시설의 효과적인 활용은 이제 국가 수준의 과제가 되었다. 그러면 어떻게 할 것인가? 한마디로 줄탁동기 해야 한다. 국방부와 군은 규제 완화를 포함한 정책적인 조치를 선행해야 한다. 민(民)은 개발의 관점에서 다양한 아이디어를 국방부와 군에 제안하고 유휴시설과 공간의 활용을 선도해야 한다.

제5장에서는 유휴시설을 중심으로 군사시설의 효과적인 활용을 위한

구체적인 전략을 제시한다. 여기서 제시할 전략은 총 10가지이다. 한 가지씩 세부적인 활용 방안을 제시해 보고자 한다. 군 유휴시설 활용 방향에 대한 접근을 도식화해 보면 〈그림 82〉와 같다.

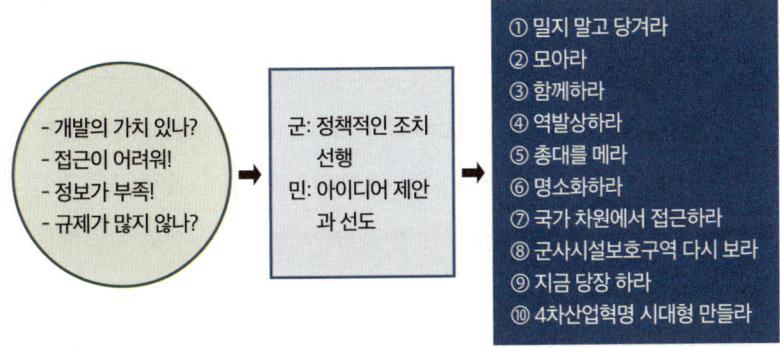

〈그림 82〉 군 유휴시설 개발전략 개념도

2. 군사시설 활용 전략 10가지

① 밀지 말고 당겨라!

유휴시설을 포함한 군사시설의 효과적인 활용을 위한 첫 번째 전략은 '밀지 말고 당겨라!'이다. 국방부와 군 당국에 해당하는 내용이다. 크게 보면 관료주의 타파에 해당한다.

마케팅에 pull 방식과 push 방식이 있다. 〈그림 83〉에서 보듯이, push 방식은 상품이나 서비스를 강조하여 불특정 다수 고객에게 홍보한 후 고객이 물건을 구매할 때까지 기다리는 수동적인 마케팅 방식이다. pull 방식은 고객 맞춤형 홍보로 고객이 스스로 물건을 구매하러 오게 하는 능동적인 마케팅 방식이다.

군 유휴시설 개발도 이제는 push 방식에서 pull 방식으로 전환해야 한다.

〈그림 83〉 pull 방식과 push 방식의 비교
(https://www.marketing360.in/what-is-push-and-pull-marketing/ 캡처)

이 책의 3장 1절에서 일반적인 군 유휴시설과 공간의 처리 절차를 소개했었다. 이 절차를 다시 떠올려 보자. 군 유휴시설이나 공간 처리의 첫 번째 단계는 발생한 시설이나 공간을 군이 계속 사용할지에 대한 결정이다. 유휴시설이나 공간의 처리는 사용자 부대가 직접 하지 않는다. 국방부 시설본부라는 전담 기관의 몫이다. 국방부 시설본부는 기존에 이 시설이나 공간을 사용하던 부대의 의견을 묻는다. 사용자 부대가 평시나 전시에 더는 사용하지 않는다는 의견을 내면 비로소 관련 법규에 따라 매각, 사용 허가, 교환 등의 형태로 처리가 된다.

전후방에서 완전히 방치된 모습으로 보이는 군 유휴시설이나 공간이 많이 있다. 방치된 군 유휴시설이나 공간이 쓰레기 무단 투기나 우범지역으로 사용되면서 언론이나 주민들에 의해 문제 제기가 되기도 한다. 세부적인 사정을 잘 모르는 국민은 "국방부나 군은 왜 저렇게 시설이나 공간을 방치하지?"라고 질문하게 된다. 개인이 소유한 땅이라면 건물을 짓거나 다른 용도로 사용하기 이전에 주차장으로 활용하거나 임대해서 금전적인 이익을 추구할 것이다. 이 질문에 대한 답은 바로 관료주의에 의한 push 방식으로 유휴시설이나 공간을 처리하기 때문이다.

군 유휴시설이나 공간을 처리하는 관료의 입장에서는 관련 법규를 최대한 보수적으로 적용해야 한다. 관련 법규를 최대한 유연하게 적용하거나, 소위 '적극 행정'을 시도했다가 나중에 이 사안으로 인해 감사를 받거나 조사를 받을 수 있기 때문이다. 굳이 무리해서 법규를 유연하게 적용하거나 적극 행정을 하지 않아도 보수를 받고 승진하는 데 큰 지장이 없다. 개인이 잘못되어서라기보다 관료주의의 태생적인 한계 때문이다.

국방부나 군에서 유휴시설이나 공간을 처리하는 현재의 상태는 push형 처리 절차라고 할 수 있다. 유휴시설이나 공간을 어떻게 하면 효과적이고 효율적으로 활용할 것인지에 대해 심각하게 고민하지 않는다. 현재의 처리 절차는 유휴시설이나 공간의 '관리'나 '처리'가 적절한 단어라고 생각한다. 수동적인 마케팅인 push 마케팅과 유사하다.

이제는 군 유휴시설과 공간도 활용의 개념으로 전환해야 한다. pull 마케팅의 방식을 적용해야 한다. 유휴시설이 발생하면 관련 법규를 적용하여 처리하는 관례에서 벗어나야 한다. 국방부와 군이 오히려 유휴시설이나 공간의 창의적인 활용 방안을 제시해야 한다. 국가의 소중한 재산인 이 시설과 공간의 가치를 어떻게 하면 더 높게 창출할 수 있을까를 고민하고 조치해야 한다.

몇 가지 실제 사례를 통해서 '밀지 말고 당겨라' 전략의 접목 방안을 제시해 보고자 한다. 앞의 제3장의 국내 사례에서는 지방자치단체가 선도하여 pull 방식을 적용한 경우를 몇 가지 소개했었다. 대표적인 곳이 안양시의 도심지 탄약고 이전통합 추진이다. 안양시 사례는 도심지 3곳에 있는 탄약고를 한 곳으로 모으고 지하화하여 지방자치단체와 주민이 필요로 하는 공간을 제공함은 물론 높은 가치를 창출할 수 있는 프로젝트이다. 관례대로 군 유휴시설과 공간을 처리하는 법규를 적용하면 성사될 수 없는 사안이다.

제3장에서 소개한 도봉산 대전차 방호시설의 재생도 지방자치단체가 pull 방식을 접목하여 추진한 대표적인 사례이다. 서울로 진격하는 북한군 전차부대를 저지하기 위해 만들었던 대전차장애물에 관한 내용이다. 도봉구와 의정부시 경계에 있던 대전차장애물의 군사적인 기능이 없어지면서 흉물로 전락했다. 시민과 지방자치단체가 pull 방식으로 재생시켜서 문화와 힐링의 공간으로 재탄생시킨 사례이다.

제3장에서 소개한 철원군에 있는 군 검문소를 격리시설로 활용한 철원

군의 사례는 군이 pull 방식의 업무를 추진한 사례이다. 군과 지방자치단체가 협업하여 pull 방식을 적용하면, 군이 사용하고 있거나 사용했던 시설이나 공간을 매우 효과적으로 활용할 수 있다는 가능성을 보여 준 시도이다.

부대 울타리 밖의 부지에 pull 방식을 접목하여 민·관·군이 함께 사용할 수 있는 힐링 공간을 조성한 사례도 있다.

이 사안도 공간의 규모가 작지만, 군의 유휴시설과 공간의 활용에 pull 방식을 접목하면 세 마리 토끼를 잡을 수 있음을 보여 주는 사례이다.

경기도의 한 군부대 정문 앞에는 부대 종교시설을 중심으로 일반인이 자유롭게 출입할 수 있는 공간이 있다. 이 공간은 부대 울타리 밖에 있다. 그래서 일반인의 출입에 별도의 통제가 없다. 372번 지방도로와 붙어 있어서 일반인이 자유롭게 출입할 수 있는 이 공간의 소유자는 군부대이다.

여기에는 부대의 종교시설과 부대에 면회를 오는 가족을 위한 시설과 공간이 마련되어 있다. 면회객을 위한 벤치나 산책로 등의 편의 시설이 설치되어 있다. 종교시설과 주차 공간 등이 마련되어 있다. 부대의 불교 종교시설이 있는 부분은 경관이 매우 아름답다. 〈그림 84〉에서 보듯이 사찰의 건물도 아름답다. 사찰 앞에 조성된 연못도 예쁘게 단장되어 있다. 면회객을 위한 산책로는 오래된 적송이 숲을 이루고 있다.

〈그림 84〉 부대 앞 부지를 활용한 민·관군 힐링 공간 조성
(주황색 음영으로 표시된 공간)

해당 부대는 이러한 공간을 군 장병과 가족, 지방자치단체, 지역 주민이 협업하여 함께 사용할 수 있는 방안을 모색하였다. 부대는 부지를 제공하고 지방자치단체가 소요되는 재원을 부담하여 민·관군 복합 힐링 공간으로 활용하는 pull 전략을 접목해 보았다.

군부대, 지방자치단체, 지역 주민이 모여서 힐링 공간의 조성 방안을 의논했다. 적송 숲을 활용한 산책길 조성은 물론 가용한 공터를 활용한 포토존 설치, 안보 체험이 가능한 조형물과 군사 장비 전시 등에 대한 의견이 교환되었다. 공간디자인 전문가를 초빙한 현장 토의도 진행하였다. 다양한 논의를 통해 민·관군 복합 힐링 공간 조성을 위한 마스터플랜이 완성되었다.

지방자치단체가 소요되는 예산을 부담하고 부대는 지역 주민에게 이 공간을 제공하는 협의가 있었다. 지방자치단체의 예산 상황을 고려하여 힐링 공간의 조성은 단계화하여 진행하기로 하였다. 제일 먼저 적송 숲을 활용한 산책길 조성 사업이 진행되었다. 부대에서는 해당 공터에 추가적인 종교시설도 신축하기로 했다. 미스터 플랜대로 민·관·군 힐링 공간을 조성하는 프로젝트가 아직 완성되지는 않았다. 하지만, 이러한 군 유휴시설과 공간의 효과적인 활용을 위한 pull 전략의 추진은 성과와 상관없이 의미가 크다고 생각한다.

군 유휴시설과 공간을 활용한 경기도 북부권 대규모 어린이 교통공원을 조성하는 프로젝트도 pull과 push 전략의 관점에서 살펴볼 필요가 있다.

군 유휴시설을 활용하여 어린이 교통안전에 필요한 교통공원을 조성하는 것이 이 프로젝트의 핵심이다. 어릴 때 실질적이고 현장감 있는 교통교육을 받아야 안전의식을 높이고 교통사고로부터 우리의 미래 인재를 보호할 수 있기 때문이다.

어린이 교통공원을 조성하는 아이디어는 일본의 어린이 교통공원의 사례조사에서 출발했다.

일본의 어린이를 대상으로 하는 교통교육은 실질적이고 현장감 있는 교육으로 명성이 나 있다. 실제 마네킹을 이용하여 어린이들에게 무단횡단하면서 사람이 차와 부딪치는 장면을 생생하게 보여 준다. 이러한 사고의 현장을 생생하게 목격한 어린이들은 어른이 되어서도 절대 무단횡단을 하지 않는다고 한다. 〈그림 85〉는 일본의 한 어린이 교통공원에서, 운전하는 차량과 횡단보도를 건너는 자전거가 실제로 부딪치는 장면을 어린 학생들에게 보여 주는 장면이다.

〈그림 85〉 일본의 어린이 교통공원(횡단보도 충돌사고를 보여 주는 장면, https://www.dogdrip.net/288490442 캡처)

우리나라에도 몇 군데 어린이 교통공원이 있다. 그런데 교통 표지판 식별, 손을 들고 횡단보도 건너기 등 아주 단편적인 내용 위주의 체험을 할 수 있게 되어 있다. 교통사고의 심각성과 위험성을 생생하게 보여 주는 체험식 교육은 안 되고 있다. 일본과 유사한 수준으로 어린이에게 교통교육을 하기 위해서는 충분한 면적과 시설을 갖춘 공간이 필요하다. 최근 증가하고 있는 군 유휴시설과 공간을 활용하면 비교적 저렴한 비용으로 일본의 시설에 버금가는 어린이 교통공원의 조성이 가능하다.

push 방식을 적용하면, 민간기업이나 단체가 매각 대상으로 공고된 군 유휴시설을 확인하고 입찰을 통해서 해당 용지를 매입한 후 필요한 시설을 준비할 수 있다. 이 절차가 매우 정상적이며, 법과 절차를 따르는 방법이다. 이 절차를 적용하면 크게 두 가지 면에서 어려움이 발생한다. 우선 어린이 교통공원을 만들기에 적합한 부지를 찾기가 쉽지 않다. 매각 대상으로 공시된 군 유휴시설을 활용해야 하는 제한이 있기 때문이다. 두 번째는 비용의 문제이다. 정상적인 매각 절차를 통해 군 유휴시설이나 공간을 매입할 때는 공시지가가 적용된다. 공익 목적의 어린이 교통공원 조성을 위한 부지의 확보 과정에서 드는 비용이 최소화되어야 한다.

여기에 pull 방식을 적용하면 상황이 달라질 수 있다. 군에서 공공의 목적을 추구하는 어린이 교통공원을 조성하기에 알맞은 부지를 먼저 찾아서 제공할 수 있다. 군에서 사용하지 않는 부지나 공간은 물론 군이 여전히 사용하고 있는 공간 일부를 조정하는 등 다양한 방안을 모색하면 아주 빠르게 우리 어린이들을 교통사고로부터 안전하게 지키는 데 도움이 되는 교통공원을 조성할 수 있다.

이러한 접근은 군대의 임무 수행만을 생각하면 절대 추진될 수 없다. 현재 적용하고 있는 유휴시설이나 공간 처리와 관련된 법규를 보수적으로 접목하면 마찬가지로 절대 진행될 수 없다. 그래서 pull 방식이 필요하다. 이런 접근을 하면, 어린이 교통공원 조성에 드는 비용의 절감도 가능할 수 있다.

② 모아라!

유휴시설을 포함한 군사시설과 공간의 효과적인 활용을 위한 두 번째 전략은 '모아라!'이다. 이 전략도 국방부와 군 당국에 해당하는 내용이다. 크게 보면 규모의 경제 달성에 해당하는 내용이다.

군에서 사용하는 시설이나 부지를 통합하여 공간과 가치를 창출하는 전략이다.

경제학의 '규모의 경제' 원리를 군 유휴시설 활용에 접목하는 방식이다. 규모의 경제(economies of scale)는 투입 규모가 커질수록 장기 평균비용이 줄어드는 현상을 말한다. 생산량을 증가시킴에 따라 평균비용이 감소하는 현상을 의미한다.

〈그림 86〉은 규모의 경제를 그림으로 잘 나타내고 있다. 한 번에 많은 개수를 운반할수록 물건 한 개의 운반에 드는 비용이 줄어든다. 군의 시설과 공간도 규모의 경제 원칙을 추구해야 한다.

규모의 경제(Economies of Scale)

box 구매, 1캔에 500원　　　　　낱개 구매, 1캔에 1000원

〈그림 86〉 규모의 경제 예시

군의 시설과 공간에 규모의 경제 원칙을 적용하는 방식은 두 가지 형태로 추진할 수 있다.

첫 번째 형태는 군에서 사용하지 않게 된 유휴시설이나 부지를 통합하여 공간의 가치와 활용도를 높이는 방식이다. 유휴시설이나 부지는 원래의 형태를 유지하여 낱개로 처리하고 있다. 이제는 유휴시설이나 부지도 규모의 경제 원칙을 적용하여 통합해서 처리해야 한다.

육군의 경우 낱개 유휴시설이나 부지의 규모가 작은 곳이 많다. 소규모로 많은 수의 주둔지를 구성하는 방식이 그동안의 일반적인 군의 주둔개념이었다(특히 육군의 경우). 서울을 포함한 수도권의 도심지 한복판에 있는 유휴시설이나 공간은 토지의 가격 자체가 높다. 단일 유휴시설이나 공간이 넓지 않아도 낱개로 개발하거나 활용할 수 있는 가치가 충분하다.

대도시의 도심지가 아닌 곳에 있는, 낱개의 소규모 유휴시설이나 공간은 그대로 처리하면 활용도가 상대적으로 낮다. 이런 곳은 인근의 유휴시설이나 공간과 통합하여 처리하면 활용 가치가 상승한다. 대토를 포함한 융통성 있는 유휴시설 처리 절차를 적용하면 개발을 포함한 공간의 활용 범위가 넓어질 수 있다.

두 번째 형태는 군이 사용하고 있는 공간을 통합하여 가치와 활용도를 높이는 방식이다. 군이 하나의 울타리를 쳐서 주둔하는 방식의 재정립에 관련된 사인이다. 매우 능동적으로 규모의 경제 원칙을 접목하는 방식이기도 하다. 군의 주둔개념을 재정립하여 군이 사용하고 있는 부지를 통합하면 새로운 공간이 창출된다. 그래서 군 주둔 지역의 통합을 통한 공간과 가치의 창출도 유휴시설 활용 전략에 포함된다고 보았다.

3장의 국내 사례 중에서 안양시가 추진하고 있는 3곳의 탄약 저장시설을 한곳으로 모으면서 지하화하여 나머지 공간을 도시개발에 활용하는 방식이 여기에 해당한다.

국방부가 예비군 훈련장을 통합하는 사업도 여기에 해당한다. 국방부는 202개의 대대급 예비군 훈련장을 유지하고 있었다. 훈련장의 시설이 노후하고 규모도 작았다. 2027년까지 기존 예비군 훈련장을 이전하거나 통합해서 총 40개의 여단급 과학화 예비군 훈련장을 만드는 계획을 수립하여 추진하고 있다.

해군과 공군 부대의 주둔지는 대부분 큰 규모로 기지화되어 있다. 주한미군기지도 유사한 상황이다. 육군의 주둔지는 반대로 대부분 소규모로 구성되어 있다. 전국에 육군 주둔지가 수천 개 있는 이유이다. '모으자'라는 활용 전략은 주로 수천 개의 육군부대 주둔지에 적용하는 방법이다.

소규모로 구성된 많은 주둔지를 통합하면서 나머지 공간을 지방자치단체와 주민이 활용하도록 해 주는 접근이다. 이렇게 하면, 이 책에서 주장하는 세 마리의 토끼를 잡을 수 있다. 국가 차원에서 국토를 효율적으로 활용할 수 있다.

군이 사용하고 있는 시설이나 부지를 통합하면 새로운 공간과 가치를 창출할 수 있다. 새로운 공간과 가치가 창출되면 세 마리의 토끼를 잡을 수 있다. 군의 관리 소요를 획기적으로 감소시키고 장병의 복지 여건을 개선할 수 있다. 지역의 개발과 일자리 창출을 촉진할 수 있다. 군과 민의 관계를 궁극적으로 개선할 수 있다.

군이 사용하고 있는 부지의 통합으로 새로운 공간을 창출하고 가치를 높이는 방안은 쉽지 않은 과제이다. 통합이 쉽지 않은 이유는 대략 다음의 네 가지이다.

첫째, 도전을 시도하지 않으려는 관료주의의 특성 때문이다.

오랫동안 임무를 수행하던 소규모 주둔지를 하나로 통합하려면 현행 법규를 능동적으로 해석해서 적용하거나, 새로운 법규가 필요할 수도 있다. 이러한 업무의 수행과 관련된 관료(군 간부 포함)의 처지에서는 이렇게 새로운 일을 하지 않아도 보수를 받는 데 문제가 없고 승진이 가능한 구조이다. 남이 하지 않던 새로운 일을 시도하다 잘못되면 본인만 피해를 보거나 나중에 문제가 되어 조사나 감사를 받을 수 있다. 그러니 일부러 이러한 도전을 할 필요가 없다. 그래서 새로운 주둔개념의 적용으로 구멍가게를 중대형 마트로 만드는 일이 쉽지 않다.

둘째, 단기성과에 매몰된 관료주의 특성 때문이다.

소규모 주둔지 여러 곳을 하나로 통합하는 사업은 시간이 오래 걸린다. 통합에 필요한 토지를 매입해야 한다. 더는 사용하지 않는 부지도 매각해야 한다. 새로운 토지와 시설을 마련하는 데 필요한 재원의 마련 대책도 고민해야 한다. 사업의 추진이 매우 어렵고 시간이 오래 걸린다. 관료는 일정 기간이 되면 순환하면서 보직을 맡는다. 현재의 위치에서 빠르게 눈에 보이는 성과를 내야 인정받고 승진도 할 수 있다. 지금 노력해도 그 성과가 5년이나 10년 후에 나타나면 개인에게는 도움이 되지 않는다. 중장기적으로 성과가 나는 시설이나 공간의 통합에 관해서는 관심이 낮고, 시도하지 않는다. 구멍가게를 중대형 마트로 만드는 일이 쉽지 않은 이유이다.

셋째, 이해 당사자가 많아서 업무 추진을 위한 협업 소요가 많아서 추진이 쉽지 않다.

공간을 조정하여 하나로 통합하는 과정에 관련되는 이해 당사자가 많다. 이해 당사자가 많을수록 사업의 추진을 위한 협조와 조정 소요가 많다. 시간이 많이 소요되면, 그 사이에 정권도 바뀌고, 지방자치단체 선출직 공무원도 바뀌면서 정책의 방향이 변화될 수도 있다. 국방과 군의 지휘부가 바뀌면서 소극적으로 추진하거나 우선순위를 조정할 수도 있다. 이러한 환경 변화가 많아서 장기 추진사업은 정상적인 진행이 쉽지 않다.

넷째, 자기만의 영역을 고집하는 군 간부나 지휘관의 인식과 관성이 발목을 잡는다.

군의 간부나 지휘관은 자기만의 성(castle)을 유지하려는 관습에 젖어 있다. 육군은 통상 대대 단위로 주둔한다. 대대장이 자신의 성을 유지하려고 한다. 대대만을 위한 마을을 유지하려고 한다. 여기서 벗어나지 못하고, 현재의 상태에서 생활하기를 고집한다. 상급자의 지시에 의해 물리적인 통합을 시도할 경우라도, 지시했던 지휘관이 바뀌면서 다시 원상으로 돌아갈 개연성이 매우 높다. 현상을 유지하고 자기만의 영역을 가지려는 욕심 때문이다. 그래서 주둔지의 통합이 쉽지 않다.

이렇게 어려운 과업인 주둔지 통합이 성공하기 위해서는 다음의 5가지 원칙을 적용해야 한다.

첫째, 좋은 땅은 모두 국민에게 주고 군은 지역민이나 지방자치단체가 선호하지 않는 땅으로 통합해야 한다. 겉으로 보기에 군이 손해를 보는 방향으로 추진해야 성공한다. 국민이 선호하지 않는 땅에서 군은 부여된 임무만 수행할 수 있으면 된다. 이 과정에서 발생하는 불편함은 감수해야 한다.

둘째, 추진이 쉬운 지역부터 먼저 시작해야 한다. 주둔지 통합에는 많은 이해 당사자가 있다. 객관적으로 분석해 보면, 추진이 상대적으로 수월한 곳을 충분히 식별할 수 있다. 이런 지역에서부터 시작해야 한다. 이를 통해 무조건 성공담을 만들어야 한다. 만들어진 성공담을 토대로 다른 지역에서의 공감을 높이면 된다.

셋째, 통합의 규모는 클수록 좋다. 최대한 많은 주둔지를 하나로 통합해야 한다. 그래야 통합의 효과를 키울 수 있다. 부대별 또는 기능별로 구분하여 주둔하는 관성에서 벗어나야 한다. 통합의 규모를 키우기 위해서는 최소한 육군본부가 직접 관여하는 하향식(top down)의 통제가 필요하다.

넷째, 통합을 통해 민군 상생을 극대화해야 한다. 군의 양보를 통해 지역개발을 보장해야 한다. 통합된 대규모 기지를 운영하면서 지역민의 일자리를 창출해야 한다. 지역경제의 활성화에 이바지하는 통합이 되어야 한다.

다섯째, 민간 자원의 활용을 극대화해야 한다. 통합 과정에서 발생하는 유휴시설이나 부지에 이야기를 입히면 가치 있는 공간으로 재탄생이 가능하다. 이 과정에 민간을 참여시켜야 한다. 훈련장을 대규모로 통합하면서 주변에 민간 자본으로 완충 지역(buffer zone)을 확보할 수 있다. 완충 지역에 민간자본이 투입되면 지방자치단체와 지역주민의 수익 창출이 가능하다. 이러한 이점은 주둔지 통합의 성공 가능성을 더욱 높여 준다.

경기도 A지역 주둔지 30개를 1개의 장소로 통합하는 방안을 제시해 보고자 한다.

대상 지역은 경기도 ○○시 ○○면 일대이다. 전방 접적 지역에서 남쪽으로 약 40km 정도 떨어진 곳이다. 〈그림 87〉은 30개의 주둔지를 1개로 통합하는 방안을 개념도 형식으로 제시하고 있다.

〈그림 87〉의 좌측에서 보듯이, 반경 약 6km의 지역에 30개의 부대가 주둔지를 형성하고 있다. 30개 주둔지의 위치를 보면 대부분 도로변에 있다. 12개 주둔지는 지역에서 다소 높은 산의 자락에 자리를 잡고 있다. 나머지 18개 주둔지는 비교적 좁은 지역에 흩어져 도로변에 인접해 있다. 여기에는 소음과 지역개발의 문제가 제기되고 있는 비행장도 하나 있다.

부대와 부대의 거리는 거의 1km 미만이다. 부대의 울타리가 인접 부대의 울타리와 붙어 있는 곳도 있다. 주둔하는 부대의 규모가 대부분 대대급이다. 소속이 다르고, 수행하는 기능이 다른 부대가 좁은 지역에 함께 있는 모습이다. 전형적인 구멍가게 형식의 주둔개념이 적용된 모습이다.

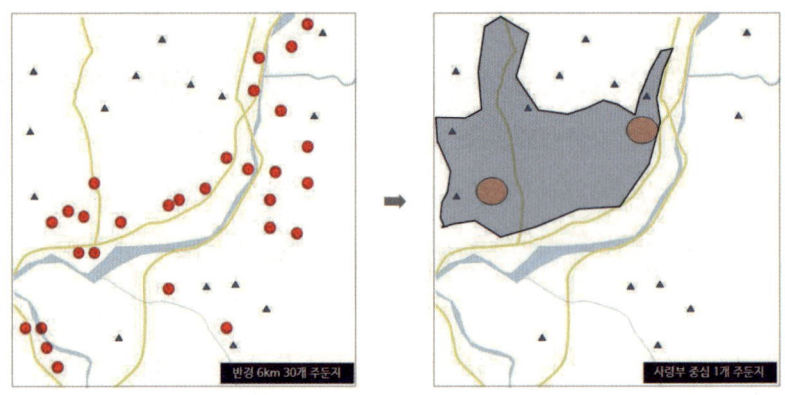

〈그림 87〉 경기도 ○○시 ○○면 일대 주둔지 통합(적색 점이 군 주둔지)

30개의 주둔지를 〈그림 87〉의 우측과 같이 1개의 주둔지로 통합할 수 있다. 통합하는 지역은 높은 산자락이어서 민가가 거의 없다. 산악지역이라 토목공사의 소요는 많을 수 있으나 부지의 매입과 민가의 매입 소요는 아주 적은 곳이다.

산자락의 부지로 30개의 주둔지를 통합하면, 도로변에 인접하여 지방자치단체나 지역주민의 처지에서 개발과 활용도가 높은 주둔지를 모두 매각하여 개발에 활용하도록 제공할 수 있다. 지역 주민으로부터 소음과 지역개발의 문제가 제기되고 있는 비행장도 통합기지로 옮기면 된다.

이러한 통합은 많은 기대효과가 예상된다. 이 책에서 주장하는 세 마리 토끼를 잡을 수 있음을 잘 보여 준다.

30개 주둔지에서 각자 수행하던 경계작전과 부대 관리 과업이 대폭 줄어들어 군 본연의 임무인 훈련과 현행작전에 전념할 수 있게 된다. 위병소가 30개에서 1개로 줄어든다. 30개 부대가 각자 운영하던 초동조치 부대를 30개 부대가 돌아가면서 운영할 수 있다.

장병 사기와 복지 수준이 대폭 확대된다. 30개의 병영 식당을 2~3개로 통합하여 소요 인원을 줄이고, 민간 인력을 통합해서 운영하며, 시설을 개선할 수 있다. 30개 부대가 구멍가게 수준으로 운영하던 마트나 복지시설, 체육시설을 1~2개로 대형화할 수 있다.

갈등 해결로 민·관군 상생 협력을 높일 수 있다. 지역에 있는 군 비행장의 소음은 항상 갈등 요소이다. 통합된 기지에서 비행장을 운용하면 이러한 갈등이 해결된다. 30개 주둔지가 1개로 통합되면서 병영 식당, 마트,

복지시설, 청소, 풀베기 등의 과업을 용역화하여 지역 일자리 창출이 가능해진다.

주둔지 운영에 첨단 과학기술의 접목이 가능해진다. 드론, 로봇을 포함한 첨단기술을 접목한 장비로 주둔지 경계를 할 수 있다. 출입 통제나 복지시설 운영에도 규모의 경제가 도입되어 첨단 과학기술의 접목이 가능해진다. 국지 와이파이 기능을 접목한 지휘통제실 운영, 초동조치 부대운영, 울타리 경계가 가능해진다. 차량배차, 군수품 보급과 청구 등의 지원 분야에도 규모의 경제가 접목되어 신기술의 활용이 가능해진다.

주둔지 30개의 통합으로 부대의 임무 수행 역량이 높아지고, 장병의 복무 만족도가 높아지며, 지역민과의 상생 협력 지수가 높아진다. 이런 이유에서 성공의 가능성이 크다. 우리는 왜 아직도 이러한 프로젝트의 추진을 주저하고 있는지 반문해 보아야 한다.

이어서 강원도 B지역 주둔지 20개의 통합 방안을 제시해 보고자 한다.

대상 지역은 강원도 00군 00읍 일대이다. 전방 접적 지역에서 남쪽으로 약 10~20km 정도 떨어진 곳이다. 〈그림 88〉은 20개의 주둔지를 1개로 통합하는 방안을 개념도 형식으로 제시하고 있다.

〈그림 88〉의 좌측에서 보듯이, 20개의 주둔지는 00읍 시가지 주변과 도로변을 따라서 있다. 3개의 주둔지 정도가 산자락에 자리를 잡고 있다. 나

머지 17개 주둔지는 ○○읍 인근이나 ○○읍에 이르는 도로를 따라서 형성되어 있다.

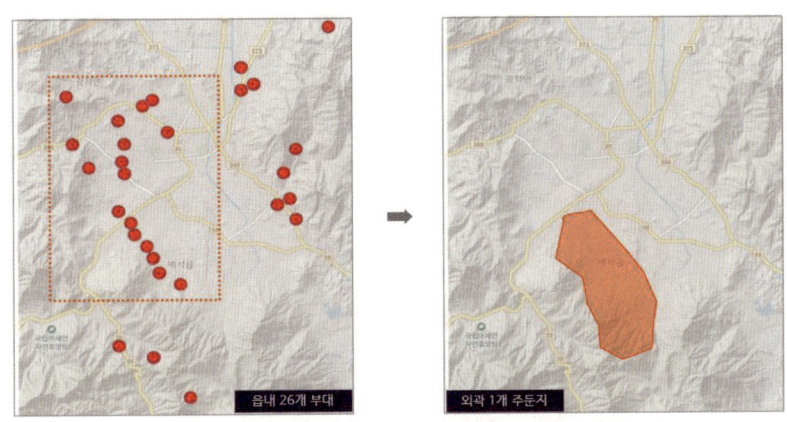

〈그림 88〉 강원도 ○○군 ○○읍 일대 주둔지 통합
(좌측 적색 점과 우측 주황색 구역이 군 주둔지)

이 지역의 부대와 부대의 거리도 거의 1km 미만이다. 여기도 부대의 울타리가 인접 부대의 울타리와 붙어 있는 곳도 있다. 주둔하는 부대의 규모가 대부분 대대급이다. 수행하는 기능이 다른 부대가 좁은 지역에 함께 있다. 이곳도 전형적인 구멍가게 형식의 주둔개념이 적용된 모습이다.

20개의 주둔지를 〈그림 88〉의 우측과 같이 1개의 주둔지로 통합할 수 있다. 통합하는 지역은 높은 산자락이어서 민가가 거의 없다. 산악지역이라 토목공사의 소요는 많을 수 있으나 부지의 매입과 민가의 매입 소요는 아주 적은 곳이다. 이미 사령부급 부대가 주둔하고 있는 지역이다. 주둔하고 있는 부대를 중심으로 산악지역의 부지를 매입하여 공간을 확보하고, 여기에 주변의 부대를 모두 통합할 수 있다.

산자락의 부지로 20개의 주둔지를 통합하면, 도로변에 인접하여 지방자치단체나 지역주민의 처지에서 개발과 활용도가 높은 주둔지를 모두 매각하여 개발에 활용하도록 제공할 수 있다.

이러한 통합도 앞의 경기도 ○○시 ○○면 A지역의 통합 모델과 유사한 기대효과가 예상된다. 이 책에서 주장하는 세 마리 토끼를 잡을 수 있음을 잘 보여 준다.

20개 주둔지에서 각자 수행하던 경계작전과 부대 관리 과업이 대폭 줄어들어 군 본연의 임무인 훈련과 현행작전에 전념할 수 있게 된다. 장병 사기와 복지 수준이 대폭 확대된다. 갈등 해결로 민·관군 상생 협력을 높일 수 있다. 여기도 주둔지 운영에 첨단 과학기술의 접목이 가능해진다.

주둔지 20개의 통합으로 부대의 임무 수행 역량이 높아지고, 장병의 복무 만족도가 높아지며, 지역민과의 상생 협력 지수가 높아진다. 이런 이유에서 성공의 가능성이 크다. 안 되는 이유를 먼저 생각하기 전에, 어떻게 하면 이러한 프로젝트를 시행하여 성공사례(스토리)를 만들 수 있을지에 머리를 맞대야 할 시점이 되었다.

작전기지를 통합하는 방안도 제시해 보고자 한다.

접적 지역에서 작전을 수행하는 부대의 주둔지 통합도 가능하다. 전방 지역에서 경계작전 임무를 수행하는 부대는 대부분 보병 소대 정도의 규모로 주둔하고 있다고 한다. 비무장지대 안에서 임무를 수행하는 부대의 규모도 이와 유사한 여건이다.

1개 대대를 기준으로 상정해 보면, 수십 개의 소규모 주둔지를 운영하는 것으로 추정할 수 있다. 소대 규모의 주둔지도 규모와 상관없이 기본적인 기능이 유지되어야 한다. 소규모 주둔지별로 밥을 해야 한다. 울타리가 있어서 경계도 해야 한다. 상황실도 운영하고 있을 것이다. 냉난방을 포함한 시설도 개별적으로 운영해야 한다.

비무장지대 안에서 경계작전을 수행하는 부대는 주기적으로 교대를 하는 것으로 알려져 있다. 비무장지대에서 운영되는 경계부대의 경우 일과 후 또는 기상이 좋지 않은 상황이나 코로나 같은 전염병 발생 상황에서는 보급, 의무 지원, 정비를 포함한 외부 인원의 출입이 제한되거나 사전 승인이 필요할 수 있다.

이러한 작전기지의 운영은 여러 가지 어려움을 수반한다. 소부대 지휘관과 간부들의 현행작전 전념 여건을 제한하는 요소가 많다. 소대급 부대 지휘자와 지휘자는 밥을 짓는 장소인 취사장 운영과 급식에 많은 관심을 가져야 한다. 상황실 운영과 울타리 경계에 추가로 인원 할당이 필요하다. 제반 시설이 항상 정상적으로 기능 되도록 해야 한다. 상급부대도 보급품 분배, 외진이나 휴가자 수송 등에 많은 자원을 운용한다. 여름에는 지속해서 풀을 잘라야 한다. 겨울에는 바로 눈을 치워서 보급로와 작전시설의 기능 발휘를 보장해야 한다.

　이제는 소대급 단위로 주둔하는 작전기지의 주둔개념을 최소한 중대 또는 대대급으로 통합해야 한다. 물론 이렇게 통합해도 작전 수행에는 지장이 없어야 한다. 만약 작전 부대의 신속한 이동을 보장하는 기동로가 잘 발달해 있고, 충분한 수송 수단을 갖추고 있다면 작전기지도 통합할 수 있다. 과학화 경계 방식의 접목으로 접적 지역의 소부대 작전기지도 통합할 수 있는 여건이 되었다.

　현장실사를 통해 작전기지의 통합에 필요한 여러 가지 조건을 확인하면 된다. 현장실사를 토대로 통합이 가능한 작전기지부터 우선 통합을 시행할 수 있다. 이러한 통합으로 창끝 부대 지휘관과 간부들이 전투 임무에 전념할 수 있게 해 주어야 한다. 〈그림 89〉에서 최전방 작전기지의 소대급 주둔지를 통합하는 방안을 개념적으로 제시해 보았다.

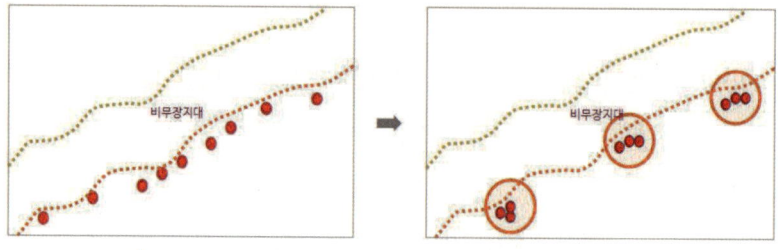

〈그림 89〉 ○○○ 지역 작전기지 통합(적색 점이 작전기지 위치)

비무장지대 내부에서 경계작전 임무를 수행하는 부대도 상주하여 병영시설의 모든 기능을 유지하지 말고, 출퇴근식 주둔개념으로 전환해야 한다. 이 사안도 현장 실사를 해서 조건이 충족되는 곳부터 출퇴근식 전투력 운영으로도 작전의 수행을 시도해야 한다. 제대별로 충분한 기동로와 기동수단을 보유하고 있다면 충분히 시도할 수 있다. 과학화 경계체계를 활용하여 일부 작전 기능을 원격으로 운용하는 방안을 접목하면 된다. 물론 이 경우도 단계별 작전 반응을 보장하여 초기 대응이 가능해야 한다는 전제 조건을 충족해야 할 것이다.

번번이 작전에 실패하면서도 왜 근본적인 여건 조성을 하지 않는지 다시 한번 생각해 보아야 한다. 작전 실패의 후속 조치가 항상 단기적이고 표면적인 현장 조치에 머무르지 않았는지 따져 보아야 한다. 이제는 접적지역 작전기지의 주둔개념도 과감히 변화시켜 예하 부대가 현행작전에 전념할 수 있도록 해야 한다.

이렇게 공간을 모으면 이 책에서 주장하는 세 마리의 토끼를 잡을 수 있다. '모아라'라는 전략을 접목하여 우리 군은 빨리 성공사례(스토리)를 하나 만들어야 한다. 이것이 우리 군의 경쟁력을 높이기 위한 근본적인 처방이다.

③ 함께하라!

유휴시설을 포함한 군사시설과 공간의 효과적인 활용을 위한 세 번째 전략은 '함께하라!'이다. 이 전략은 국방부와 군 당국은 물론 부지의 개발을 시행하는 민간기업에 해당하는 내용이다. 군 유휴시설이나 공간의 활용과 관련된 정책이나 전략도 고객을 식별하고, 고객 위주로 진행되어야 성공할 수 있다는 주장이다.

군 유휴시설 개발은 반드시 정책 고객인 주민(국민)과 함께해야 한다.

함께해야 군 시설과 공간을 성공적으로 활용할 수 있다는 전략의 핵심 내용은 〈그림 90〉과 같이 표현할 수 있다.

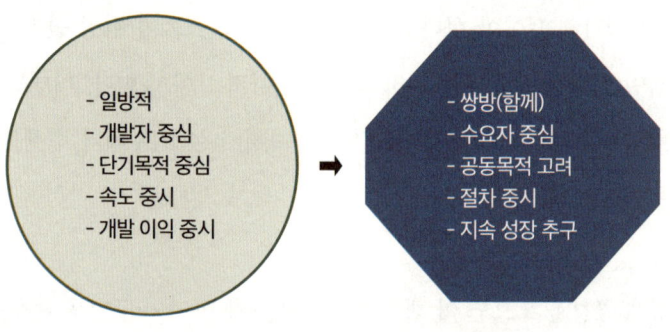

〈그림 90〉 군 유휴시설 개발전략 개념도

유휴시설을 포함한 군 시설과 공간을 활용하는 현재의 모습은 다분히 일방통행이다. 일방통행식 개발과 활용은 그래서 문제와 갈등을 유발하는 경우가 많다. 지역에서 오랫동안 함께 생활해야 할 주민의 의견은 통상 경제적인 이익과 직접 연결되지 않을 때가 많다. 경제적인 관점에서 접근하면 그래서 주민의 의견이 충분히 반영되기 어렵다. 대체로 일방통행식으로 군이 사용하던 부지의 개발이 진행되는 이유이다.

군에서 사용하던 공간과 시설을 활용한 사업은 단기목적 달성 위주로 진행되는 경우가 많다. 대부분 경제적인 이익 추구이다. 사업의 목적에 따라 경제적인 이익 추구가 우선되어야 하는 상황도 있다. 주한미군기지 이전을 위한 재원을 확보하기 위해 미군에게 공여되었다가 반환된 부지의 개발이 여기에 해당한다.

부지의 개발은 경제성을 추구한다. 이 과정에서 시간은 돈이다. 군이 사용하던 부지나 공간의 개발이나 활용 과정에서 속도가 중요시된다. 속도가 나기 위해서는 일방적인 추진이 제일 좋다. 일방적인 추진이 아닐지라도 충분하게 정책 고객의 의견을 수렴하는 인내심이 잘 발휘되지 않는다. 정책 고객인 지역 주민이 배제되는 이유이다. 삶의 터전에서 함께 살아야 할 사람들은 시간이 지날수록 불만족이 커질 수 있다. 군이 사용하던 부지나 공간의 개발이나 재활용은 그래서 항상 문제와 갈등을 유발하기 쉽다.

이해당사자 모두가 상생해야 한다. 정책 고객인 지역 주민을 처음부터 끝까지 참여시켜야 성공할 수 있다.

군이 사용하던 장소와 공간의 개발이나 재활용을 위한 접근의 패러다임을 전환해야 한다. 군 시설과 공간의 활용을 위한 미래의 모습은 지금과 달라야 한다. 인내심을 갖고 정책 고객인 지역 주민과 함께해야 한다.

패러다임 전환의 첫 번째 요소는 일방적인 사업 추진을 쌍방적인 사업 추진으로 바꿔야 한다. 주체와 객체가 함께 해야 한다. 사업 추진이나 재활용의 주체와 객체는 항상 존재한다. 국가, 지방자치단체, 기업, 조합 등이 주체가 된다. 개발이나 재활용이 진행되는 공간에서 변함없이 긴 세월 동안 살아가야 할 사람이 객체이다.

군이 사용하던 공간의 개발과 활용은 장기적인 관점의 목적을 추구해야 성공할 수 있다. 경제적인 이익의 창출과 함께 지역 주민의 삶의 여건 개선을 포함한 공공의 이익이 추구되어야 한다. 녹지공간의 확보, 접근성을 높이기 위한 걷기 공간의 확보 등이 여기에 해당한다.

처음부터 끝까지 핵심 고객인 지역 주민을 배려해야 한다. 군이 사용하던 공간의 활용을 계획하는 단계에서부터 지역 주민이 참여해야 한다. 다양한 방법으로 의견을 수렴해야 한다. 소수의 의견이라도 경청하고 수렴이 될 수 있도록 고민해야 한다. 계획의 시행 단계에서도 끊임없이 지역 주민이 참여해야 한다. 계획된 내용을 실제로 이행하는 과정에서 또 다른 고려 요소가 생긴다. 변화와 변경의 소요가 생길 때마다 지역 주민과 함께 의논하고 방향을 정해야 한다.

군이 사용하던 시설이나 공간의 재활용 과정에서 수요자 중심으로 일을 처리하면 시간이 늦어질 수 있다. 마지막 단계에서 얻게 되는 산술적인 이익이 줄어들 수 있다. 지역 주민은 오랜 세월 그곳에 머물게 된다. 시간이 걸리고 이익이 줄어들어도 이렇게 해야 하는 이유이다.

군이 사용하던 공간의 개발에 대한 패러다임을 바꿔서 정책 고객인 지역 주민이 중심이 되는 개발과 활용은 장기적으로 보면 가장 든든한 성공의 길이다.

군사시설과 공간 활용의 국내외 사례를 소개하여 바람직한 추진 절차를 제시하고자 한다.

3장과 4장에서 제시한 국내외 사례도 '함께해야 성공한다!'라는 군이 사용하던 시설과 공간의 활용을 위한 전략의 효용성을 잘 보여 주고 있다.

의정부시와 서울시 도봉구의 경계선에 있던 대전차 방호시설 재생의 사례가 '함께하라' 전략의 중요성을 잘 보여 준다.

대전차 방호시설의 군사적인 기능이 없어지면서 시설이 폐허가 되고 방치되어 흉물로 전락했다. 서울 시민이 이 시설을 문화와 힐링의 공간으로 재탄생하자고 의견을 제시하고 주장하고 요청했다.

시민의 의견이 반영되어 이 시설의 재생이 시작되었다. 대전차 방호시설은 '평화문화진지'라는 새로운 이름을 얻었다. 평화문화진지 바로 앞에는 서울창포원이 있다. 특수 식물원이자 생태공원으로 지정된 서울창포원은 면적이 무려 $51,146m^2$이다. 평화문화진지가 창포원과 어우러지면서 시민의 훌륭한 문화와 힐링의 공간으로 탄생했다. 재단이 설립되어 이 지역이 관리되고 공공의 시설로 성공적으로 활용되고 있다.

미국 콜로라도 덴버에 있는 Lowry(로리) 공군기지의 재생 사례도 '함께 하라' 전략의 중요성을 잘 보여 준다.

미국 국방정책의 변화에 따라 로리 비행장은 더 군사용으로 사용되지 않았고 폐쇄되었다. 이 지역의 시민들은 비행장의 폐쇄 계획이 발표되자마자 로리 비행장 활용을 위한 위원회를 구성하였다. 로리 비행장 재생을 위해서 발족한 위원회에는 시민 대표를 포함하여 다양한 사람들로 구성되었다. 실제로 로리 비행장이 폐쇄되기도 전에 재생을 위한 개발 계획이 완성되었다.

로리 비행장 재생 계획은 지역민의 삶을 위한 공간으로 설계되었다. 상업지역과 주택 개발로 경제적인 이익도 창출하되, 지역민의 쾌적하고 편리한 삶의 공간을 만드는 데 주력했다. 로리 비행장은 수년에 걸친 재생의 과정을 거쳐서 성공적으로 지역주민에게 매력을 주는 새로운 공간으로 탄생하는 데 성공했다.

독일 베를린의 템펠호프 비행장 재생도 '함께 하라'는 전략의 접목으로 성공한 사례이다.

템펠호프 비행장은 베를린 시내의 중심에 있다. 동서 냉전의 시기에는 군용비행장의 역할을 했다. 2008년에 공항은 폐쇄되었다. 도심에 있는 비행장은 경제적으로 개발의 가치가 매우 큰 공간이다. 베를린 시는 비행장 공간의 25%를 주거와 상업시설로 개발하는 계획을 수립했다. 베를린 시민은 경제적인 이익 창출을 위한 개발에 반대했다. 궁극적으로 시민의 의견이 반영되었다. 비행장 부지 전체가 공원으로 개발되었다.

베를린시 당국과 시민은 비행장 부지의 개발이 가져다줄 경제적인 이익을 포기했다. 현재와 미래 시민의 삶을 생각했다. 공공의 이익과 지속 성장을 중요하게 여겼다. 공간의 활용 과정에서 지역 주민과 항상 함께했기 때문에 개발의 유혹과 현실적인 이익의 추구를 극복할 수 있었다.

'함께하라'라는 군 시설과 공간의 활용 전략은 미국 플로리다에 있는 해군기지의 재생 사례가 잘 보여 준다.

대상 공간은 미국 플로리다주 올랜도에 있던 해군훈련센터(Naval Training Center) 부지이다. 해군훈련센터는 올랜도 도심에서 5km 정도 떨어져 있었다. 부지의 면적은 약 130만 평이다. 이 면적에는 4개의 호수도 포함되어 있다.

올랜도의 해군훈련센터는 1940년 육군 항공대 훈련시설로 건설된 시설이다. 1968년에 해군훈련센터로 변경되었다. 이곳에는 해군 신병훈련사령부, 해군 병원, 해군 지원훈련사령부, 해군 원자력훈련사령부 등이 있었다.

〈그림 91〉 올랜도 해군훈련기지의 모습(www.bracpmo.navy.mil)

 미국 해군은 1993년에 이 기지의 폐쇄를 발표하고, 3년 후인 1996년에 폐쇄했다. 2001년부터 폐쇄된 기지의 재활용을 위한 건설이 시작되어 2008년에 완성되었다. 폐쇄된 기지의 재개발이 성공하면서 8,000여 명의 인구가 유입되었다. 6,000개의 일자리가 창출되었다. 창출된 부동산의 가치는 15억 달러였으며, 올랜도시의 연간 세수입은 3,000만 달러였다.

 올랜도시는 폐쇄된 기지의 재활용을 위한 일반적인 절차를 적용하지 않았다. 과거에 없던, 새로운 방법을 시도했다. '다양한 기능이 섞여 있는, 걷기 좋은 동네 만들기'를 공간 재활용의 비전으로 정하고 추진했다. 올랜도 지역사회도 해군의 기지 폐쇄 발표에 처음에는 상실감을 느꼈다. 폐쇄된 기지가 보유한 풍부한 공간이 도시 재개발의 좋은 기회도 될 수 있다고 평가하고 공간 재사용을 시작했다.

 해군에서 기지를 폐쇄한다고 발표하자마자 올랜도시는 기지 재사용을 위한 위원회를 구성하여 재개발 계획을 수립했다. 1993년에 기지 폐쇄를 발표했으니, 기지가 실제로 폐쇄되기 3년 전에 이미 계획 수립을 시작했다.

'다양한 기능이 섞여 있는, 걷기 좋은 동네 만들기'라는 기지 재생의 비전을 구현하기 위해 올랜도시는 전국적인 재개발 계획을 공모했다. 위원회는 플로리다 중부의 150개 기업과 정부 대표자로 구성하였다. 위원회를 구성하여 2년 동안 174회의 공개회의를 열었다. 회의에서 제안된 계획에 대해서 시민의 의견과 추가 아이디어를 받아서 반영하였다.

시민의 의견과 열망은 기지 재생의 목표로 구체화하였다. 폐쇄된 기지의 재생은 △주변 지역과 연결되어야 하고 △기지 내부에 있던 4개의 호수로의 시민의 접근이 가능해야 하며 △구역 전체에 녹지 네트워크를 형성하고 △활기찬 주요 도로를 만들고 △격자형 거리 네트워크를 통해 자동차 교통이 분산되어야 했다. 올랜도시는 시민의 요구인 양질의 주택, 기업, 학교, 주거지, 여가 활동이 하나의 커뮤니티에 포함된 혼합 도시를 만들어서 일자리를 창출하고 지방자치단체의 세수를 창출할 목적으로 재생을 추진하였다.

올랜도시는 경쟁을 통해 선정된 민간 개발업체에 기지를 양도했다. 새로 개발되는 지역은 Baldwin Park(볼드윈 파크)라고 이름이 지어졌다. 개발계획은 1995년에 완성되었다. 완성된 개발계획을 시행하기 위해서 7명의 자문위원회를 구성했다. 올랜도시는 만들었고 100회 이상의 공개회의를 개최하여 완성된 재개발 계획을 다듬었다. 완성된 계획이나 디자인을 참석자에게 보여 주고 평가를 하게 하는 방식을 적용했다. 설문조사 방법도 사용했다. 해군 당국도 재개발의 계획은 물론 실제 재생이 진행되는 과정을 확인했다. 해군은 개발업체와 협력하여 매달 공개회의를 했다.

현장의 환경 조건도 계속 확인했다. 해군이 사용한 기지에는 수많은 지하 시설은 물론 환경 치유가 필요한 요소가 있었기 때문이다.

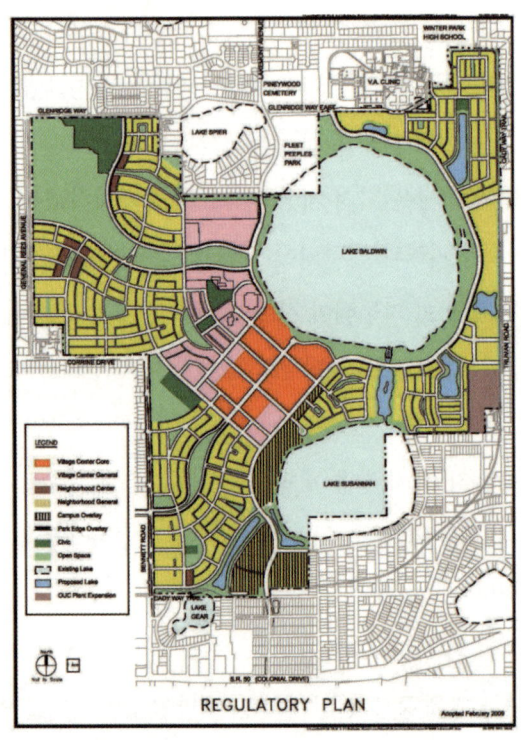

〈그림 92〉 Baldwin Park 개발계획(EPA)

해군기지는 새로운 복합 기능의 도시로 탄생하였다. 기지의 재개발 과정은 시민의 의견을 수렴해서 정한 목표의 달성에 충실했다. 볼드윈 공원을 통과하는 동네 거리를 확장하여 이전 기지를 주변 동네에 다시 연결했다. 전통적인 동네의 모습과 느낌을 재현하기 위해 볼드윈 공원에는 좁은 나무가 늘어선 거리와 넓은 보도를 만들었다. 1940년대 이전 플로리다 중부의 건축 양식으로 설계된 주택을 건설했다.

　새로 건설하는 곳에 거주하는 사람이 집이나 사무실에서 공원, 레스토랑, 상점, 학교 또는 교회까지 걸어갈 수 있도록 도시를 조성했다. 주거단지에도 다양성을 적용했다. 임대 아파트에서 타운하우스와 고급 주문 주택에 이르기까지 15가지 이상의 다양한 형태로 주거단지를 조성하여 제공했다. 새롭게 조성되는 도시에는 약 80km 이상의 보행로와 보도가 만들어졌다.

　이 기지는 50년 전에 건설되었다. 기지가 건설되기 이전의 자연적인 특징을 복원하여 생존이 가능한 생태계를 조성하였다. 기지에 있던 오래된 나무를 최대한 보존하고 새로운 가로수 4,000그루를 심었다.

　올랜도시 당국이 주민과 함께 주도하여 진행한 해군훈련기지의 재생은 매우 성공적이었다. 4,000채 이상의 주택이 건설되어 8,000명의 주민이 유입되었고 6,000개의 영구 일자리가 생겼다. 15억 달러 이상의 재산세 가치, 3,000만 달러 이상의 연간 재산세 수입, 1억 8,000만 달러 이상의 급여가 창출될 것으로 추정되었다. 이 프로젝트는 National Award for Smart Growth Achievement(2005), Urban Land Institute의 Award of Excellence(2004)와 같은 상을 받아 전국적인 인정을 받았다.

　미국 해군훈련기지 재생 사업에 적용된 process를 요약해 보면, 정책 고객의 참여가 중요한 성공의 요인임을 잘 나타낸다.

〈그림 93〉은 재생의 모든 단계에서 정책 고객과 함께해야 성공할 수 있음을 잘 보여 준다. 볼드윈 공원의 개발을 위한 계획은 시설이 폐쇄되기 이전에 시작되었다. 계획 수립의 과정에서 대중의 의견이 폭넓게 수렴되었다.

---

step to success(성공적인 재개발 단계)

① Forming a Local Redevelopment Authority(지역 재개발 기관 설립)
② getting everyone on board(모두 참여시키기)
③ Taking stock of assets and challenges(가용 자산과 도전과제 파악)
④ creating a redevelopment plan for the base(재개발 계획 수립)
 - involving the public(대중 참여시키기)
 - incorporating good development practices(우수 개발 사례 접목)
 - Creating a business plan(사업계획 수립)
⑤ Implementing the plan(재개발 계획 실행)
 - Development design guidelines and zoning consistent with the vision(재개발 비전과 일치하는 설계 가이드라인과 구획화 마련)
 - Investing in infrastructure improvements(인프라 개선)
 - Keeping the public involved(대중 참여 유지)

〈그림 93〉 Baldwin Park 재개발 단계

새로 조성되는 공간에서 살아가야 할 대중에게는 단기적인 이익인 경제적 수익 창출보다 자연환경 조성, 지속 성장과 같은 장기적인 이익이 중요했다. 사업을 추진한 올랜도시 당국은 이러한 대중의 의견을 수용하여 일상적으로 사용하는 경제적 이익 창출 방식의 재개발 사업 대신 새로운 접근을 하였다.

지역 정부가 공간의 개발을 추진할 때 지역민의 열망, 요구, 아이디어 등을 폭넓게 수렴하는 과정은 잘 한다. 경제적인 이익을 포기하면서 실제 지역민의 요구를 계획에 반영하여 시행하는 경우는 많지 않다. 계획에 반영한 후에도 개발사업이 끝날 때까지의 모든 과정에 시민을 참여시킨 올랜도 지방정부의 의지와 노력이 성공적인 볼드윈 공원 조성의 핵심 요인이다.

개발 과정에서 올랜도시는 지역의 일자리 창출, 주거시설 마련 등의 필요와 공원, 녹지 같은 공용공간 창출이라는 목표가 최대한 균형을 맞추는 노력을 했다. 기지가 들어서기 이전의 생태계와 역사적인 모습을 되찾으려는 노력도 했다. 지역민과 함께하면 주변의 커뮤니티와 연결되고, 지역민에게 환영받고, 지역민이 자랑스럽게 생각하는 새로운 도시의 창출이 가능함을 볼드윈 공원 사례는 잘 보여 주고 있다.

④ 혐오시설 역발상하라!

군 유휴시설을 포함한 군사시설과 공간의 효과적인 활용을 위한 네 번째 전략은 '혐오시설 역발상하라!'이다. 국방부와 군 당국은 물론 지역 정부와 지역 주민 모두에 해당하는 내용이다. 군이 사용했거나, 사용하고 있는 시설에 대한 관점을 전환하여 가치 창출의 소재로 활용해야 한다는 주장이다.

군사시설은 두 개의 얼굴을 가지고 있다.

군은 국가의 생존을 책임지는 역할을 한다. 외부의 위협으로부터 나라를 지키려면 군은 항상 무력 분쟁에 대비해야 한다. 싸우는 계획을 세우고 싸우는 방법을 늘 훈련해야 한다. 군사시설 중에서 훈련장을 예로 들어 보자. 군대의 훈련은 워게임과 같은 가상 세계에서 하기도 하고, 지도를 놓고 하기도 한다. 하지만 야외에서 실전과 같은 훈련이 꼭 필요하다. 실전과 같은 야외 훈련의 장소가 군 훈련장이다. 군사시설의 첫 번째 얼굴은 그래서 국가 안보를 위해 꼭 필요한 장소라는 얼굴이다. 〈그림 94〉 좌측 그림은 군사시설의 첫 번째 얼굴을 잘 보여 준다.

〈그림 94〉 포천시 영평 미군 사격장과 반대 시위
(좌 : Stars & Strips, 2023.3.23., 우 : 포천시 의회 공식 블로그)

군사시설은 두 번째 얼굴도 가지고 있다. 국가 안보에 꼭 필요하다는 첫 번째 얼굴과 함께 혐오시설이라는 얼굴도 갖고 있다. 공공의 이익을 위해서 꼭 필요한 시설이지만 자신이 사는 동네에는 도움이 되지 않으면 이를 반대하는 행동을 하는 경우가 있다. 이를 님비(NIMBY, Not In My

Backyard) 현상이라고 한다. 쓰레기 소각장은 도시의 기능을 유지하기 위해서 꼭 필요하다. 하지만, 우리 동네에 쓰레기 소각장이 건설되는 데는 반대한다.

군사시설도 님비라는 사회적인 현상의 대상이 되는 경우가 많다. 국가 안보를 위해서는 군이 평상시에 훈련해야 한다. 그런데 내가 사는 지역에 훈련장이 들어오는 것은 반대한다. 훈련장은 소음과 분진 등을 유발한다. 주택과 토지 가격을 포함해서 개인의 재산권 행사에 긍정적이지 않은 영향을 줄 수 있다. 〈그림 94〉 우측 그림은 군사시설이 혐오시설이라는 얼굴도 가지고 있음을 보여 주고 있다.

우리나라 군은, 아주 작은 훈련장까지 포함하면 2,000여 개 이상의 훈련장을 가진 것으로 알려졌다. 이렇게 많은 훈련장 중에서 갈등이 없는 곳이 없다. 사격을 할 수 없는 훈련장도 많다. 사격이 가능한 훈련장도 사격 시간이나 사격 분량 등에 제한을 받는 곳이 많다. 상황이 이렇다 보니 사격이 가능한 곳으로 훈련부대가 집중된다. 예를 들어, 강원도 철원에 있는 ○○○ 포병사격장에는 인근 부대는 물론 해병부대를 포함하여 경기도 지역의 부대까지 이곳으로 온다고 한다.

군사시설을 혐오시설로만 바라보는 접근의 패러다임을 전환해야 한다. 군사시설을 명소화하여 지역 소득을 창출해야 한다.

군사시설이 혐오시설로 여겨지면서 군이 사용하고 있는 시설이나 더는 사용하지 않는 시설이나 공간의 활용이 잘 안되는 경우도 많다. 군과 지방정부, 지역 주민이 지혜를 발휘해서 상생하는 방안을 모색해야 한다. 역발상으로, 오히려 혐오시설로 여겨지는 곳을 명소화하여 소득을 창출해야 한다.

군사시설은 아니지만, 사회적으로 혐오시설로 여겨지는 쓰레기 소각장의 명소화에 성공한 사례도 있다. 덴마크 코펜하겐의 Amager Bakke(아마게르 바케) 폐기물 에너지화 공장이다. 혐오시설의 활용에 대한 다른 관점을 제공하여 군사시설의 명소화에 통찰력을 주는 사례여서 소개하고자 한다.

〈그림 95〉 아마게르 바케 위치(Google Map)

아마게르 바케 공장은 코펜하겐의 도심에 있는, 세계에서 가장 깨끗한 소각장이다. 덴마크, 독일, 영국에서 오는 폐기물을 시간당 70톤씩 처리한다. 폐기물 소각 과정에서 나오는 열을 이용하여 120,000가구에 온수를 공급한다.

아마게르 바케는 사회적인 혐오시설인 소각장에 대한 관점을 혁신적으로 변화시켜서 코펜하겐의 명소가 되었다. 폐기물 처리 시설을 단순한 소각장의 기능을 하는 시설이 아니라 레크레이션 공간으로 탈바꿈시키는 아이디어를 접목했다. 이런 혁신적이고 독창적인 발상의 전환이 사람의 발길을 이곳으로 옮기게 하여 명소로 만들었다.

〈그림 96〉 아마게르 바케 모습(https://a-r-c.dk/amager-bakke/)

아마게르 바케는 지속 가능한 도시를 만드는 구상을 하였다. 도시의 기능 유지에 꼭 필요한 폐기물 처리도 하면서 동시에 시민에게 휴식 공간을 제공하면 지속할 수 있는 삶의 터전이 될 수 있다고 보았다. 지속할 수 있는 터전이 되면 저절로 그 도시의 매력은 높아진다.

휴식 공간의 제공뿐만 아니라 최첨단 기술을 사용하여 환경오염 물질의 배출을 최소화하는 폐기물 처리 시설을 만들었다. 폐기물을 태워서 도시에 열과 전기를 생산하는 기능을 하도록 계획했다.

시민에게 휴식 공간을 제공하기 위해서 아마게르 바케는 건축물의 지붕을 경사면으로 구성하고 이를 활용하였다. 지붕의 경사면을 이용하여 인공 스키 슬로프를 만들었다. 하이킹 코스와 암벽 등반을 위한 벽도 설치했다. 폐기물 처리장에서 스키, 하이킹, 암벽 등반을 즐기는 독특한 경험을 제공하고 있다. 매력을 느끼지 않을 수 없는 시설이다.

지방정부인 코펜하겐시의 적극적인 홍보도 아마게르 바케를 명소로 만드는 데 도움이 되었다. 덕분에 아마게르 바케는 연간 수십만 명이 찾는 코펜하겐의 랜드마크로 자리매김하고 있다. 혐오시설로 여겨지는 군사시설의 활용도 이러한 관점에서 보아야 한다.

군사시설 중에는 역발상으로 명소화하여 가치를 창출할 수 있는 소재가 많다.

경기도 포천시에 있는 승진훈련장을 소재로 하여 명소화하는 아이디어를 제시해 보고자 한다. 승진훈련장은 경기도 포천시에 있는 육군의 종합훈련장이다. 훈련장의 규모가 570만 평 정도이며, 아시아에서 최대 규모의 실제 사격과 기동을 할 수 있는 훈련장이다. 우리 군이 주기적으로 국군통수권자를 모시고 실사격을 포함한 훈련하는 모습을 보여 주는 곳이기도 하다.

〈그림 97〉 승진훈련장(네이버 지도)

지역 주민들에 따르면, 승진훈련장에서는 거의 매일 훈련이 진행된다. 수시로 전차와 장갑차를 포함한 군사 장비가 인근 마을을 지나서 훈련장으로 들어오고 나간다. 사격훈련도 거의 매일 진행된다. 주민들은 사격훈련으로 인한 소음, 장비의 출입에 의한 분진과 도로 파손 등의 불편함을 호소한다. 승진훈련장도 국가 안보를 위해 중요한 훈련시설이자 지역민에게는 대표적인 혐오시설이다.

승진훈련장이라는 혐오시설에 대한 역발상으로 명소화를 시도했던 사례가 있다. 포천시와 육군이 승진훈련장의 훈련 모습을 안보 관광 상품으로 만드는 논의를 했다. 2009년에는 훈련장을 민간에 개방하는 MOU를 체결하였다. 2010년부터 일반인이 수요일 11시에서 오후 1시까지 부대의 실제 훈련 모습을 참관할 수 있었다. 이 협약은 안보상의 문제로 중단되었지만, 매우 의미 있는 시도였다.

부대의 실제 훈련 모습의 참관을 포함하여 더 대담하게 승진훈련장의 명소화 추진이 가능하다고 본다. 〈그림 98〉은 승진훈련장 명소화의 개념도이다.

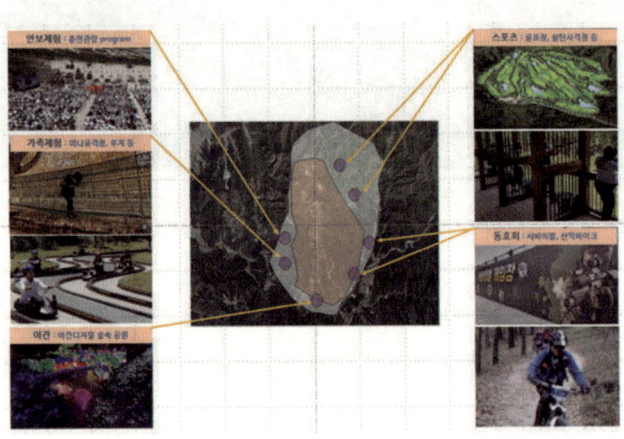

〈그림 98〉 승진훈련장 명소화 개념도

승진훈련장 명소화의 전제 조건은 완충지대(buffer zone)의 확보이다. 승진훈련장 주변은 산악지역이다. 사격에 의한 소음피해를 줄이고, 민간인의 불법적인 사격장 출입에 의한 안전사고의 예방을 위해서 우선 훈련장 주변의 산악지역을 국방부에서 추가로 매입하여 완충지대(buffer zone)를 만들어야 한다. 완충지대가 넓을수록 소음피해가 줄어들고 민간인의 안전 확보가 쉬워진다.

훈련장 완충지대가 확보되면, 이 완충지대의 공간을 활용하여 승진훈련장을 명소로 만들어서 지역민의 소득을 창출할 수 있다.

완충지대를 활용하여 안보 관람의 상품화가 가능하다. 군의 훈련에 영향을 주지 않으면서 방문객에게 독특한 경험의 기회를 줄 수 있다. 정기적으로 일반인에게 개방이 가능한 일자를 협의한 후, 이를 사전에 공개하여 방문객을 모을 수 있다. 심지어 야간사격도 안보 상품으로 만들 수 있다고 생각한다.

완충지대에는 미니 유격장이나 루지 등 다양한 가족 체험 시설도 만들 수 있다. 골프장이나 실탄사격장과 같은 체육시설도 만들 수 있다. 서바이벌, 산악 바이크 등 다양한 동호회 활동 공간도 마련할 수 있다. 야간에는 산악의 특성을 활용하여 야간 디지털 숲속 공원도 만들 수 있다.

완충지대에 이러한 다양한 시설을 설치하고 운영하는 주체는 민·관·군 이해당사자가 모여서 논의하고 정하면 된다. 명소화의 목적을 명확하게 설정하고, 목적을 효율적이고 효과적으로 달성하는 원칙만 정하면 가능하다. 단기적인 경제적 이익만을 추구하지 않고, 지속 가능한 지역의 개발과 성장이 가능해야 한다.

명소화의 목적은 두 가지로 명확하게 설정해야 한다. 첫째, 군의 안정적인 훈련 여건의 조성이다. 완충지대가 설치되면 군의 안정적인 훈련 여건의 조성에 도움이 된다. 완충지대에 다양한 관람과 체험 시설을 운영해도 군의 훈련에 지장이 없어야 한다. 군과 시간이나 장소를 세부적으로 협의

하면 된다. 둘째, 지역의 발전에 기여하는 방향으로 추진되어야 한다. 지역의 일자리가 창출되고, 지역의 경제에 도움이 되어야 한다. 이를 위해서는 법과 제도의 제정이나 개정이 수반되어야 한다. 아주 특별한 상황이며, 아주 독특한 조건이기 때문이다.

강원도 철원군에 있는 포병훈련장을 소재로 하여 명소화하는 아이디어도 추가로 제시해 보고자 한다.

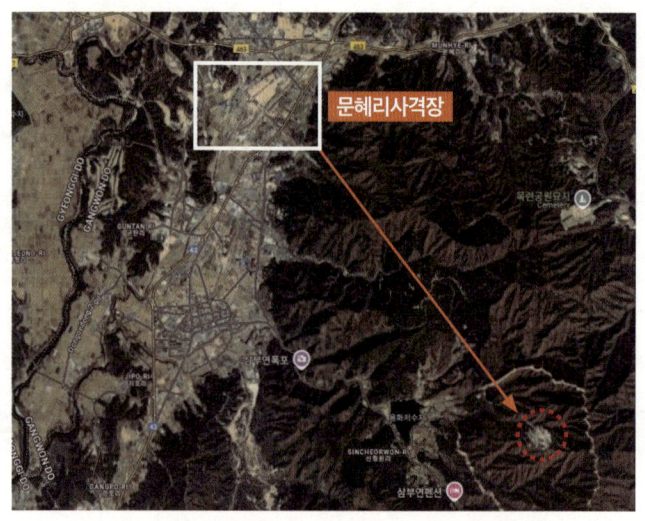

〈그림 99〉 문혜리 포병사격장(Google Map)

강원도 철원의 문혜리에는 육군 포병부대가 사격하는 훈련장이 있다. 거의 매일 포병부대의 사격이 진행된다. 지역 주민들은 포탄 사격에 의한 소음의 고통을 호소한다. 사격을 위해 장비가 이동하면서 발생하는 분진의 피해도 호소한다. 우리 군의 전투역량 발휘를 위해서 꼭 필요한 곳이지만, 철원군민에게 이 사격장은 대표적인 혐오시설의 하나이다.

 군이 존재하는 동안은 이 사격장이 필요하다. 지역 주민도 삶의 터전에서 함께 살아가야 한다. 이 군사시설을 명소화하는 역발상은 어려울까? 필자는 몇 년 전에 공익 단체(사단법인 공공협력원)의 도움을 받아서 가칭 '아름다운 문혜리사격장 만들기' 프로젝트를 제안해 본 경험이 있다.

 철원군과 지역 주민의 의견을 수렴해서 포병사격장 상생 프로젝트를 제안해 보았다. 사단법인 공공협력원과 주식회사 에이비에서 이곳을 복합 문화공간으로 만드는 아이디어를 제시하였다. 전문가 토의, 현장 답사의 과정을 거쳐서 완성한 아이디어의 핵심은 다양한 컨텐츠를 담은 복합적 문화 공간의 창출이다. 복합적 문화 공간을 창출하면 외부 관람객을 유입 시킬수 있고, 외부인의 방문은 지역경제의 활성화로 이어진다고 상정했다.

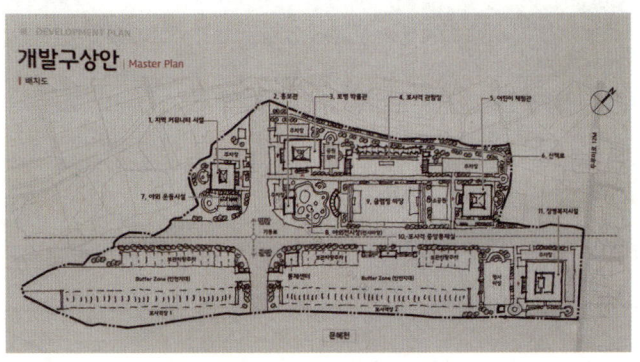

〈그림 100〉 문혜리훈련장 복합적 문화 공간 조성 master plan

'복합적 문화 공간'은 군사시설과 포병 장비의 전시, 포사격 관람 행사, 휴식과 소통의 힐링 커뮤니티의 조성으로 구성했다.

문혜리 포병사격장의 여건을 고려할 때 이곳에 국내 유일의 포병 관련 체험과 관람 시설을 갖출 수 있다고 평가했다. 포병과 관련된 전시와 홍보관을 훈련장 어귀에 만들면 방문객에게 독특한 경험의 기회를 줄 수 있다. 홍보관 야외에는 야외 전시장을 꾸며서 우리 군 포병의 역사를 눈으로 보게 할 수 있다. 훈련장 뒤편에는 실제 포사격을 관람할 수 있는 관람장을 준비하면 된다. 평상시에도 국내외 귀빈이 문혜리 사격장을 방문하여 포병 사격 현장을 본다. 관람장을 만들면 귀빈의 현장 방문에도 활용할 수 있다. 물론 이러한 구조물의 준비나 전시는 군의 포병사격과 훈련에 절대로 방해가 되면 안 된다. 훈련장의 공간을 효과적으로 활용하면 이러한 구상의 실행이 가능하다.

〈그림 101〉 문혜리훈련장 포병 관람과 전시 방안

훈련장 부지와 주변의 공간을 활용하여 지역민과 장병의 힐링 커뮤니티 시설을 갖출 수 있다. 사격장에 인접해 있는 군 주거시설과 연계하여 지역 커뮤니티 시설을 만들면 장병, 군인가족, 지역주민이 함께 사용할 수 있다. 장병 복지시설도 군과 지방자치단체의 예산을 투입하여 공동으로 준비하고 공동으로 사용할 수 있다. 체육 활동 공간을 포함한 복지시설은 보안시설이 아니기 때문에 부대 밖에 만들 수 있다. 부대의 외부에 이런 시설이 있으면 민과 군이 함께 사용할 수 있다.

사격장과 주변 공간을 힐링의 시설로 꾸며서 장병, 군인가족, 지역주민이 함께 사용할 수 있다. 강원도와 철원군이 이러한 접근에 공감했다. 철원군에서 일부 예산을 투입하여 부분적으로 커뮤니티 시설을 갖추고 있다. 사격장 외곽 경계선을 따라서 산책로를 조성하고 일부 구간에는 데크를 만들었다. 가로수도 심고 화단도 조성해서 아름답게 꾸미고 있다.

사격 훈련이 없는 시간에 훈련장은 장병과 지역주민의 힐링 공간으로 변모할 수 있다. 부대의 임무수행에 전혀 지장을 주지 않으면서 가능하다. 다만 발상의 전환이 필요하다.

〈그림 102〉 문혜리훈련장 휴식과 힐링의 지역 커뮤니티 조성 방안

훈련장과 주변의 공간에 다양한 동호회와 여가 활동 시설도 마련할 수 있다. 이러한 시설은 장병과 지역민의 활용은 물론 외부인의 방문을 촉진하는 목적도 가지고 있다. 서바이벌 게임장, 실탄사격장, 글램핑마당이 조성되면 장병과 지역 주민은 물론 외부인의 사용이 가능해진다. 서바이

벌 게임장은 부대의 근접전투 훈련 시설은 물론 장병의 동호회 활동에 사용할 수도 있다. 서바이벌 동호회의 전국 규모 대회도 유치할 수 있다.

〈그림 103〉 문혜리훈련장 동호회와 여가시설 마련 방안

'아름다운 문혜리훈련장 만들기' 프로젝트는 사격장 주변에서 살고 있는 주민이 적극적으로 찬성하고 희망하고 있다. 혐오시설을 명소로 만드는 관점의 전환과 적극 행정의 의지가 더 필요하다.

⑤ 총대를 메라!

군 유휴시설을 포함한 군사시설과 공간의 효과적인 활용을 위한 다섯 번째 전략은 '총대를 메라!'이다.

국방부와 군 당국은 물론 지역 정부에 해당하는 내용이다. 넓게 보면 관료주의에 관한 얘기이다. 군사시설의 활용도 적극 행정이 절실하게 요구된다. 시설의 활용과 개발은 다양한 이익을 창출하지만, 동시에 합법적이고 공평하며, 합리적으로 진행되어야 한다. 업무를 추진하는 관료는 관련 법규를 엄중하게 지키고 따르고 있다. 군 유휴시설의 효과적인 활용을 위해서는 그래서 새로운 접근이 필요하다. 이 분야의 진화적 발전을 위한 관건은 새로운 환경과 여건에 필요한 법규의 제정이나 개정의 뒷받침이다.

왜 이럴까? 관료주의를 생각한다!

관료주의 극복에 관한 논의의 출발은 '군의 임무 수행 여건은 반드시 보장되어야 한다.'라는 전제이다. 확고하게 이 전제를 유지하면서, 군사시설 개발과 관료주의의 관계를 얘기하고자 한다.

관료 대부분은 군사시설을 효율적으로 활용해야 하고, 어떻게 하면 효율적으로 가치를 창출하는지를 잘 안다. 관료에게는 모두에게 도움이 되는 결과를 만들어 내는 것도 중요하지만 관련 법과 규정의 적용이 더 중요하다. 관료 개인의 책임이나 불이익이 먼저 고려되어야 하기 때문이다. 관료는 절대로 나쁜 사람이 아니다. 공익을 위해 봉사하는 마음으로 일을 한다. 그런데 관료도 사람이다. 자신의 안위와 삶의 영위가 중요하다. 정해진 법규와 절차를 따르면 좋은 결과를 만들어 내지 않을지언정 자신에게 돌아오는 불이익은 막을 수 있다. 이 점을 충분히 이해하면서도 군사시설의 효과적인 활용과 관련해서 아쉬움이 많다.

물론, 군사시설은 이미 효과적으로 활용되고 있다. 전방 지역의 안보 관광이 진행되고 있다. 일반인이 땅굴, 판문점, 비무장지대 전망대 등을 방문하여 안보의 현장을 볼 수 있다. 적극 행정을 강조하는 이유는, 국토의 효율적인 활용 관점에서 보면 공직사회의 적극 행정이 여전히 불충분하기 때문이다.

군사시설의 효과적인 활용과 관련해서 항상 제기되는 사안은 보안과 관련된 이슈이다.

군사시설의 활용을 위한 새로운 접근이 현재의 보안과 관련된 법규에 조금이라도 저촉이 되는 요소가 있으면 절대로 추진될 수 없다. 보안과 관련된 사안에 대해서 꼭 답이 없는 것은 아니다. 관점을 약간 바꾸면 해결 방안을 찾을 수도 있다.

첨단 과학기술과 수단을 활용하면 군에서 우려하는 많은 보안과 관련된 요소를 해소할 수도 있다. 관광 목적으로 민간인출입통제선(민통선)을 출입하는 경우, 출입 인원 통제를 예로 들어 보자. 민간인출입통제선 안쪽은 군사작전에 매우 중요한 지역이다. 접경지역인 GOP 철책과 매우 가깝기 때문이다. 출입 인원 통제를 위한 법규와 매뉴얼이 구체적으로 준비되고 적용된다. 민통선 출입 통제소에서 출입 인원을 통제하는 방법은 여전히 고전적이다. 사전에 출입 신청을 하고, 현장에서 신분증을 내주고, 현장에서 통제시스템에 입력을 한다. 들어가는 통제초소와 나가는 통제초소가 다르면 상황은 더 복잡해진다.

민통선을 출입하는 관광객에게 RFID 기능을 접목한 손목 팔찌나 차량용 센서를 지급하면 통제초소에서 실시간으로 위치 추적이 가능하다. 현재의 보안 절차를 철저하게 적용해야 한다. 이와 동시에 군사작전의 기능을 보장하면서도 첨단 과학기술과 장비를 활용하여 보안 문제를 해결할 방법을 더 고민해야 한다. 〈그림 104〉는 여전히 갈등을 유발하는 민통선 출입 통제의 실태를 잘 보여 준다. 여기서 관료주의의 한계를 조금이나마 느낄 수 있다.

> **"철원평야 농지 출입 1시간씩 걸려" 지역발전 '70년 족쇄' 언제 풀릴까**
>
> 이재용 | 승인 2024.06.28 | 7면
>
> [한국전쟁 정전 71주년 연중기획] 민통선 이대로 좋은가
> ■군사보호구역 도내 최다 면적 철원
> 민통선 출입 통제로 이동 불편
> 지역민 북상 재조정 요구 지속
> 성사 땐 영농활동 불편함 해소
> 근대문화유산 관광활성화 가능
> 지역 내 민통초소 12곳 달해
> 권익위 마현리 초소 이전 물꼬
> 대체시설 설치한 후 이전키로

〈그림 104〉 민통선 출입 불편 언론 보도(강원도민일보 제공)

군사시설의 효과적인 활용을 위한 적극 행정의 수행과 관련해서 항상 제기되는 또 다른 사안은 **아직 발생하지도 않은 안전에 대한 우려의 제기이다.**

앞에서 살펴본 코펜하겐의 대형 폐기물 공장인 아마게르 바케의 사례를 예로 들어 보자. 우리나라에서 대형 폐기물 공장의 벽면에 암벽등반장을 설치하겠다고 허가를 요청하면, 관공서에서 과연 승인할 것인가? 여기에 대한 답은 긍정적이지 않을 것이다. 제일 먼저 폐기물 공장에 암벽등반장을 설치하는 법규가 없어서 승인하기 어렵다는 답이 올 가능성이 크다. 이어서 대형 폐기물 공장의 벽면에 암벽등반장을 설치했다가 혹시라

도 안전사고가 나면 어떻게 하려고 그러느냐, 안전대책이 무엇이냐고 따질 것이다. 아직 건물도 짓지 않았고, 아직 암벽등반장이 운영되지도 않는데, 안전사고 발생 문제를 제기할 것이다. 그래서 우리나라에서는 아마게르 바케와 같은 혐오시설을 랜드마크로 만드는 일은 매우 어렵다.

〈그림 105〉 아마게르 바케 암벽등반 코스(www.copenhill.dk)

군사시설의 효율적인 활용 이슈에 안전에 대한 우려의 제기를 적용해 보자. 승진훈련장 주변에 완충지대를 설치하고 여기에 서바이벌 동호회 활동 공간을 만드는 제안을 앞에서 했었다. 이러한 계획을 군과 협의하면, 군에서는 사격 훈련과 연계하여 안전 문제를 제기할 가능성이 크다. 혹시라도 사격장에서 유탄이 발생하여 완충지대에 있는 서바이벌 동호회 활동 공간으로 떨어지면 인명사고가 발생할 수 있다. 그래서 설치를 반대한다는 의견이 제시될 개연성이 매우 높다.

군사시설의 효율적인 활용이 어려운 또 하나의 이유는 **전례가 없던 새로운 시도를 승인해 주면, 선례가 되어 유사 민원이나 요구가 폭증할 것을 관료는 미리 걱정하기 때문이다.**

군부대가 많이 주둔하는 지역의 발전을 위해 봉사하는 한 단체가 대규모 사격장 갈등관리를 위해 정책 제언을 했던 사례를 제시하고자 한다.

정책 제언의 대상이 되는 사격장은 강원도 철원에 있는 문혜리 포병사격장이다. 〈그림 106〉에서 보듯이 사격장은 인근 동네와 바로 붙어 있고, 왕복 4차선 도로인 국도 43번이 사격장 사이를 지나간다.

〈그림 106〉 문혜리 포병사격장과 국도 43번(Google Map)

이 사격장도 육군의 여느 훈련장처럼 민과 군의 갈등이 있다. 포병사격장 주변의 주민은 극심한 소음과 함께 사격장으로 출입하는 포의 이동에 의한 분진 피해를 호소한다. 정책 제언의 핵심은 사격장 소음을 줄이기 위해서 설치한 방음벽을 활용한 태양광 발전으로 소득을 창출하여 지역 주민에게 돌려주자는 아이디어다.

사격장 주변에는 〈그림 107〉와 유사한 형태의 방음벽이 수백 미터 설치되어 있다. 방음벽에 태양광 패널을 설치하면 소득이 생긴다. 전문가의 의견에 의하면 태양광 설치를 위한 초기 투자 비용은 5년 이내에 상환할 수 있다고 한다. 태양광 패널을 설치하고 5년이 지나면 순수 소득이 발생한다. 이 소득을 지역 주민과 공유하여 갈등관리에 도움이 되도록 하자는 제안이다.

〈그림 107〉 사격장 방음벽과 건물 벽면에 설치된 태양광 패널
(좌 : 나우산업 블로그, 우 : 환경부 공식 블로그)

방음벽은 고정된 시설이다. 여기에 태양광 패널을 부착해도 군의 포병사격에는 전혀 지장이 없다. 태양광 패널 비용은 국방부가 부담하지 않아

도 된다. 철원군이 사업의 주체가 되어 초기 투자를 하고, 여기서 생산되는 전기로 상환하면 된다. 오히려 국방부는 국유시설인 방음벽 사용료를 받을 수 있다. 지역 주민은 경제적인 비용 부담 없이 5년 후부터 발생하는 이익을 공유할 수 있다. 철원군도 사격장 갈등관리가 잘 되어서 기회비용을 얻게 된다. 비용 부담이 없이 민·관·군이 상생할 수 있는 접근이다. 태양광 패널을 설치하고 5년이 지나면 패널의 기대수명이 다될 때까지 소득이 발생한다.

정책 제안을 한 비영리법인은 국방부, 관할 군부대, 철원군, 지역 주민 대표에게 이 내용을 제안하고 협의를 했다. 비영리법인 주관으로 진행된 토의 현장에서, 이미 정책 제언을 받았던 국방부의 담당 기관은 철원군에 이 사안을 검토한 적이 없다는 공문을 보내왔다. 관할 군부대도 같은 의견을 제시했다.

왜 그럴까? 이 사안을 승인해 주면, 선례가 되어 전국의 모든 사격장 인근 주민이 유사한 요구를 할까 봐 걱정되어서일까? 대규모 사격장의 갈등을 완화하여 군의 훈련 여건을 마련하기 위해 정책 제언을 한 비영리법인은 참으로 안타깝다는 심정을 밝혔다. 관료주의의 한계를 여기서도 볼 수 있다.

관료주의를 극복할 수 있는 제도적 장치를 더 보강해야 한다.

관료가 적극 행정을 할 수 있는 제도적 장치를 만들어 주어야 한다. 적극 행정을 위해서 관료의 부담을 덜어 주는 제도를 많이 만들어야 한다. 적극 행정에 대한 실질적인 포상으로 관료 사회의 분위기를 조성하고 장려해야 한다.

첫째, 집단 의사결정 시스템을 활용할 수 있도록 해 주어야 한다.

군에서 무기체계를 새로 도입할 때 흔히 발생하는 사례를 예로 들어 보자. 새로운 무기체계의 도입을 위해서는 해당 무기체계의 성능을 정해야 한다. 이 성능을 군에서는 '작전요구성능(ROC, Required Operational Capability)'이라고 한다. 작전요구성능을 정해야 이것을 충족하는 무기체계를 준비해서 작전부대에 보급해 준다.

새로운 무기체계의 도입은 실제 무기가 도입되기 훨씬 이전에 계획한다. 짧게는 1~2년 전부터 길게는 15년 전에 계획한다. 새로운 무기체계의 요구 성능은 2년에서 15년 후의 시점에서 필요한 성능이다. 계획할 때의 시점에서 보면 요구 성능의 기준이 매우 높다. 작전요구성능이 매우 높아서 가끔 무기를 도입하는 과정에서 기준의 조정이 필요할 상황이 발생하기도 한다. 무기체계 도입의 절차에는 그래서 필요할 경우 정해진 법규와 절차에 따라 조정을 논의하고, 실제 조정할 수 있게 되어 있다.

무기체계 도입 업무를 수행하는 현장에서 실제로 작전운용성능을 조정하는 사례를 거의 찾아보기가 어렵다. 나중에 무기체계 도입에 문제가 생기면 작전운용성능을 조정한 관료가 조사나 감사를 받고, 처벌을 받을 수 있기 때문이다. 과거에 방산비리 척결이라는 명목으로 무기체계 도입과 관련한 업무를 수행하던 관료의 상당수가 조사나 감사를 받고 처벌을 받은 트라우마가 있다.

작전운용성능의 조정은 위원회를 개최하여 논의하고 결정하게 되어 있다. 그럼에도 불구하고, 무기체계 도입의 과정에 관여하는 기관이나 관료 누구도 성능의 조정을 하지 않는다. 집단의사결정 시스템을 더 보강하여 합리적이고 투명하게 적극 행정을 수행할 수 있는 여건을 관료에게 마련해 주어야 한다.

군사시설의 활용을 위한 적극 행정도 무기체계 도입에서 작전운용성능의 조정을 꺼리는 상황과 유사하다. 군사시설의 활용은 특정 이해당사자에게 경제적 이익을 줄 수 있다. 경제적 이익을 받지 못한 이해당사자가 발생하면 절차와 결과에 문제를 제기한다. 이 과정에서 군사시설 활용을 위한 인허가에 관여했던 관료가 조사를 받게 된다. 실제 군사시설 관련 인허가 비리로 처벌을 받은 관료도 있었다. 군사시설의 활용을 위해서 관련 법규나 절차를 전향적으로 적용하는 시도가 어려운 이유이다.

코펜하겐의 폐기물 처리장을 랜드마크로 바꾼 사례는 기존의 관련 법규와 절차를 뛰어넘는 발상의 전환이 있어서 가능했다. 우리도 이제 이런 발상의 전환이 가능하도록 제도적 장치를 만들어 주어야 한다. 집단 의사결정 시스템을 보강하여 이러한 여건을 조성해야 한다.

둘째, 국방부 차원에서 군사시설 활용을 위한 적극 행정의 성공 사례를 만들어야 한다.

공직사회의 적극 행정 수행은 마치 남극대륙에서 먹이를 찾기 위해 바다로 뛰어들기 직전에 주저하는 펭귄의 모습과 유사하다. 펭귄들은 먹이를 얻기 위해서는 바다로 들어가야 한다. 바다에는 펭귄의 먹이도 있지만 펭귄을 잡아먹으려고 기다리는 바다표범도 있다. 그래서 주저한다. 그런데 용기 있는 펭귄 한 마리가 과감하게 바다로 뛰어들면, 수백 마리의 펭귄 무리가 따라서 뛰어 들어간다. 이렇게 주저하는 펭귄 무리에서 제일 먼저 바다로 뛰어드는 펭귄을 '첫 번째 펭귄(first penguin)'이라고 한다.

〈그림 108〉 첫 번째 펭귄
(https://www.linkedin.com/pulse/being-first-penguin-marina-terteryan/)

공직사회도 적극 행정을 먼저 하기를 주저한다. 그런데, 누가 먼저 시도해서 좋은 성과를 내면 다른 공직자들이 쉽게 따라간다. 적극 행정의 성공 사례를 일부러라도 만들어야 하는 이유이다. 제3장의 국내 사례에서 소개했던, 안양시가 주도해서 탄약고 시설을 이전해서 통합하고 지하화하는 프로젝트를 적극 행정이라고 할 수 있다. 아직 성과로 이어지고 있지는 않지만, 이러한 적극 행정의 시도가 좋은 성과로 이어져서 선례를 만들어야 한다. 공직사회에서 '첫 번째 펭귄'이 많이 나올 수 있는 분위기를 조성해야 하기 때문이다.

캐나다의 빙산을 활용한 관광도 적극 행정과 관련해서 우리에게 시사점을 주는 사례이다. 캐나다 로키산맥에는 Columbia Icefield라는 얼음 벌판이 있다. 면적은 무려 325㎢(약 9천8백만 평)로, 북미 로키산맥에서 가장 큰 얼음 벌판(빙원, 氷原)이다. 이곳을 차를 타고 구경할 수 있다.

높은 산맥에 있는 얼음 벌판을 차량으로 관광하는 사업을 하겠다고 우리나라의 관공서에 신청하면 승인이 날까? 승인받기가 쉽지 않을 것이다. 제일 먼저 안전대책에 대해 문제를 제기할 것이다. 캐나다에서는 가능하다. 대신에 철저한 안전대책의 강구가 뒤따른다. Columbia Icefield 관광을 위해서 Ice Explorer라고 불리는 특수차량을 만들어서 사용하고 있다. 6개의 거대한 바퀴가 달린 이 차량은 얼음 위를 운전할 수 있도록 특별하게 제작되었다. 어떤 일을 시도하기도 전에 문제 제기와 걱정을 하지 말고, 대책을 마련하면 시도가 가능하게 해 주어야 한다. 이제는 군사시설의 활용에도 이러한 접근을 접목해야 한다. 군사시설의 효율적인 활용을 위해서는 기존의 틀에서 벗어나서 새로운 시도를 해야 하기 때문이다.

〈그림 109〉 Ice Explorer 차량의 모습(commons.wikimedia.org)

셋째, 국가와 국방 분야의 감사 문화를 혁신해야 적극 행정이 가능해진다.

1963년에 설립된 감사원은 우리나라의 성장 과정에서 중요한 역할을 했다. 공정하고 투명한 공직 수행 문화를 만드는 데 많은 기여를 했다. 감사원이 설립되어 60년 이상이 지났다. 감사원의 근본은 유지하되 변화된 우리나라의 상황이 시의적절하게 반영되어야 한다.

최근 우리나라 공직문화를 보면, 감사원의 감사가 공직자의 적극 행정을 위축시킬 수 있는 요소의 하나일 수 있을 것 같다. 감사원 홈페이지에는 감사원의 임무와 기능을 다음과 같이 적고 있다.

"감사원은 (「헌법」 제97조)와 (「감사원법」 제20조)의 규정에 따라 국가의 세입·세출의 결산을 검사하고, 국가기관과 법률이 정한 단체의 회계를 상시 검사·감독하여 그 집행에 적정을 기하며 행정기관의 사무와 공무원의 직무를 감찰하여 행정운영의 개선·향상을 도모합니다."

여기서 주목할 표현은 "행정기관의 사무와 공무원의 직무를 감찰하여 행정운영의 개선·향상을 도모"한다는 대목이다. 행정 운영의 개선과 향상의 도모가 충분히 되고 있는지 살펴보아야 한다. 잘못된 사항의 지적과 처벌에 더 방점이 있지는 않은지 보아야 한다. 국방과 군사 분야 업무에 대한 감사 기관의 감사가 행정 운영의 개선과 향상의 도모와 직접적으로 연결되지 않는 경우도 많이 있기 때문이다.

국방과 군사 분야의 감사 기능을 수행하는 조직은 군대의 사단급 제대까지 편성되어 있다. 감사원의 감사 문화는 군의 감사 기능을 수행하는 조직에까지 영향을 미친다. 적극 행정을 장려하는 방향으로 감사원의 감사가 이뤄지면 군에 편성된 감사 관련 조직도 그렇게 따라 할 것이다. 군사시설의 효율적인 활용을 위해서 적극 행정이 중요하다. 적극 행정은 감사 문화의 혁신이 함께해야 가능하다.

넷째, 총대를 메지 않으면 외부에서 너징(nuding)해야 한다!

군사시설의 효율적인 활용을 위해서는 '줄탁동기'의 마음으로, 외부에서 너징(nudging)하여 관료주의를 함께 극복해야 한다.

넛지(Nudge)란 '옆구리를 슬쩍 찌르다'라는 뜻의 영어 단어이다. 행동

경제학자인 리처드 탈러(Richard Thaler)와 캐스 선스타인(Cass Sunstein)이 제시한 개념으로, 강압이나 금지 없이 사람들의 선택을 부드럽게 유도하여 더 좋은 방향으로 이끄는 방법을 의미한다.

넛지의 대표적인 사례는 네덜란드 암스테르담에 있는 스키폴 공항(Schiphol Airport)의 소변기에 그려 넣은 파리 그림이다. 스키폴 공항은 남자 화장실에 있는 소변기 밖으로 소변이 튀는 경우가 많아 청결 유지에 어려움이 있었고, 청소 비용도 많이 들었다. 이를 해결하기 위해 소변기 안쪽 배수구 근처에 작은 파리 그림을 그려 넣었다. 남자들이 무언가 조준할 대상이 있으면 그곳을 향해 소변을 보려는 심리적 경향을 이용하여 소변기 중앙을 향해 더 정확하게 소변을 보도록 유도하기 위한 목적이었다.

〈그림 110〉 스키폴공항 소변기(좌 : wikipedia, 우 : https://hasanjasim.online/the-genius-idea-that-reduced-urinal-spillage-at-schiphol-airport/)

실제로 소변기에 작은 파리 그림 하나 넣었을 뿐인데, 소변기 밖으로 튀는 소변의 양이 80%나 감소했다. 이에 따라 청소 비용이 절감되고, 화장실도 깨끗해졌다. 이렇게 파리 그림을 그려서 소변을 정확하게 유도하는 형식의 개입을 너지(nudge)라고 한다.

군사시설의 효과적인 활용을 위한 혁신도 공직자에게만 부담을 지우지 말고, 국민이 함께해야 한다. 이제는 가벼운 개입인 너징이 필요하다. 공직자가 적극 행정을 할 수 있도록 국민이 도와주어야 한다.

관건은 그렇다면 국민이 너징을 어떻게 해야 하는가? 이다. 너징의 방법은 여러 가지가 있을 수 있다. 여기서는 입법 활동, 학문적인 연구 결과의 제공, 언론의 공론화 역할을 대표적인 방법으로 제시해 본다.

첫째, 학문적인 연구를 바탕으로 군사시설의 효율적인 활용에 필요한 논리를 제공할 수 있다. 우리 군이 상비군의 규모를 줄이는 과정에서 학문적인 연구 결과를 활용한 사례를 보자. 우리 군은 국방개혁을 추진하면서 상비군의 규모를 대폭 축소했다. 병력 규모의 축소는 국민에게 안보의 포기라는 의도하지 않은 인식을 줄 수도 있는 사안이다. 국방 분야 연구 전문기관인 한국국방연구원은 인구 감소 영향을 학문적으로 분석하여 양적 위주 군대를 질적 위주 군대로 전환이 필요하다는 논리를 국방부에 제공했다. 국방부는 이 연구 결과를 활용하여 국민을 설득하고 상비군의 규모를 계획대로 축소할 수 있었다. 이러한 접근을 군사시설의 효율적인 활용에도 접목할 수 있다.

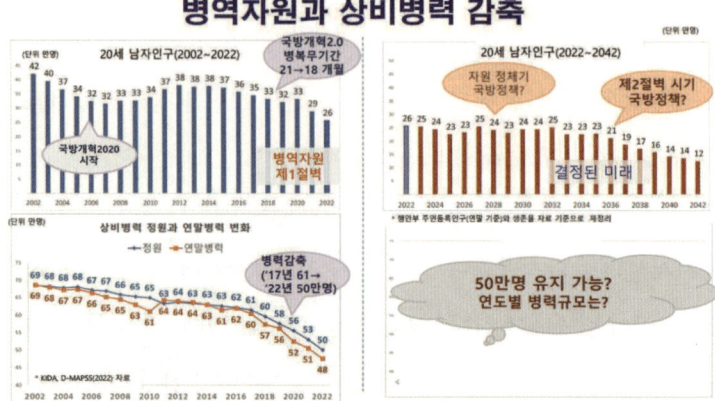

〈그림 111〉 '병역자원 감소시대의 국방정책 방향' 연구보고서(한국국방연구원)

둘째, 정치권에서 입법 활동을 통해 법적인 장치를 마련하여 너징할 수 있다. 국방부가 국방개혁을 추진할 때 정치권에서는 관련 법률을 만들어서 정책의 추진을 도왔다. 군사시설의 효율적인 활용을 위해서는 관련 법규나 절차의 과감한 개선이 필요하다. 정치권의 입법 활동이 공직자의 적극 행정을 가능하게 해 줄 수 있다.

셋째, 언론에서 국민의 여망을 전하여 공론화와 담론 형성으로 공직자의 적극 행정을 지원할 수 있다. 몇 년 전에 모 부대에서 성폭력 사고가 발생했었다. 언론에서는 군 자체 조사와 조치의 문제나 한계를 공론화했다. 언론의 공론화는 군사법제도의 개혁으로 이어졌다. 군사시설의 효율적인 활용을 위한 적극 행정의 필요성과 당위성에 대해서도 언론에서 공론화하고 담론을 형성할 수 있다. 이러한 너징이 공직자의 관련 업무 수행을 도와주는 방법이다.

요약해 보면, 군사시설의 효율적인 활용을 위해서는 공직자의 적극 행정이 매우 필요하다. 하지만, 현실적으로 공직자가 총대를 메는 적극 행정의 수행은 매우 어렵다. 국민도 공직자의 적극 행정 수행을 도와주어야 한다.

적극 행정과 외부의 너징으로 관료주의를 극복해야 효과적인 유휴시설을 포함한 군사시설의 활용이 가능하다!

⑥ 명소화로 소득 창출하라!

군 유휴시설을 포함한 군사시설과 공간의 효과적인 활용을 위한 여섯 번째 전략은 '명소화로 소득 창출하라!'이다. 국방부와 군 당국, 지방정부에 해당하는 내용이다. 군의 시설과 공간에 대한 경제적 이익 창출 관점의 접근이다.

군의 공간과 시설의 활용도 경제적 이익을 극대화하는 방식으로 전환해야 한다.

명소화란 원래 특별히 잘 알려지지 않은 장소나 지역을 유명한 곳으로 만드는 일이다. 전라남도 신안군의 퍼플섬(purple, 보라색 섬)을 예로 들어 보자. 퍼플섬은 신안군 안좌면에 있는 작은 섬이다. 명소로 개발되기 전에는 신안군에 사는 사람도 잘 모르던 곳이다. 섬 전체를 보라색으로 입히고 방문객에게 특별한 경험을 선물하는 장소로 만들었다. 퍼플섬이 만들어지자, 고령자들만 외롭게 살던 섬이 수십만 명이 찾아오는 명소가 되었다. 2021년에는 미국의 CNN에서 뉴스로 보도할 정도로 유명해졌다. 이것이 명소화다. 명소가 되면 사람이 찾아온다. 사람이 찾아오면 일자리가 생기고 그 지역의 경제가 활성화된다.

〈그림 112〉 전남 신안군 퍼플섬(신안군청 홈페이지)

군이 과거에 사용했거나 지금도 사용하고 있는 시설이나 공간은 국유재산이다. 국유재산의 관리는 공무원이 하지만 소유권은 국가다. 국유재산을 경제적 이익을 위해 활용하지 않아도 된다. 군의 유휴시설을 관리하는 공직자도 굳이 이 공간이나 시설의 활용으로 경제적 이익을 추구하지 않아도 된다. 사유재산이 아니어서 개인에게 돌아오는 경제적인 이익이 없기 때문이다. 군 유휴시설이나 공간의 관리와 처리에 경제적인 요소가 가미되지 않는 논리이다.

이제는 군 유휴시설과 공간을 활용하여 경제적 가치를 창출해야 한다. 신안군 퍼플섬처럼, 특정 지역이나 시설을 명소로 만들려면 해당 장소의 매력을 발굴하고 사람의 흥미를 끌도록 콘텐츠를 개발해야 한다. 퍼플섬은 외딴섬이라는 독특한 소재를 활용하여, 여기에 퍼플이라는 콘텐츠를 입혔다. 지역이나 장소의 매력은 역사, 문화, 자연과 같은 소재에서 발굴할 수 있다. 해당 장소에서만 즐길 수 있는 특별한 경험을 만들면 매력이 될 수 있다.

다행스럽게도, 군이 사용하고 있거나 사용했던 시설과 공간은 방문객이 찾아오도록 할 수 있는 매력을 많이 갖고 있다. 이곳에는 군대와 관련하여 보고 듣고 체험할 수 있는 독특함이 있다. 역사, 문화, 자연과 관련된 소재도 많이 발굴할 수 있다. 전방 지역에는 6·25 전쟁의 격전지도 많다. 역사와 관련된 소재의 발굴이 가능하다. 군이 사용했던 시설이나 건물도 많다. 이러한 시설이나 건물은 한반도 분단의 과거와 현재의 사연을 담고 있다. 강원도 화천군 간동면 오음리에는 베트남 파병 장병 훈련장이 있었다. 얼마나 좋은 명소화 소재인가.

군대와 관련된 특별한 경험을 할 수 있는 매력도 만들 수 있다. 안전대책을 모두 갖춘 상태에서 군대의 유격훈련을 체험할 수도 있다. 사격 훈련을 직간접적으로 체험할 수도 있다. 모형 철책을 설치하여 철책 경계근무를 체험할 수도 있다. 군대의 소부대훈련장으로 사용하던 공간과 시설물은 서바이벌 동호회의 명소로 만들 수도 있다.

군과 관련된 장소나 시설의 명소화와 관련해서, 비무장지대(DMZ, Demilitarized Zone)를 예로 들어 보자. 비무장지대는 우리나라를 찾는 외국인이 가장 가보고 싶은 곳 중의 하나이다. 세계 유일의 분단국가 현실을 직접 볼 수 있는 특별한 경험을 할 수 있는 장소이기 때문이다. DMZ는 방문객에게 한반도 분단의 과거와 현재의 모습을 보여 준다. 비무장지대 근처의 전방 지역에는 6·25전쟁의 흔적도 많다. 전쟁의 흔적마다 이야깃거리(스토리)를 갖고 있다. 우리나라 전방 지역은 지구촌 어디에서도 보거나 경험할 수 없는 유일한 곳이다. 이것이 매력이고, 명소화의 소재이다.

군사시설에 대한 접근의 패러다임을 전환해서 명소화와 가치의 창출에 성공한 사례가 많다. 독일 베를린의 Checkpoint Charlie(체크포인트 찰리) 명소화가 대표적이다.

체크포인트 찰리는 동서 냉전(1947~1991) 시기에 동베를린과 서베를린을 잇는 베를린 장벽 교차로에 있는 검문소의 명칭이다. 지금은 베를린의 관광 명소의 하나가 되었다. 매년 약 300만 명 내외의 관광객이 체크포인트 찰리를 보기 위해 이곳을 찾는다. 베를린의 소련 구역(동베를린)과 미국 구역(서베를린)을 잇는 검문소였다. 1989년 11월에 베를린 장벽이 개방되었고, 체크포인트 찰리에 있던 검문소 가건물은 1990년에 철거되었다. 현재는 베를린-첼렌도르프에 있는 연합군 박물관의 야외 박물관에 전시되어 있다.

베를린 장벽에서 가장 눈에 띄는 체크포인트 찰리는 동서 분단을 상징하는 냉전의 상징이 되었다. 냉전 시대의 긴장, 두려움, 그리고 이념적 투쟁을 상징했다. 베를린 장벽이 무너지면서 미국 경비대 검문소인 체크포인트 찰리가 철거된 자리에 1961년에 세워진 최초의 모습과 비슷하게 건물이 복원되었다. 사람들에게 체크포인트 찰리는 단순히 국경 검문소로 보이지 않았다. 동서 냉전의 강력한 상징이며, 자유의 중요성을 상기시켜 주는 장소였다. 냉전을 상기하고, 냉전을 이해하고, 베를린 장벽의 흔적을 보기 위해서 이곳을 찾기 시작했다. 단순한 국경 검문소 건물 중 하나였던 체크포인트 찰리는 이렇게 하여 한 해에 수백만 명이 찾는 베를린의 주요 관광 명소가 되었다.

〈그림 113〉 체크포인트 찰리의 현재 모습(wikipedia)

　방치되기 쉬운 지하 시설을 명소로 만든 국내 사례도 있다. 제주도에 있는 '빛의 벙커'이다.

이 지하 벙커는 군이 사용하던 시설은 아니다. 이곳은 과거 국가의 기간 통신망을 운용했던 지하 벙커이다. 이 지하 비밀 벙커가 더는 사용되지 않으면서 버려진 상태로 있었다. 방치된 지하 시설을 리모델링하여 문화공간으로 재탄생시켰다. 지하 벙커의 공간에 미디어 아트(Media Art) 전시장을 만들었다. 음악 공연, 특별 강연 등 다양한 문화 프로그램도 운영한다.

〈그림 114〉 빛의 벙커 입구(www.deslumieres.co.kr에서 캡처)

문화공간으로 재탄생한 '빛의 벙커'는 1년에 약 50만 명이 찾는 제주도의 명소가 되었다. 지하 시설이 많은 군의 유휴시설 활용에 주는 함의가 크다. 군 작전용으로 사용하다가 유휴화된 시설의 활용에도 통찰력을 준다. 대부분의 군 작전용 시설도 비밀이 요구되는 보안시설이었기 때문이다.

'빛의 벙커'의 명소화 비결은 방문객에게 독특한 경험을 제공한다는 점이다. 버려진 지하의 비밀 벙커라는 공간이 방문객의 호기심을 자극한다. 평상시에 쉽고 접할 수 없는 이색적인 공간이기 때문이다.

〈그림 115〉 빛의 벙커 미디어 아트 전시 모습
(www.deslumieres.co.kr에서 캡처)

지하 시설을 몰입형 미디어 아트 전시관으로 만들어서 빈센트 반 고흐, 클로드 모네, 르누아르 등 유명 화가들의 작품을 미디어 기술로 전시한다. 지하 벙커의 웅장한 공간과 독특한 분위기가 몰입감을 높인다. 지하 시설의 특성을 활용한 음향 효과도 관람객의 감성을 자극한다. 지하 벙커는 어쩌면 미디어 아트에 관람객이 몰입할 수 있는 최적의 조건이다.

강원도 철원군에 있는 지하 벙커를 소재로 하여 명소화하는 아이디어도 제시해 보고자 한다.

여기서 소개되는 지하 벙커는 민간인출입통제선(민통선) 안에 있다. 우리 군이 적용하고 있는 민통선 출입에 관한 법규를 준수해야 한다는 전제로 명소화에 접근해 보고자 한다.

철원군 민통선 안에 아이스크림 고지라는 작은 고지가 있다. 아이스크림 고지의 높이는 219m이다. 원래 이름은 '삽슬봉'이다. 6·25전쟁 당시 포격을 받아 아이스크림이 녹아내리듯 흘러내리는 바람에 이후에 아이스크림 고지라는 별명이 붙었다. 지금은 아이스크림 고지라고 부른다. 〈그림 116〉과 같이 철원평야의 가운데 있는 작은 산이다. 그래서 북한 지역을 포함하여 일대의 조망이 아주 좋다. 남북 분단의 과거와 현재의 모습을 모두 볼 수 있는 곳이다.

〈그림 116〉 아이스크림고지 위치(네이버 지도)

이 고지에는 지하 벙커가 구축되어 있다. 관할 부대와 철원군의 협약으로, 아이스크림 고지와 지하 벙커는 겨울철 철새 탐방 기간에 일반 방문객의 출입이 허용된다. 아이스크림 고지 주변이 겨울철 철새이자 세계적인 희귀 조류인 두루미를 탐방하기에 최적의 장소이기 때문이다.

아이스크림 고지의 지하 벙커는 6·25 전쟁을 포함한 분단의 과거와 현재의 역사를 체감할 수 있는 장소이다. 지하 벙커의 내부는 이미 철원군에 의해 정리가 잘 되어 있다. 안보와 관련된 전시의 공간으로 꾸며져 있다. 지하 벙커의 외부인 아이스크림 고지 정상에서는 분단의 현재 모습을 볼 수 있다.

〈그림 117〉 아이스크림고지 지하 벙커 내부의 모습

군부대의 임무 수행에 영향을 주지 않는 범위에서 아이스크림 고지의 지하 벙커를 명소화해야 한다고 생각한다. 명소화를 위한 좋은 조건을 갖춘 이 장소를 겨울철에만 개방하기에는 아쉬움이 있다. 내국인은 물론 한국을 찾는 외국인에게 한반도의 분단 상황을 체감시킬 수 있는 최적의 장소이기 때문이다.

아이스크림 고지는 접근성도 매우 좋다. 지하 벙커 입구까지 차량으로 이동할 수 있다. 철원군은 인구소멸 위험지역이다. 외부인의 방문이 많아야 성장하고 발전할 수 있는 지역이다. 접적지역이기도 한 철원군에는 많은 수의 부대가 주둔하고 있고, 큰 규모의 훈련장도 많다. 아이스크림 고지와 같은 군 유휴시설의 명소화로 지역의 발전을 견인해야 한다.

〈그림 118〉 아이스크림고지 정상에서 바라본 주변 전경

군사시설을 효과적으로 활용하기 위해서 발상의 전환이 필요하다. 앞의 사례에서 살펴본 것처럼, 관점을 바꾸고 혁신적인 생각을 합치면 군사시설도 명소화할 수 있다. 군이 사용 중이거나 사용했던 공간이나 시설의 활용을 위해서 관점의 전환이 필요한 시점이다.

군부대가 많이 주둔하는 지역의 발전을 위해 봉사하는 한 단체가 실제로 접경지역 고지의 명소화를 추진하는 사례를 제시하고자 한다.

명소화를 추진하는 대상은 강원도 철원에 있는 금학산이다. 해발 947m에 있는 금학산의 정상에는 많은 군사시설이 있다. 금학산 정상에 있는 군사시설 대부분은 현재 사용하지 않고 있다. 일부 시설은 유사시 또는 전시에 사용이 계획되어 있다.

금학산은 두 가지의 훌륭한 자산을 갖고 있다. 첫째는 빼어난 조망이다. 둘째는 한반도 분단의 과거와 현재 유산의 보유이다.

　금학산에 올라가서 보면 주변에 높은 산이 없어서 철원평야가 한눈에 들어온다. 멀리 비무장지대가 다 보인다. 우리 군이 작전을 수행하는 시설이나 전방 안보 전망대가 보인다. 북한의 철책선과 구조물을 볼 수 있다. 비무장지대 너머로 북한의 평강 지역까지 조망할 수 있다. 서쪽으로는 임진강까지 보인다.

〈그림 119〉 금학산 정상의 조망(철원군)

　금학산의 훌륭한 조망은 자연경관을 즐길 수 있는 기쁨을 준다. 여기에 더해서 한반도 분단의 과거와 현재의 모습을 보여 준다. 철원과 평강은 김화와 함께 6·25전쟁의 최대 격전지 중 하나인 '철의 삼각지대'이다. 치열한 공방전으로 유명한 백마고지도 금학산에서 또렷하게 볼 수 있다. 비무장지대에서 남과 북이 무력으로 대치하고 있는 분단의 현재 모습도 명확하게 보여 준다.

금학산이 갖고 있는 두 번째의 소중한 자산은 분단의 과거와 현재를 실제로 보여 주는 많은 군사시설이다. 금학산 정상은 6·25전쟁 당시에는 미군이 전투를 수행했던 곳이다. 금학산에 주둔했던 부대가 사용했던 막사, 관측소, 보급품 운반에 사용한 모노레일, 곤돌라 등이 그대로 남아 있다. 최근까지 정상에 주둔했던 부대의 신축 막사도 그대로 보존되어 있다. 산 정상에는 작전시설인 헬기장, 진지, 산병호 등이 구축되어 있다. 분단의 모습과 이야깃거리(스토리)가 가득하다.

〈그림 120〉 금학산 정상의 모습(좌 : 철원군청, 우 : '산에 가면' 블로그)

공간디자인 전문가에게 현장에서 자문을 구해 보니, 스위스의 명소에 버금가는 조건을 갖고 있다고 평가했다. 유사시 우리 군의 작전 수행에 방해가 되지 않는다는 전제가 우선이다. 이러한 전제를 충족하면서 금학산 정상을 명소로 만들면 많은 경제적인 이익을 가져올 수 있다. 금학산은 방문객에게 독특한 경험의 기회를 줄 수 있는 매력을 많이 갖고 있다.

이 매력을 찾아서 많은 사람이 이곳을 찾게 된다. 외부인이 많이 찾아오면, 저절로 일자리가 창출되고 지역의 경제가 활성화된다. 군이 사용하고 있거나, 사용했던 시설이나 공간을 활용한 명소 만들기로 경제적인 이익의 창출이 가능하다.

군이 사용하고 있거나 사용했던 시설이나 공간의 활용도 이제는 경제적인 관점에서 접근해야 한다. 앞에서 제시한 국내외 사례에서와 같이, 군의 시설과 공간에는 명소 만들기가 가능한 소재가 매우 많다. 찾아오는 사람이 독특한 경험을 할 수 있도록 독특한 경험과 매력을 만들어야 한다.

군의 시설이나 공간을 명소로 만들면, 이 책에서 주장하는 세 마리의 토끼를 모두 잡을 수 있다. 군의 시설이나 공간을 경제적인 관점에서 명소화하여 이익을 창출해야 하는 이유이다.

⑦ 국가 차원에서 접근하라!

군 유휴시설을 포함한 군사시설과 공간의 효과적인 활용을 위한 일곱 번째 전략은 '국가 차원에서 접근하라!'이다. 이제는 군이 사용하고 있거나 사용했던 시설이나 공간의 효과적인 활용을 위해서는 중앙정부 차원에서 통합적으로 접근해야 한다는 관점이다.

우리나라 군사시설은 전국에 걸쳐서 있다. 면적을 기준으로 구분할 때, 규모가 아주 큰 시설이나 공간도 있지만 대부분 작은 규모이다. 20여 년

전에, 파주에 조성했던 국가 LCD 산업단지와 같은 규모의 사업이 진행될 때는 중앙정부 차원에서 연관된 군사시설의 재조정을 진행했다. 하지만, 이런 경우는 그렇게 많지 않다.

작은 규모의 군사시설을 지방정부나 민간 기업 차원에서 재활용하거나 재개발하는 형태가 일반적이다. 군사시설 사용의 효율성을 높이려면 이제는 중앙정부 차원에서 계획하고 추진해야 한다. 군사시설의 효율적인 활용이 국가적인 과제가 되었기 때문이다. 중앙정부 차원에서 접근하지 않으면 군사시설의 재조정이나 활용이 분권적이거나 임기응변식으로 진행될 가능성이 있다.

군사시설의 재활용은 장기적인 안목에서 근원적인 처방을 해야 한다.

시설이 한번 설치되면 최소한 몇십 년을 사용해야 한다. 완성되고 나면 옮길 수도 없고, 새롭게 조성된 시설이나 공간을 곧바로 바꿀 수도 없다. 단기적이고 근시안적으로 처방하거나 조치하면 안 되는 이유이다. 일반적인 군사시설의 재활용이나 재배치의 추진을 보면, 근원적인 처방 차원에서 아쉬움이 많다.

군 훈련시설의 준비와 정리에 관련된 분야를 살펴보자. 장기적인 안목에서 근원적인 처방을 해야 하는 대표적인 분야이다. 군 훈련시설이 주변의 주민과 갈등을 일으키는 사안은 여러 가지가 있다.

〈그림 121〉 훈련장 갈등 관련 언론 보도(국방일보, 2024.1.30.)

〈그림 121〉의 언론 기사처럼, 사격 훈련과 관련해서 군과 지역 주민과 갈등이 많다. 야간사격을 포함해서 사격 훈련 시간이 축소되는 훈련장도 많다. 하루에 사격할 수 있는 발수까지 통제되는 곳도 있다. 주한미군도 훈련을 계속해야 하는데, 사격장 때문에 어려움을 많이 겪는다. 아파치헬기 사격은 포천에 있는 영평훈련장에서 했었다. 안전사고가 발생하면서 포항에 있는 수성사격장으로 옮겼다. 그곳에서도 갈등이 생기면서 어려움을 호소하고 있다. 주한미군의 사격 훈련을 위한 시설과 공간의 마련도 지방정부나 군 자체적으로 해결이 어렵다. 이미 중앙정부 차원에서 조치

해야 할 숙제가 되었다.

사격 훈련과 관련해서 가장 위험한 분야는 훈련장에서 발생하는 도비탄에 의한 피해의 발생이다. 도비탄이란 표적을 향해 발사된 탄이 바위와 같은 견고한 곳에 맞으면서 의도하지 않은 방향으로 튕겨져 사격장 밖으로 날아가는 탄을 말한다. 탄약이 정상적으로 날아가면 사격 훈련을 하는 훈련장 안에 있는 표적 지역에 떨어져야 한다. 도비탄은 의도하지 않게 날아가기 때문에 사격장 밖으로 나갈 수도 있다. 발사된 탄이 사격장 밖으로 날아가면 큰 피해가 발생할 수 있다. 재산의 피해뿐만 아니라 인명 피해도 가져올 수 있다. 아쉽게도, 도비탄으로 인해 피해가 발생하고, 민과 군의 갈등이 발생하는 사례가 종종 있다. 〈그림 122〉는 경기도 포천시에 있는 미군 사격장에서 2014~2015년 사이에 발생한 도비탄 사고의 현

〈그림 122〉 포천 미군 사격장 도비탄(2014, 2015년 현황)

황이다. 물론 이곳 미군 사격장에서는 2015년 이후에도 도비탄 사고가 발생하고 있다.

군 훈련장이 전국에 걸쳐서 운영되고 있다. 훈련장의 크기와 상관없이 국방 환경의 변화에 따라 훈련시설의 전반적인 재조정과 활용이 필요하다.

특정 화기에서 사격하여 탄이 날아가는 거리를 '사거리'라고 한다. 사거리를 예로 들어 보면, 화기의 성능이 향상되거나 새로운 화기가 만들어지면서 사거리가 대폭 증가하고 있다. 포병의 경우, 155밀리 자주포의 사거리가 예전에는 20km 정도 되었다. 지금은 40km를 넘는다. 천무라는 240mm 다련장로켓포가 군에 새롭게 도입되었는데 사거리가 80km이다. 이러한 변화에 맞춰서 훈련시설이 재조정되어야 한다. 재조정 과정에서 유휴화된 시설이나 공간은 국토의 효율적인 활용을 모색해야 한다.

이러한 변화를 접목한 군사시설의 재조정이 진행되지 않으면 갈등이 발생한다. 단편적이고 임기응변식으로 접근하면, 당장 훈련시설의 현장에서 어떤 문제가 발생하면 빨리 그 문제만 봉합하려고 하는 경향이 있다. 이런 대응이 단편적이고 임기응변식 접근이다. 이러한 방식이 이제는 지속되기 어려울 것 같다. 근원적인 처방을 함께 해야 한다. 중앙정부 차원에서 국방 환경의 변화와 국민의 의견을 수렴하여 훈련시설 전체의 재조정과 활용을 계획하고 추진해야 한다. 훈련시설의 근본적인 처방을 위해서는 입법 조치도 필요하고 예산도 있어야 한다. 지방정부나 군 자체적으로 추진이 어렵다. 군사시설의 활용도 이제는 국가 차원의 접근이 필요한 이유이다.

효율적인 추진을 위해, 민·관·군이 참여하는 국가적 차원의 control tower를 만들어서 중장기적인 발전 road map을 작성하는 방안도 검토해 볼 가치가 있다.

의정부에 있는 반환된 미군기지 활용 사례도 군사시설의 효율적인 활용을 위한 국가 차원의 접근이 필요함을 잘 보여 준다.

의정부에는 Camp Red Cloud(캠프 레드 클라우드) 라는 미군기지가 있다. 6·25전쟁 직후부터 미군이 이곳에 주둔했다. 캠프 레드 클라우드는 의정부시의 북서쪽 끝자락에 있다. 기지의 면적은 약 66만㎡이다. 이 기지는 2018년에 반환되었다. 미국 육군 2사단 사령부가 70년 이상 이곳에 주둔하였다. 한미 양국의 합의에 따라 미 2사단 본부가 2018년에 평택기지로 이전하면서 이 기지는 한국 정부에 반환되었다.

반환된 부지는 몇 년째 계속 공터로 남아 있다. 의정부시는 캠프 레드 클라우드 자리에 디자인 클러스터와 문화공원 등을 조성하는 계획을 수립했었다. 반환된 부지의 규모가 커서 의정부시 주도의 개발이 쉽지 않다. 지방정부의 재정 여력으로는 해당 부지의 매입이 어렵기 때문이다. 캠프 레드 클라우드는 한국 정부에 반환된 후에도 여전히 방치된 상태이다.

캠프 레드 클라우드 반환 부지는 두 가지 차원에서 가치가 높다. 이 부지는 의정부의 새로운 성장 동력으로 활용이 가능한 가치를 갖고 있다. 수도권 북부의 중심 도시인 의정부의 인구는 46만 명이다. 서울과 인접해 있고, 광역 철도망과 도로망이 잘 갖춰져 있다. 외국인 투자와 전략 산업을 하는 기업의 유치에 유리한 위치에 있다. 의정부시가 캠프 레드 클라우드의 공간을 활용한다면 의정부시의 도약에 큰 도움이 될 것이다.

〈그림 123〉 Camp Red Cloud의 모습(경기도)

이 부지는 소중한 역사적인 자산을 갖고 있다. 70년 이상 미군 부대가 이곳에 주둔했다. 한국에 주둔하는 미군의 주력부대인 미 육군 2사단의 사령부였다. 한국에서 복무한 미군 대다수는 이곳 캠프 레드 클라우드를 어떤 형태로든 거쳐 갔다. 한국에서 복무한 미군 장병과 가족의 역사와 추억이 남아 있는 곳이다. 우리 안보의 근간인 한미동맹의 상징적인 장소다. 의정부시는 캠프 레드 클라우드를 개발하면서 역사적인 가치가 있는 건물 16개 동을 철거하지 않고 보존하고 활용할 계획이라고 최근에 발표했다. 참으로 다행스러운 일이다. 남겨지는 건물은 나중에 이 공간이 재생될 때 매우 소중하고 독특한 경험을 하게 해 주는 자산이 될 것이다. 캠프 레드 클라우드는 그래서 가치가 높은 공간이다.

소중한 가치를 갖고 있는 캠프 레드 클라우드 공간이 여전히 공터로 방치되고 있다. 어떤 형태로든 이 소중한 공간을 활용해야 한다. 의정부시가 주도하기는 쉽지 않은 상황이다. 국가 차원에서 접근이 필요하다. 중앙정부와 지방정부가 협업해서 활용해야 한다.

요약해 보면, 군사시설의 효율적인 활용을 위해서는 국가적 차원의 접근이 필요하다. 중앙정부의 역할이 크다. 우리나라의 군사시설이 소규모로 여러 곳에 있다 보니 더 그렇다. 특히, 훈련시설의 재조정과 공간의 효율적인 활용의 모색은 매우 시급한 사안이다. 군이나 지방정부가 해결하기 어려운 과제이다. 중앙정부 차원에서 접근하고 조치해야 한다.

⑧ 군사시설보호구역 다시 보라!

군 유휴시설을 포함한 군사시설과 공간의 효과적인 활용을 위한 여덟 번째 전략은 '군사시설보호구역 다시 보라!'이다. 국방부와 군 당국, 지방정부, 지역 주민 모두에게 해당하는 내용이다. 군사시설보호구역의 효율적인 활용으로 세 마리의 토끼를 잡기 위한 접근이다. 적절한 군사시설보호구역의 유지는 군사작전 수행의 보장, 지역 경제의 활성화, 지역 주민의 재산권 행사 보장을 모두 충족하면서 진행되어야 하기 때문이다.

우리나라 군사시설보호구역의 규모는 국토 전체 면적의 약 8% 수준으로 알려져 있다.

정부는 1952년에 중요한 군사시설을 보호하고 군 작전의 원활한 수행을 보장하기 위해 「군사시설보호법」을 제정했다. 이 법을 근거로 접적 지역과 주요 군사시설 주변 지역을 군사시설보호구역으로 설정해서 관리하고 있다. 우리나라의 국토 면적은 약 100,400㎢이다. 2024년 국방부의 발표 자료를 보면, 군사시설보호구역은 이중 약 8.2%인 8,240㎢ 규모이다. 면적이 605㎢인 서울시의 13배가 넘는 규모이다.

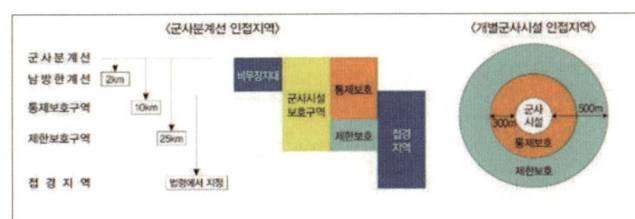

〈그림 124〉 군사시설보호구역의 구분(2024 경기고 규제지도, 경기도청)

국방부는 군사시설보호구역을 거의 매년 해제하고 있다. 군사시설보호구역은 국민의 재산권 행사와 밀접하게 관련되어 있다. 군사시설보호구역의 해제는 많은 가치 창출의 기회이기도 하다. 군사시설보호구역과 관련되는 주체는 국방부와 군 당국, 지방정부, 지역 주민이다. 주체별로 군사시설보호구역에 대한 다시 보기가 필요하다. 군사시설보호구역의 해제와 활용에 대한 패러다임의 근본적인 변화가 필요한 시기이기 때문이다.

군사시설보호구역의 정확한 법률 용어는 "군사기지 및 군사시설 보호구역"이다. 이 구역은 군사기지 및 군사시설을 보호하고 군사작전을 원활히 수행하기 위하여 국방부 장관이 지정하는 구역이다. 보호구역으로 지정되면 재산권 행사가 제약받게 된다. 군사시설보호구역은 통제보호구역과 제한보호구역으로 나누어진다.

국방부가 주무 관청이 되는 정부의 군사시설 보호구역 다시 보기가 필요하다.

국방부의 군사시설 보호구역 해제나 완화는 장기적인 청사진을 그려 놓고, 이 계획에 따라서 시기별로 진행되어야 한다. 보호구역의 해제나 완화는 또한 동일 원칙을 적용하여 일관성을 유지해야 한다.

군사시설 보호구역은 1952년에 최초로 지정되었다. 이후 국방부는 연도별로 군사시설 보호구역을 해제하거나 완화해 왔다. 국방부의 군사시설 보호구역 해제나 완화의 규모는 연도별로 편차가 크다.

2024년에 국방부는 약 339㎢ 규모의 군사시설보호구역을 해제 및 완화했다. 여의도 면적의 약 117배에 해당하는 규모이다. 2007년 「군사기지 및 군사시설보호법」 제정 이후 가장 큰 규모이다. 그런데 2023년에는 군사시설보호구역 해제의 규모가 매우 작다. 해제나 완화의 규모가 5,400㎡(여의도 18.8배)이다. 2019년에는 여의도 면적의 11.6배인 약 34㎢가 해제되었으나, 1년 전인 2018년에는 여의도 면적 116배에 달하는 군사시설보호구역 3억 3천만㎡ 해제되거나 완화되었다. 2024년과 거의 유사한 수준이다. 2007년에는 약 116㎢ 해제되었다. 1994년에는 1,718㎢가 해제되었고 1988년에는 952㎢가 해제되었다.

왜 연도별로 군사시설 보호구역의 해제와 완화 규모가 다를까? 연도별 편차가 유사하면 의문이 덜 생길 수 있다. 그런데 연도별 편차가 매우 크다. 군사시설 보호구역의 해제나 완화의 목적이 궁금해진다.

매년 해제되는 군사시설보호구역의 규모가 큰 차이를 보이는 이유는 다양하다. 정치적, 사회적, 기술적, 군사적 요인이 복합적으로 작용한다.

새로운 정부가 시작되거나 선거와 같은 특정 시기에 군사시설 보호구역의 규제가 대폭 완화되는 추세이다. 국정의 수행 과정에서 지역 개발이나 국민 불편 해소가 중요시되면 대규모 해제가 추진되기 쉬운 구조이다.

국방정책의 변화도 군사시설 보호구역의 조정에 영향을 주는 요소이다. 예를 들어, 상비군의 규모를 줄여서 질적인 군대를 만드는 국방개혁의 추진은 대규모 부대의 통폐합과 이전을 수반했다. 이 과정에서 군사시설보호구역의 조정 소요가 많이 발생한다. 탄약과 같은 폭발물의 저장시설을 지하화하면 안전 확보에 필요한 범위가 줄어들 수 있다.

기술적인 요소도 군사시설보호구역 지정에 영향을 준다. 감시 장비, 경계 시스템 등 군사 기술이 발달하면 군사시설의 물리적인 보호구역의 조정이 가능해진다. 지방정부나 주민의 요구와 불편 해소라는 사회적 요소도 영향을 줄 수 있다.

정치적인 요소에 의한 군사시설보호구역의 조정은 그렇게 바람직한 방향은 아니다. 국방 당국이 항상 이 사안을 고민하고 최선의 노력을 하고 있다. 군사시설보호구역 해제와 완화는 분명한 목적과 원칙이 있어야 한다. 이를 위해서는 장기적인 청사진을 그려 놓고, 이 계획에 따라 연도별 해제가 진행되어야 한다. 해제에는 항상 동일 원칙이 적용되어야 한다. 예측이 가능하고, 국민이 수긍할 수 있는 정책의 추진을 위해서 그렇다. 군의 기능 발휘를 방해하면서까지 군사시설보호구역의 해제를 요구하는 국민은 없다. 다만, 정치적인 요소가 아닌 명확한 목적과 원칙에 따라 군사시설보호구역의 해제에 관련된 정책의 추진이 중요하다.

군사시설보호구역의 조정에 영향을 주는 사안 중에서 특별히 기술적인 요소의 고려가 중요하다. 4차산업혁명 시대에 걸맞은 군사시설보호구역 유지가 필요하기 때문이다. 4차산업혁명 시대 기술의 발전 속도가 전에 없이 빠르다. 새로운 기술이 군사시설의 보호에도 빠르게 접목되어야 한다.

군사시설 보호도 이제는 혁신적인 접근이 필요하다. 단순히 현재의 고정된 군사시설을 그대로 두고 주변의 영향 요소를 고려하여 보호구역을 조정하는 소극적인 접근에서 벗어나야 한다. 작은 규모로 운영하는 군사시설을 모아서 군의 임무 수행에 전념하는 여건을 조성하면 보호구역으로 묶여 있던 많은 공간을 공공기관과 국민이 활용할 수 있게 된다. 군사시설보호구역의 조정도 이제는 '모아라' 전략과 밀접하게 연계시켜야 한다. 군사시설의 효과적인 활용을 위해서는 규모의 경제 원칙을 적용해야 한다고 앞부분에서 제시했었다. '모아라'의 전략이 군사시설보호구역의 조정에도 그대로 적용되어야 한다.

요약해 보면, 국방부는 장기적인 안목을 갖고 군사시설 관리의 청사진을 그려서 적용해야 한다. 동일한 원칙을 적용하되, 특히 급변하는 4차산업혁명 시대의 기술을 고려해야 한다. 그러면, 국가 안보의 유지라는 기본 원칙과 함께 국민의 재산권 보호와 지역 발전이 균형을 이룰 수 있다.

지방정부의 군사시설 보호구역 다시 보기도 필요하다.

국방부에서 해제하거나 조정할 때까지 기다리지 말고, 지방정부의 지역 발전 계획과 연계하여 군사시설보호구역의 조정이 필요한 공간이 있으면 중앙정부와 협의하여 조정을 유도해야 한다.

지역의 발전을 위해 군사시설보호구역 조정 노력을 계속하고 있는 철원군의 사례를 보자. 철원군 행정구역의 94.6%가 군사시설보호구역이다. 그나마 최근에 대규모로 군사시설보호구역이 해제되면서 96% 이상을 차지하던 군사시설보호구역의 비율이 줄어들고 있다.

2025년에는 철원군의 민간인통제선 일부가 북상 되면서 보호구역 규제가 완화되었다. 〈그림 125〉와 같이 신벌지구 민간인통제선이 1.6km 북상

되면서 군사시설보호구역 239만㎡가 통제보호구역에서 제한보호구역으로 완화되었다. 규제의 완화로 주민의 출입 불편이 해소되고 재산권 보장으로 건축행위가 가능하게 되었다. 국방부와 군의 협조와 철원군의 주도적인 노력이 해를 거듭할수록 군사시설보호구역 조정을 현실화하는 결실을 보고 있다. 지방정부가 군사시설보호구역 다시 보기를 통해 지역의 발전과 주민의 삶을 윤택하게 해야 한다.

〈그림 125〉 2025년 철원군 군사시설보호구역 조정 현황
(강원 특별자치도 보도자료)

군사시설의 효율적인 활용을 주도하는 안양시의 사례는 앞에서 이미 두 차례나 살펴보았다. 도심에 있는 탄약저장시설을 이전·통합하여 지하화하여 잔여 부지를 개발하는 사업을 안양시가 주도적으로 추진하고 있다. 물론 이 사업도 국방부와 군의 적극적인 협업이 있어서 가능하다.

이 사업에서도 군사시설보호구역의 조정 시기가 관건이 되고 있다. 탄약저장시설의 이전·통합과 기존 부지의 개발을 위해서는 군사시설보호구역의 조정이 선행되어야 한다. 이전 대상 부지에 대한 군사시설보호구역의 해제가 되지 않으면 개발이 진행될 수 없기 때문이다. 이 과정에서도 안양시의 노력은 돋보인다.

최근 군사시설보호구역 해제의 특징 중 하나는 대규모 조정이다. 대규모로 해제된 군사시설 부지는 지역의 발전을 위해서 다양한 방법으로 활용될 수 있다.

활용이 가능한 부지가 커지면 지방정부는 도시 개발, 산업단지 조성 등 광범위한 개발 프로젝트 시도가 가능해진다. 이 과정에서 지방정부는 기반 시설의 잠재력을 활용해야 한다. 기존 군사시설의 도로, 통신, 에너지 기반 시설의 일부를 활용하면 초기 투자 비용을 절감할 수도 있다.

계획적이고 통합적인 개발도 기획이 가능해진다. 해제된 보호구역을 개별적으로 활용하면 창출되는 가치가 작아진다. 지방정부 차원에서 장기적인 청사진을 마련하고, 통합적인 계획을 수립하여 개발해야 한다. 보호구역이 해제된 공간을 활용한 지역의 활성화를 위해서는 지방정부도 관련 조례의 개정, 투자나 입주 기업에 인센티브 제공, 기반 시설 투자 등의 역할을 해야 한다. 중앙정부와 협력하여 규제 완화와 중앙정부의 지원도 끌어내야 한다.

지방정부의 역량과 노력에 따라 점증하는 군사시설보호구역 해제의 기회 활용이 달라질 수 있다. 지방정부가 군사시설보호구역을 다시 보아야 하는 이유이다.

국민의 군사시설 보호구역 다시 보기도 필요하다.

최근 정부의 군사시설보호구역 조정을 보면, 매우 실질적이고 경제적인 가치 창출로 이어질 수 있는 방향으로 진행되고 있다. 개인이나 기업이 활용할 수 있는 부지가 늘어나고 있다. 이러한 부지를 효율적으로 활용하면 지역 경제의 활성화로 이어질 수 있다. 군사시설보호구역 다시 보기를 통해, 해제와 완화 관련 내용을 확인하고 개인의 재산권 행사나 개발에 활용하는 지혜가 필요하다.

2024년에 국방부는 여의도 면적의 약 117배에 달하는 넓이인 339㎢의

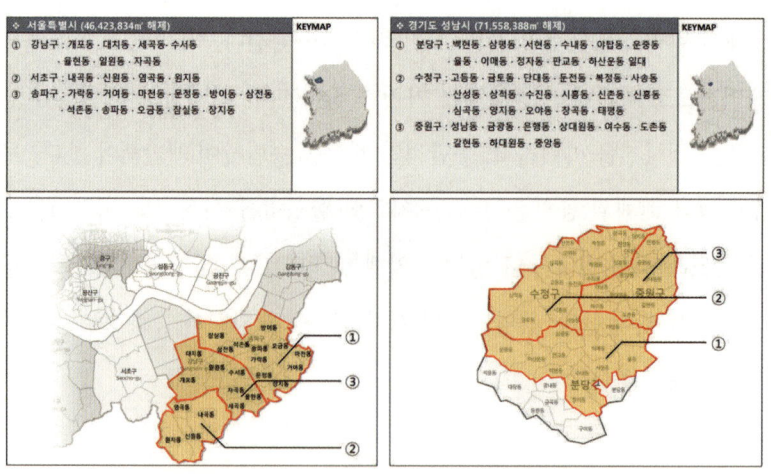

〈그림 126〉 2024년 성남공항 인근 군사시설보호구역 해제 지역

군사시설보호구역을 해제하거나 완화했다. 2024년에 해제된 군사시설보호구역 중에서 군 비행장 주변 보호구역의 면적은 286.8㎢이다. 이 중에서 성남비행장 주변의 보호구역 해제 대상 지역을 행정구역별로 표시해보면 〈그림 126〉과 같다.

 2024년의 사례를 보면 군사시설 보호구역 해제의 규모도 크지만, 해제된 공간의 활용 가치도 매우 높다. 성남공항 주변 지역을 포함하여 2024년과 2025년에 해제된 부지는 경제적인 가치 창출의 차원에서 상당한 잠재력을 지니고 있다. 지방정부나 개인 또는 민간 기업이 4차산업혁명 시대의 기술을 접목한 미래 성장 동력을 확보하는 중요한 공간으로 활용될 수 있기 때문이다. 해당 지역의 토지를 소유한 개인은 재산 가치 상승을 기대할 수 있다.

 비행장 주변 군사시설보호구역 해제의 실질적인 의미를 살펴보자. 〈그림 127〉는 비행장 주변의 보호구역 축소를 요도로 표시한 내용이다. 보호구역이 축소되면 비행안전구역별로 제한고도 미만 지역에서는 군과의 협

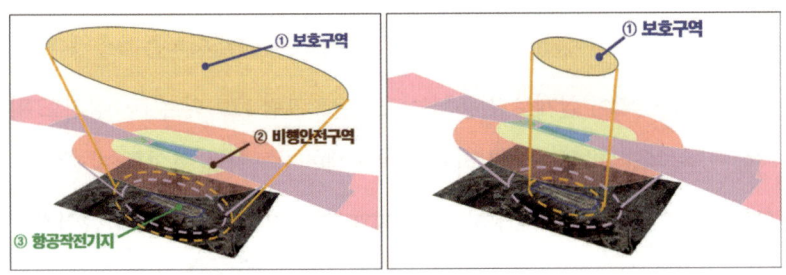

〈그림 127〉 비행장 비행안전구역과 보호구역 조정 요도
(2024년 국방부 보도자료)

의 없이 건축이 가능해진다. 개인의 재산권 행사는 물론이고 민간 기업의 개발 가치를 높이는 기회가 될 수 있는 조치이다.

관련법에서 규정하고 있는 비행장의 비행안전구역을 요도로 표시하면 〈그림 128〉과 같다. 6구역까지 구분되어 있으며, 평면도와 함께 입체적으로 보아야 한다. 높이의 적용이 있기 때문이다.

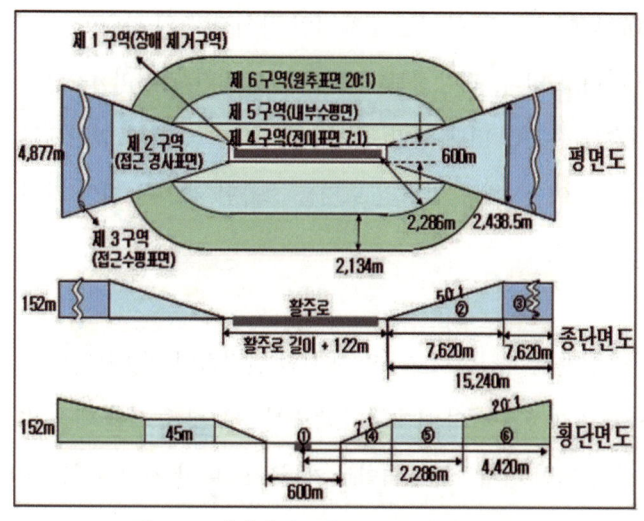

〈그림 128〉 비행안전구역 요도(군사시설보호법)

비행안전구역이 실제로 적용되는 모습은 〈그림 129〉와 같다. 경기도 평택에 있는 미군 비행시설에 적용되는 비행안전구역의 범위를 지도에 표시한 요도이다. 국가공간정보포털(https://www.nsdi.go.kr)에 들어가서 해당 지번을 입력하면 해당 지역이 제한구역에 해당하는지와 함께 고도 제한의 높이도 바로 알 수 있다.

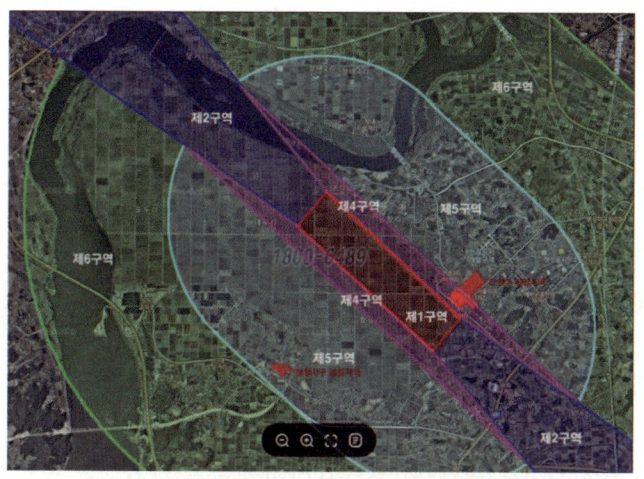

〈그림 129〉 평택 미군기지 비행안전구역 요도
(https://blog.naver.com/acro5/221326846125)

이제는 국민도 군사시설보호구역에 대해 다시 보아야 한다. 민간 기업 차원에서는 선제적인 판단과 투자도 고려해 볼 가치가 있다. 전반적인 규제의 완화가 진행되고 있으며 군 유휴시설이 급증하는 추세이기 때문이다.

군사시설보호구역을 활용한 가치 창출은 여전히 고려해야 할 제한사항이 있다. 국가 안보의 확보라는 목적을 위해서 설정되기 때문이다. 개인이나 민간 기업이 군사시설 보호구역의 가치 창출과 관련하여 고려할 사항은 대략 다음의 다섯 가지다.

첫째, 정부와 국방부, 군 당국의 지속적인 노력에도 불구하고 군사시설보호구역에 조정의 일관성이 충분하지 않음을 고려해야 한다. 정치적, 군사적, 기술적, 사회적 요소가 군사시설보호구역의 조정에 영향을 준다.

정치적 요소가 영향을 많이 주면 일관성 유지가 쉽지 않을 수 있다. 이 점을 고려해야 한다.

둘째, 군사시설보호구역의 가치를 창출하기 전에 반드시 해당 지역의 전반적인 지형을 살펴보아야 한다. 군사시설보호구역으로 지정된 구역 중에는 군사시설의 특성상 산악지역이 많다. 공간의 가치는 지형의 영향을 많이 받는다. 가치 창출을 위해서 반드시 지형을 살펴야 하는 이유이다.

셋째, 군사시설보호구역의 조정 대상이 되는 공간이 기존의 도시 인프라와 연결성을 확인해야 한다. 기존 도시 인프라와의 연결성이 좋을수록 공간의 가치를 높일 가능성이 커진다.

넷째, 군사시설보호구역의 활용은 생각보다 시간이 많이 소요되는 장기전임을 고려해야 한다. 조건이 충족되어야 최종 조정이 이루어지기 때문이다. 군사시설보호구역 조정은 많은 이해 당사자가 관련된다. 그래서 형평성과 원칙의 적용이 중요하다. 과거에 관련 업무를 수행하던 공직자의 감사나 처벌을 받았던 유산도 남아 있다. 그래서 시간이 많이 소요된다.

다섯째, 규제가 완화되어도 태생적인 한계는 남는다. 성남비행장 주변의 규제 완화를 보자. 제한구역이 해제되면 재산권 행사가 가능해진다. 군사시설보호구역이 해제된 지역은 여전히 비행장에서 가깝다. 비행장에서 발생하는 소음으로부터 완전히 자유로울 수 없다. 이러한 태생적인 한계가 있음을 고려해야 한다.

군사시설보호구역의 조정은 단순히 땅에 대한 규제를 푸는 차원을 넘는 의미를 갖는다. 보호구역의 조정으로 생기는 공간의 활용은 우리나라의 미래를 위한 중요한 기회이다. 장기적이고 통합적인 계획과 혁신적인 접근으로 이러한 공간을 효율적으로 활용해야 한다. 이를 통해 군 본연의 임무 수행 여건을 보장하고 지역의 경제를 활성화하면서, 민군관계를 발전시키는 세 마리 토끼를 잡아야 한다.

⑨ 지금 당장 하라!

군 유휴시설을 포함한 군사시설과 공간의 효과적인 활용을 위한 아홉 번째 전략은 '지금 당장하라!'이다. 군사시설의 활용 과정에서 '시간'이라는 요소를 매우 중요하게 적용해야 한다는 관점이다. 군의 본연의 임무 수행 여건의 조성과 관련되는 사안은 특별히 '시간' 요소가 중요하다.

경제학에 리드 타임(Lead Time)이라는 용어가 있다. 리드 타임은 제품이나 서비스가 주문에서 최종 제공까지 걸리는 시간을 의미한다. 주문 처리, 생산, 운송, 설치 등 모든 단계를 포함하는 개념이다.

군사시설에 리드 타임을 접목해 보면, 시설의 활용을 위한 계획에서부터 최종 시설이 준비되는 단계까지 걸리는 시간이 될 것이다. 물건의 생산과 운송보다 훨씬 더 많은 시간이 걸린다. 그래서 작전부대가 임무에 전념하는 여건의 조성에 필요한 시설의 조정과 개선에 관련된 군사시설의 조정과 활용을 지금 당장 시작해야 한다.

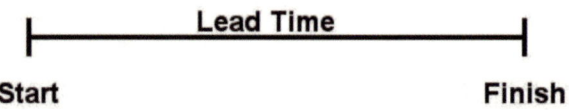

〈그림 130〉 Lead Time 개념도(아키비전 블로그)

시설이 한번 신축되면 몇십 년을 사용해야 한다. 군사시설도 그러하다. 군사시설을 새롭게 준비할 때는 그래서 신중하게 목적과 용도를 정하고, 위치를 정하고, 설계하고 만들어야 한다. 군사시설의 폐쇄와 재개발 과정도 긴 시간이 필요하다.

정책이 없고 관리만 있는 군사시설 관련 업무추진의 패러다임을 바꿔야 한다.

우리 군이 본연의 임무에 전념할 수 있는 여건의 조성에 필요한 군사시설의 조정과 효율적인 활용을 위한 조치는 지금 당장 해야 한다.

군이 사용했거나 사용 중인 시설이나 공간의 효율적인 활용은 이 책에서 주장하는 세 마리 토끼 잡기의 첫 번째 토끼인 군 본연의 임무에 전념할 수 있는 여건의 조성에 집중되어야 한다. 우리 군이 본연의 임무에 전념할 수 있는 여건의 조성이 아직 충분하지 않기 때문이다. 작전 여건의 조성과 훈련 여건의 조성 차원에서 현재의 군사시설 활용 상황을 보자.

작전시설의 운영과 연계한 군사시설의 효율적인 활용이 시급하다. 소규모의 부대가 울타리를 치고 안에서 숙식을 해결하면서 영구기지처럼 숙식을 해결하면서 작전을 수행하는 구조는 바람직하지 않다. 다양한 부대 관리 소요가 해당 부대 간부가 작전에만 전념하지 못하도록 방해하기 때문이다.

경계작전를 수행하는 부대의 시설 운영을 보면, 여기에도 정책이 없고 관리만 있다. 구멍가게의 통합이라는 근본적인 처방은 하지 않고, 현재의 위치에서 신축하거나 리모델링을 계획하고 예산을 편성하여 진행하고 있다. 문제는, 한번 신축하거나 공사하면 또다시 몇십 년을 사용해야 한다는 사실이다.

현재의 위치에서 신축이 되거나 리모델링이 되면 주객이 전도된다. 시설물을 신축하거나 리모델링에 예산을 투입했으니 이 시설을 옮기거나 통합할 수 없다고 한다. 현행 법규와 절차를 적용하면 당연한 답이다. 그런데 군의 모습은 그러면 앞으로도 수십 년을 구멍가게 형태로 운영해야 한다. 예전에는 사람이 많아서 구멍가게식 주둔지 운영이 가능했다. 지금은 그럴 사람이 없다. 작전부대는 작전보안의 문제로 외부로부터의 아웃소싱도 안 된다.

군이 본연의 임무에 전념할 수 있는 여건의 조성이 불충분한 또 다른 분야는 훈련시설의 확보이다. 훈련장 조성 사례에서 이미 근본적인 처방의 필요성을 얘기했었다. 우리 군이 마음 놓고 실전적인 훈련을 할 수 있는 여건이 마련되어 있지 않다.

훈련시설의 준비와 운영에도 정책이 있지는 않은지 반문해 보아야 한다. 정책적으로 조치할 사항에 주력하지 않고, 현장에서 당장 문제가 생기지 않도록 관리하는 경향이 있다. 〈그림 131〉의 보도처럼, 현장의 관리에만 집중하지는 않는지 살펴보아야 한다. 현장의 관리 역량을 높이는 것도 중요하다. 그러나 국방부 차원의 장기적이고 근본적인 조치 계획이 있어야 효과적으로 훈련시설이 준비되고 운영될 수 있다. 근본적인 처방이 안 되고 있다. 이렇게 하루하루, 한 해 한 해 지나면서 벌써 몇십 년이 지났다. 이런 형태의 업무추진을 변경하지 않으면 앞으로 수십 년 동안 또

훈련장 갈등관리 민·군 상생 노하우 공유

임채무 | 입력 2020. 11. 24 17:00 | 업데이트 2020. 11. 24 17:09

국방부는 "최근 훈련장 갈등관리 워크숍을 개최해 전담인력의 전문성을 함양하고 상호 노하우를 공유했다"고 24일 밝혔다.

이번 워크숍은 군단급 이상 제대에서 훈련장 갈등관리 임무를 담당하고 있는 군무원 등 관계자들이 참석했다.

그동안 국방부는 야전부대의 교육훈련 전념 여건을 보장하고, 훈련으로 인한 주민 피해를 최소화하기 위한 훈련장 갈등관리에 노력을 강화해왔다.

지난해에는 '훈련장 갈등관리 훈령'을 제정해 제대별 임무를 분장하고 업무지침을 구체화했다. 특히 군단급 이상 제대에 군무원을 편제, 그동안 훈련에 집중해야 할 사단급 이하 제대가 해오던 훈련장 갈등관리 임무를 전담하도록 조치했다. 이에 따라 현재 21명의 훈련장 갈등관리 전담인력이 전후방 각지에 보직돼 지역주민과 소통하며 갈등 현안을 해결하기 위해 노력하고 있다. 또 갈등 지역에 민·관·군 협의체를 구성해 군 훈련의 필요성을 이해시키고 주민 불편을 최소화기 위한 방안과 지원사업 발굴 등의 민·군 상생의 노력도 전개하고 있다. 국방부가 주관해 운영하는

〈그림 131〉 훈련장 갈등관리 관련 언론 보도
(국방일보, 2020.11.24. 기사 캡처)

그렇게 된다. 훈련시설의 준비와 운영에 관련된 군사시설의 조정과 활용도 그래서 지금 당장 해야 한다.

훈련장 조성도 시급하지만, 주둔 개념의 재설정과 연계한 군사시설의 효율적인 활용이 제일 급하다. 상비병력의 규모가 대폭 줄어들었고, 더 줄어들 가능성이 큰 상황에서 수천 개의 소규모 주둔지를 계속 유지할 수 없다. 주둔지 관리의 소요가 너무 많기 때문이다.

주둔지 관리의 방법은 두 가지가 있다. 예산을 투입해서 용역서비스를 받을 수 있다. 또 한 가지 방법은 부대원이 직접 관리하는 방법이다. 부대원이 수천 개의 주둔지 관리를 담당하는 기존의 방식을 유지하면 훈련과 작전에 집중하는 군대를 만들 수 없다. 예산을 투입해서 용역서비스를 받는 방법을 적용해도 수천 개의 주둔지를 유지한 상태로는 어렵다. 너무 예산의 소요가 많기 때문이다. 인구 사회학적으로 급격한 변화를 보이는 우리 사회 현실을 반영해야 한다. 군인이 직접 부대 관리 기능 대부분을 수행하던 구조가 계속 유지되기 어려운 상황이다.

늦었다고 느낄 때가 가장 빠른 순간이다. 후대를 위해 지금 당장 시작해야 한다.

군이 임무에 전념할 수 있는 여건의 조성이 군사시설의 활용과 연관되어 있다. 군이 지금 사용하고 있는 시설이나 공간은 물론 유휴화된 시설과 공간의 활용이 군의 임무 수행 전념 여건의 조성에 도움이 되도록 계획되고 시행되어야 한다.

시설과 공간의 준비와 활용 측면에서 우리 군의 훈련, 작전, 주둔 여건이 충분하지 않다. 시설과 공간의 준비에는 긴 리드 타임이 필요하다. 그러면 어떻게 할 것인가? 늦었지만 지금 해야 한다. 지금이 시작할 수 있는 가장 빠른 순간이다.

관건은 결심이다. 관성대로 관련 업무를 추진해서는 개선이 어렵다. 최근에 국방부는 군사시설보호구역의 조정을 혁신적으로 시행하고 있다. 군 유휴시설과 공간의 활용이 훈련시설, 작전시설, 주둔 시설의 개선과 연계되도록 기존의 관성을 벗어나야 한다. 관성을 벗어나려면, 기존의 법규와 절차를 벗어나는 결심을 해야 한다. 직책별로 정책 결정의 권한을 가진 공직자가 후대를 위해 새로운 시도를 지금 결심해야 한다.

우리 군의 훈련시설 마련은 물론이고 주한미군의 훈련시설 마련은 국가 차원의 갈등 요소가 될 수 있는 사안이다. 주한미군의 훈련 여건 마련도 우리 정부와 국방부의 몫이다. 이 사안도 지금 당장 시작해야 한다. 늦으면 늦을수록 처방이 어려워진다.

지금 당장 시작은 국방 community(현역, 국방 관료, 예비역, 민간 국방 전문가)의 몫이다.

다행스럽게도, 군사시설의 활용을 위해 기존의 법규와 절차를 벗어나는 혁신적인 정책 결정이 점점 확산되고 있다. 하지만, 여전히 충분하지 않다. 더 속도를 내야 따라잡을 수 있다.

군의 임무 수행 여건 조성과 연계한 군 유휴시설과 공간의 활용이 얼마나 중요하고 얼마나 시급하며 어떤 분야를 어떻게 해야 하는지 일반 국민은 잘 모른다. 어떤 사안을 어떻게 도와주어야 하는지 모르기 때문에 도움을 주지 못한다.

입법부도 일반 국민과 같은 상황이다. 군 유휴시설과 공간의 활용을 어떻게 해야 군의 임무 수행 여건을 조성해 줄 수 있는지 잘 모른다. 어떤 사안을 어떻게 도와주어야 하는지 정확하게 모르기 때문에 도움을 주지 못한다.

중앙정부의 부처들도 직간접적으로 군의 임무 수행 전념 여건의 조성과 연관이 된다. 하지만, 군 유휴시설과 공간의 활용을 어떻게 해야 하는지, 이를 위해서 무엇을 어떻게 해 주면 되는지 잘 모른다.

이 사안에 대해서 국방 community에 있는 사람들이 가장 잘 알고 있다. 현역 장병, 국방 관료, 예비역, 민간 국방전문가 등이 국방 community를 구성하고 있다. 그래서 지금 당장 군 유휴시설과 공간의 활용으로 군대가 임무에 전념할 수 있는 여건을 조성하는 과제는 국방 community의 몫이다.

안타깝게도 이 과제에 대한 국방 community의 활약은 별로 돋보이지 않는다. 국방 community는 이 폭탄을 그만 돌려야 한다. 이 폭탄을 지금 당장 무장해제 해야 한다.

대구광역시의 도심부대 이전과 통합 시도가 '지금 당장하라'를 접목한 군사시설 활용의 좋은 예이다.

대구광역시는 도심에 있는 군부대를 외곽 지역으로 통합 이전한 뒤 군부대가 주둔하던 공간을 개발하는 사업을 추진하고 있다. 이전 대상 부대는 육군 제2작전사령부, 제5군수지원사령부, 제1미사일방어여단, 방공포병학교, 50사단 사령부 등 5개 부대이다. 도심의 부대가 이전하면 대구시가 개발할 수 있는 부지의 면적은 대략 여의도 면적의 2배이다. 지방정부가 추진하는 부대 이전 사업으로는 최대 규모이다.

국방부도 대구시의 계획에 적극적으로 호응하여 업무협약을 체결하여 협력하고 있다. 대구광역시는 2025년 3월 5일에 군위군을 부대 이전 지역으로 최종 선정하고 결과를 발표했다.

〈그림 132〉 대구 군부대 이전 예정지(대구광역시 보도자료)

대구시는 부대가 이전하는 지역에 10만 명 이상을 수용할 수 있는 최첨단 밀리터리 타운(Military Town)을 조성하겠다고 밝혔다. 육군부대와 공군부대가 함께 공간을 사용하게 된다. 비군사적 주둔지인 군 관사는 군인 가족의 정주 여건을 높이는 민·군 상생 복합타운을 조성하는 계획을 수립했다. 기부 대 양여 방식으로 추진되어야 하고, 개발이익을 내기 위해서 과제가 남아 있다. 하지만 '지금 당장하라'의 차원에서, 군사시설 활용의 바람직한 방향을 제공하는 사례이다.

이 책에서 주장하는 세 마리 토끼를 모두 잡을 수 있는 프로젝트다. 밀리터리 타운이 형성되면 부대 관리 소요가 대폭 줄어들고 훈련 여건이 조성되어 군대가 본연의 임무 수행에 전념할 수 있게 된다. 군인 가족도 정주 여건이 좋아지게 된다. 인구소멸을 걱정해야 하는 군위군은 새로운 인구의 유입, 일자리 창출 등 지역의 발전 효과를 기대할 수 있다. 군부대가 떠난 공간을 개발하면 대구시는 10조 원 이상의 경제 유발 효과를 낼 수 있다. 이렇게 군사시설의 이전과 통합이 대구시와 군위군의 발전에 도움이 되면, 궁극적으로 민군관계가 좋아진다.

⑩ 4차산업혁명 시대형 군사시설을 만들어라!

군 유휴시설을 포함한 군사시설과 공간의 효과적인 활용을 위한 열 번째 전략은 '4차산업혁명 시대형 군사시설을 만들어라!'이다. 이제는 군이 사용하고 있거나 사용했던 시설이나 공간의 효과적인 활용도 3차산업혁명 시대형 접근 방법에서 4차산업혁명 시대형 접근 방법으로 바꿔야 한다는 관점이다.

우리의 군사시설 활용은 4차산업혁명 시대의 변화된 여건과 기술 발전을 제대로 반영하지 못하고 있다.

우리의 군사시설 활용은 3차산업혁명 시대의 절차와 방법에 머물러 있다. 4차산업혁명 시대의 변화된 여건과 기술 발전을 충분히 활용하지 못하고 있다. 군사시설의 효율성을 극대화하고 미래 전장에 대비하기 위해서는 새로운 방법의 모색이 필요하다. 4차산업혁명 시대형 접근 방법이란 4차산업혁명 시대에 맞춘 군사시설 활용 절차와 방법의 개선을 의미한다. 4차산업혁명 시대로 변화된 여건을 고려하여 한국군의 군사시설 활용 절차와 방법을 개선하려면 어떻게 하면 좋을까?

〈그림 133〉 4차산업혁명 핵심 요소(미래창조과학부 사이트)

4차산업혁명 시대에 걸맞은 군사시설 활용 전략이 준비되고 적용되어야 한다.

4차산업혁명 시대에 싸워 이기는 군이 되기 위해 군사시설의 활용도 4차산업혁명 시대 국가 발전 전략과 연계되어야 한다. 이러한 새로운 군사시설의 활용 개념을 구현하기 위해서는 적절한 추진 전략이 필요하다. 통상적인 사업의 추진 전략은 추진의 목표, 기조, 절차, 원칙으로 구성된다. 4차산업혁명 시대 군사시설 활용을 위한 추진 전략도 이러한 분석의 틀로 접근이 필요하다.

일반적인 정책의 추진은 대략 3단계의 절차를 적용한다. 군의 군사시설 활용 전략의 추진도 마찬가지이다. 먼저, 추진 목표와 기조, 원칙을 설정하여 개념이 선도하는 사업이 되어야 한다. 개념이 선도하면, 예산확보는 물론 이해당사자들과의 공감을 넓히고 사업의 성공 가능성을 높일 수 있다. 이어서, 추진 전략의 목표를 설정하고 구체적인 수단과 방법을 수립해야 한다. 일관성 있고 조직적이며 논리적으로 사업을 추진해야 하기 때문이다. 끝으로, 다른 나라의 사례와 시사점을 참고해야 한다. 이 과정에서도 다른 나라의 추진 아이디어 접목은 가능하나 우리와 확연하게 다른 풍토임을 반드시 고려해야 한다.

우리 군의 새로운 군사시설 활용 전략의 목표는 '4차산업혁명 시대 임무에 최적화된 군대 만들기'로 설정해야 한다. 임무에 최적화된 군대가 되어야 싸워서 이길 수 있고, 효율적이고 경쟁력 있는 조직이 될 수 있기 때문이다.

새로운 주둔 개념의 추진 기간에 변함없이 적용되어야 할 원칙인 '기조'는 다음의 4가지가 되어야 한다. 첫째, 통합하여 규모의 경제 달성이다. 수천 개에 이르는 주둔지를 과감하게 줄여야 한다. 최우선 목표는 통합이어야 하고, 최소한 여단 단위로 통합되어야 한다. 이렇게 하면 주둔 개념에서 규모의 경제 효과를 낼 수 있다. 훈련장 부지나 작전기지도 동일 맥락으로 통합되어야 한다. 유휴시설의 활용도 이러한 통합의 개념을 적용하여 넓은 공간을 창출해야 한다.

둘째, 장기전이다. 기지의 통합은 예산확보, 관군 협력 등 많은 과업이 수반된다. 50년에서 100년의 장기 프로젝트로 시행해야 한다. 단기적 관점과 계획으로 접근하면 성공이 어렵다. 그동안 주둔 개념의 변화가 어려웠던 이유 중의 하나가 바로 여기에 있다. 활용도가 높은 통합된 유휴시설의 창출도 마찬가지다.

셋째, 확산이다. 단기 성과를 낼 수 있는 1개의 프로젝트를 선정하여 성공 신화를 만들어야 한다. 성공 신화를 통해 군 내부 구성원은 물론 군 외부에서 통합의 이점을 체감해야 한다. 이점의 체감은 공감을 가져온다. 이렇게 1개의 성공담을 만들어서 확산하는 전략을 추진해야 한다.

넷째, 연계이다. 군 주둔 지역의 통합은 중앙정부, 지방자치단체, 지역주민, 시민단체 등 많은 기관이나 사람들과 관련이 있다. 군이 독자적으로 수행하기가 매우 제한된다. 정부나 지역정책과 연계해야 한다. 지역주민의 의견도 중요하다. 이해당사자들과 연계된 추진이 성공의 핵심이다. 4차산업혁명 기술의 활용과 접목도 마찬가지다.

4차산업혁명 시대 군대 임무에 맞게 군사시설과 공간을 활용하자.

우리 군의 시설은 4차산업혁명 시대 군의 역할에 최적화되도록 조정되어야 한다. 4차산업혁명 시대 군의 특성은 병력 규모의 축소와 유무인 복합 전투체계의 활용이다. 군사시설도 아날로그식, 사람에 의한 관리가 아닌 디지털화, 자동화, 무인화를 기반으로 해야 한다. 4차산업혁명 시대의 핵심이 되는 드론과 같은 새로운 무인 무기체계나 수단의 운용에 최적화된 군사시설이 되어야 한다.

스마트한 군사시설 관리 시스템을 구축해야 한다. 시설 내외부에 사물인터넷(IoT) 기반 센서 네트워크를 구축하면 에너지 사용량, 환경 정보, 보안 상태, 시설 노후도 등을 실시간으로 모니터링하고 데이터를 수집할 수 있다. 인공지능(AI) 기술을 활용한 자동 제어 시스템을 구축하면 냉난방, 조명, 출입 통제 등 시설 운영을 자동화할 수 있다. 드론과 로봇을 활용하여 울타리를 경계하면, 인력 부담도 줄이고 효율성을 높일 수 있다. 디지털 트윈(Digital Twin)을 구축하여 현실의 군사시설과 동일한 가상 모델을 구축한 후 시뮬레이션을 통해 시설 운영과 관리의 효율성을 높일 수 있다. 우리 군도 공군기지를 중심으로 일부 4차산업혁명 시대형 스마트한 기지 관리 시스템을 구축하고 있다.

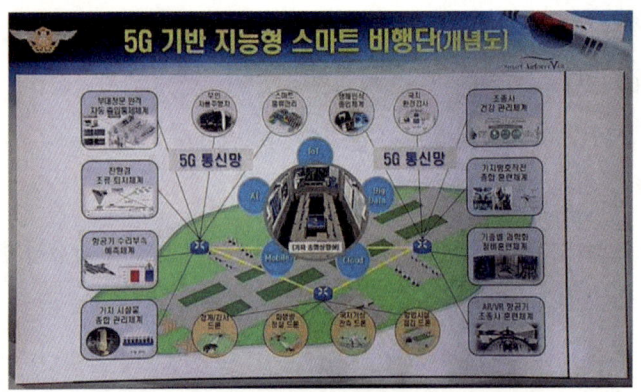

〈그림 134〉 공군 지능형 스마트 비행단 개념도(사.한국국방MICE연구원)

국방부에서 추진하는 예비군 훈련장의 과학화도 여기에 해당된다. 국방부는 물리적으로 예비군 훈련장을 통합하는 데 그치지 않고, 4차산업혁명 기술을 접목하여 훈련체계를 과학화하고 있다. VR형 영상으로 다양한 실전적인 상황조치 훈련, 레이저 빔을 이용하여 실전적인 사격을 하는 마일즈 장비의 적용, 드론을 활용한 상황조치 훈련 등 스마트 훈련체계를 만들어 가고 있다.

4차산업혁명 시대의 전투 수단은 드론, 로봇, 무인전투체계 등으로 확대되고 있다. 새로운 기능을 발휘하는 수단의 운영은 새로운 시설이나 공간을 요구한다. 4차산업혁명 시대형 군사시설과 공간의 모습은 그래서 달라야 한다.

최근 육군의 무인기가 착륙 과정에서 비행장에 계류된 수리온 헬기와 충돌하면서 전소가 되는 사고가 언론에 보도되었다. 4차산업혁명 시대형 군사시설이 충분히 준비되지 않은 모습이다.

4차산업혁명 시대형 군사시설을 구축하여 운영하면, 주민이나 지역 정부, 중앙정부가 활용할 수 있는 시설이나 공간이 많이 생길 수 있다. 효율적인 시설과 공간의 활용으로 유휴시설이나 공간을 많이 확보할 수 있기 때문이다.

4차산업혁명 시대 군의 시설과 공간의 활용을 위해서는 전문 인력도 필요하다. 4차산업혁명 기술은 이전과 다른 새로운 분야이다. 이 분야의 전문성을 군사시설 관리와 활용에 적용할 수 있는 사람이 필요하다. 전문 인력의 양성을 군이 직접 하지 않아도 된다. 외부와 협업하여, 민간에서 이미 양성된 인재를 활용하면 된다.

스마트한 군사시설의 구축과 활용을 위해서 법과 제도의 정비도 필요하다. 예를 들어, 드론을 포함한 새로운 장비와 시스템의 활용을 보장하기 위한 보안 기준의 설정이 필요하다. 군사시설보호구역의 활용 부분에서 살펴본 대로, 첨단 장비와 기술을 군사시설의 보호에 적용하면 보호구역의 범위를 조정할 수도 있다. 이런 분야에 대한 법적 근거가 마련되어야 한다. AI의 접목은 수집된 데이터의 활용과 관련된다. 여기에도 보안 기준이 준비되어야 한다. 새로운 기술과 장비를 빠르게 도입하려면 규제의 완화도 필요하다. 유연하게 새로운 기술이나 장비를 적용할 수 있도록 제도적 여건을 조성해야 한다.

요약해 보면, 4차산업혁명 시대에 걸맞은 군사시설 관리와 활용 체계의 구축과 적용은 우리 군이 맞이한 새로운 과제이다. 근본적인 체질의 변화를 요구하는 시대적 상황이다. 법규의 마련, 제도의 개선 등의 선행 과제를 이행하여 효율적이고 지능적인 군사시설 활용이 가능한 환경이 조성되어야 한다.

군 유휴시설과 공간에 4차산업혁명 시대의 혁신적인 기술과 아이디어를 접목하여 새로운 가치를 창출하고 지역사회에 기여해야 한다.

군 유휴시설과 공간도 4차산업혁명 기술 관련 산업의 발전에 도움이 되도록 활용할 수 있다. 군이 사용하고 있거나 사용했던 부지는 일정 기간 외부와 단절된 공간으로 있었다. 도로, 에너지 공급, 상하수도 등 기반 시설도 갖춰져 있다. 토지의 구매 비용도 저렴하다. 규모가 아주 작은 공간부터 대규모 공간까지 다양한 면적을 가지고 있다.

이러한 특징은 오히려 4차산업혁명 기술 관련 산업에 효과적으로 활용될 수 있다. 태양광 발전, 데이터 센터, 클라우드 컴퓨팅 시설처럼 외부와 단절된 공간이 필요한 4차산업혁명 기술 연관 분야에서 활용할 수 있는 여건이다. 드론이나 로봇, 자율주행과 같은 4차산업혁명 기술의 주력이 되는 수단의 개발과 생산을 위해서는 테스트 베드(test bed)가 필요하다. 드론을 자유롭게 날려서 시험도 하고 즐길 수 있는 공간이 아주 부족한 현실이다. 군사시설과 공간이 테스트 베드의 최적의 장소가 될 수 있다. 미래형 스마트 교육 시설 조성 공간으로 활용도 가능하다. 스마트 교육 시설은 지방정부, 민간 기업, 지역 주민, 군 장병의 교육에 다양하게 활용될 수 있다.

지구촌의 기후변화로 발생 빈도가 높아지는 각종 재난에 대비하는 데 필요한 훈련시설 조성 공간으로 활용도 가능하다. 재난의 유형별로 실제와 유사한 환경을 조성하면 실질적인 훈련이 가능해진다. 유사한 환경의 조성을 위해서는 저렴하고 넓은 공간이 필요하다. 군 유휴시설이 이러한 요구를 충족할 수 있다. 이곳에 드론이나 로봇과 같은 첨단기술을 활용한 재난 대응 시스템의 구축과 시험의 공간으로 활용도 가능하다.

문화예술 활동 공간, 스마트팜을 포함한 청년 창업과 스타트업 공간 등 비교적 저렴하게 공간을 사용해야 하는 산업 분야에서 활용이 유리하다. 군 유휴시설이나 공간은 4차산업혁명 기술을 기반으로 하는 스마트 농업과 푸드테크 단지 조성에도 좋은 조건이다. 중앙정부와 지방정부의 스마트 농업과 푸드테크 활성화 정책을 연계시키면 지역의 경제 활성화와 인구 유입, 일자리 창출의 기회를 만들 수 있다.

군 유휴시설에 문화예술 활동 공간을 조성하면 인구의 유입과 지역의 활성화에 도움이 될 수 있다. 젊은 예술가들은 저렴한 비용으로 창작 활동을 할 수 있는 공간이 있어야 한다. 미술계를 예로 들어 보자. 젊은 작가들의 소망 중 하나는 작업실을 갖는 것이다. 미술계에서 사용하는 레지던시(Residency)라는 용어가 있다. 신진 작가에게 일정 기간 작업실과 거주 공간을 제공하는 시설이다. 국립, 공립, 사립 레지던시가 있는데, 규모가 크지 않아서 신진 작가들의 입주를 위한 경쟁이 치열하다. 입주 기간도 최대 1년 미만이다.

〈그림 135〉 국립현대미술관 고양레지던시(국립현대미술관 홈페이지 캡처)

지방정부가 군 유휴시설을 매입하여 문화예술 활동 공간을 마련해 주면 젊은이들이 찾아오게 된다. 젊은이들이 찾아오면, 연관 서비스 산업이 함께 생긴다. 예술 활동을 위한 재료를 판매하는 가게, 음식을 파는 가게, 차를 마실 수 있는 공간 등이 필요하기 때문이다.

군이 사용하던 부지가 4차산업혁명 기술과 연관된 공간으로 변모하면, 이와 연계한 동아리 활동을 활성화시킬 수도 있다. 예를 들어, 군 유휴공간에 드론 테스트 베드를 설치하고 이곳에 드론 동호회를 유치하면 많은 외부인이 지역을 방문하게 된다. 이렇게 방문하는 외부인과 지역 주민이 함께 사용할 수 있는 편의 시설을 추가로 만들 수 있다.

지역의 유휴공간을 활용한 캠핑 장소를 제공하는 플랫폼 스타트업을 살펴보자.

경북 영주시에 백패커스플래닛(Backpackers Planet)이라는 소셜벤처 기업이 있다. 백패커스플래닛은 지역의 유휴공간을 활용한 백패킹 액티비티 프로그램을 개발하여 운영하는 소셜벤처 기업이다. 백패커스플래닛은 지방자치단체나 공공기관 소유의 유휴공간뿐만 아니라, 버려진 땅, 개인 정원, 폐업한 펜션의 빈 공간, 절, 폐교 등을 캠핑 장소로 발굴하여 캠퍼들에게 제공하는 플랫폼을 운영한다.

〈그림 136〉 백패커스플래닛 로고(https://thevc.kr/backpersplanet/products)

이 스타트업은 지역 경제 활성화와 인구 유입을 위해 소셜벤처 액셀러레이터인 임팩트스퀘어와 SK 머티어리얼즈(주), 영주시가 손잡고 출범한 민·관 협력 프로젝트 10개 중 하나이다. 영주시에는 스택스(STAXX)라는, 경북 영주의 자원을 활용하는 소셜벤처 10곳이 입주해 있는 청년 교류 공간이 있다. 백패커스플래닛도 이 스택스에 있다. 백패커스플래닛는 캠핑 장소 공유 플랫폼 운영을 통해 수익을 창출한다.

지역의 유휴공간을 활용하는 백패커스플래닛의 접근은 4차산업혁명 시대형 군 유휴시설과 공간의 활용에 대한 참고가 될 수 있는 사례이다. 단순히 캠핑 장소를 제공하는 차원을 넘어, 지역의 유휴공간에 새로운 가치를 부여하고 지역 경제의 활성화에 기여할 수 있는 창의적인 접근이기 때문이다.

6장

마무리
(세 마리 토끼를 잡아 미래를 열자!)

1. 세 마리 토끼 잡기!

"군 유휴시설을 포함한 군사시설과 공간의 효과적인 활용은 더 이상 선택이 아닌, 국가 차원에서 반드시 풀어야 할 핵심 과제이다."라는 화두로 이 책을 쓰기 시작했다.

왜 군 유휴시설의 활용이 중요한가? 4차산업혁명 기술의 발전, 유무인 복합전투체계로 군의 구조 변화, 인구 구조의 변화 등 안보 환경의 변화로 군 유휴시설과 공간이 지속적으로 증가하기 때문이다. 군 유휴시설을 지금처럼 관리와 처리 수준으로 방치하면 군 본연의 임무 수행에 부담을 준다. 지역 발전의 걸림돌이 되며, 국민 재산권 행사를 제약하고 민군갈등을 심화시킬 수 있다. 군 유휴시설의 효과적인 활용은 더 이상 선택이 아닌, 국가 차원에서 반드시 풀어야 할 숙제가 되었다.

군 유휴시설을 포함한 군사시설과 공간을 잘 활용하면 이 책에서 주장하는 세 마리의 토끼를 잡을 수 있다. 1장에서 5장까지 우리 군이 보유하거나 사용했던 유휴시설과 공간의 현황과 문제점을 진단하고, 국내외 사례 분석을 통해 효과적인 활용 전략을 모색해 보았다. 군 유휴시설 문제는 단순히 남는 공간의 처리 문제가 아니라, 국방력 강화, 지역 경제 활성화, 국민과의 상생이라는 세 마리 토끼를 동시에 잡을 수 있는 중요한 국가적 과제임을 재확인할 수 있었다.

어떻게 세 마리 토끼를 잡을 것인가에 대한 답을 10가지의 전략으로 제시해 보았다. 추진 전략의 핵심은 기존의 소극적이고 관료적인 '처리' 방식에서 벗어나, 군·정부·지자체·국민이 함께 '활용' 가치를 창출하는 '줄탁동기(啐啄同機)'의 자세로 전환하는 것이다.

군사시설의 활용에 대한 패러다임의 대전환도 필요하다. '밀지 말고 당기는' 적극적 자세로, 시설과 공간을 '모아서' 규모의 경제를 실현해야 한다.

정책 고객인 국민과 '함께' 계획하고 실행하는 협력과 상생의 정신도 필요하다. 군 시설은 대부분 혐오시설이어서 활용도가 낮다는 인식에서 벗어나서 오히려 명소로 만드는 역발상이 필요하다.

국가 차원의 과제임을 인식하여 미래지향적으로 접근해야 한다. 국가 차원에서 장기적인 계획을 수립하고, '지금 당장' 실행에 옮기며, 4차산업혁명 시대에 맞는 미래형 군사시설로 '만들어야' 한다.

2. Top-down 방식으로 속도감 있게 추진!

군사시설의 효과적인 활용을 위해서는 top-down 방식의 접근과 추진이 필요하다. 새로운 접근은 법규와 절차의 재조정이 요구된다. 관료주의의 극복이 없이는 새로운 접근이 어렵다. 관료 사회의 정점에 있는 공직자들이 책임지고 새로운 법규와 절차를 마련해야 한다.

군사시설의 효과적인 활용도 손자병법의 '졸속' 개념이 적용되어야 한다. 손자병법의 졸속은 "서툴더라도 빠른 게 낫다."라는 의미이다. 이러한 접근은 무모함이 아니라, 사전에 철저히 준비한 뒤 신속하게 결정하고 행동한다는 뜻에 가깝다. 이 책에서 군 유휴시설과 공간 활용의 10가지 전략을 제시했다. 이러한 전략의 추진은 완벽함을 추구하기보다 속도가 더 중요하다.

4차산업혁명 시대 싸워서 이기는, 경쟁력 있는 군이 되기 위해서도 군 유휴시설을 포함한 군사시설과 공간에 대한 새로운 접근이 절실하다. 안보 환경은 끊임없이 변화한다. 안보 환경의 구성요소 중 하나인 인구 구조의 변화를 보자. 징병제를 시행하는 우리나라의 가용 병역자원은 급격하게 감소하고 있다. 유무인 복합 전투체계를 구축할 수밖에 없는 상황이다. 이런 상황에서는 군이 본연의 임무에 집중하는 여건의 조성이 매우 중요하다. 그렇지 않으면, 싸움의 방법, 수단, 장소가 급격하게 변하는 4차산업혁명 시대의 무력 분쟁에서 승리를 담보하기가 쉽지 않다.

3. 지속 가능한 발전과 상생의 미래 만들기!

군 유휴시설을 포함한 군사시설과 공간의 효과적인 활용은 단순히 단기적인 문제를 해결하는 것을 넘어, 대한민국의 지속 가능한 발전을 위한 중요한 동력이 될 수 있다.

군 유휴시설을 포함한 군사시설과 공간을 잘 활용하면 국방력을 강화할 수 있다. 군은 관리 부담을 덜고 핵심 임무에 집중하여 효율성을 높일 수 있다. 통합되고 스마트화된 4차산업혁명 시대형 시설은 미래 전장 환경에 대비한 경쟁력 강화로 이어진다.

군 유휴시설을 포함한 군사시설과 공간을 잘 활용하면 국가 차원의 지역 균형 발전을 촉진할 수 있다. 유휴공간이 4차산업혁명 기술 연관 산업 생태계 조성에 효과적으로 사용될 수 있다. 새롭게 조성된 생태계는 지역 경제 활성화의 거점, 일자리 창출의 기반, 주민 삶의 질 향상을 위한 공간으로 재탄생할 수 있다. 이는 특히 인구소멸 위기에 처한 접경지역과 군부대나 시설이 많이 있는 지역에 새로운 활력을 불어넣을 것이다.

군 유휴시설을 포함한 군사시설과 공간을 잘 활용하면 국방력의 원천인 국민과의 상생을 강화할 수 있다. 군사시설보호구역의 합리적 조정을 포함한 군이 사용 또는 통제하고 있거나 사용했던 시설과 공간이 합리적으로 조정된다면, 국민 재산권 보장에 기여하게 된다. 군 시설이 혐오시설이 아닌 지역 발전과 상생의 상징으로 변모하여 민군관계를 더욱 건강하게 만들 수 있다.

이제 군 유휴시설을 포함한 군사시설과 공간 활용 문제는 더 이상 미룰 수 없는 과제이다. 이 책에서 제시된 전략과 제언들이 군, 정부, 지자체, 그리고 국민 모두의 깊은 공감과 적극적인 실천으로 이어지기를 기대한다. 안과 밖에서 함께 쪼아 병아리가 알을 깨고 나오듯, 우리 모두의 지혜와 노력이 합쳐질 때, 군 유휴시설은 '세 마리 토끼 잡기'를 넘어 대한민국의 밝은 미래를 여는 소중한 자산으로 거듭날 것이다. 〈김현종〉

군 유휴시설 활용과
세 마리 토끼

ⓒ 김현종, 2025

초판 1쇄 발행 2025년 8월 20일

지은이	김현종
펴낸이	이기봉
편집	좋은땅 편집팀
펴낸곳	도서출판 좋은땅
주소	서울특별시 마포구 양화로12길 26 지월드빌딩 (서교동 395-7)
전화	02)374-8616~7
팩스	02)374-8614
이메일	gworldbook@naver.com
홈페이지	www.g-world.co.kr

ISBN 979-11-388-4640-0 (03390)

- 가격은 뒤표지에 있습니다.
- 이 책은 저작권법에 의하여 보호를 받는 저작물이므로 무단 전재와 복제를 금합니다.
- 파본은 구입하신 서점에서 교환해 드립니다.